U0156075

中国新能源

NEW
ENERGY
IN
CHINA

技术、市场、产业和政策

张　娜　邓嘉纬　著

中国财经出版传媒集团
中国财政经济出版社

图书在版编目（CIP）数据

中国新能源：技术、市场、产业和政策／张娜，邓嘉纬著. －－北京：中国财政经济出版社，2023.6

ISBN 978 - 7 - 5223 - 2325 - 1

Ⅰ．①中…　Ⅱ．①张…②邓…　Ⅲ．①新能源－研究－中国　Ⅳ．①TK01

中国国家版本馆 CIP 数据核字（2023）第 114304 号

责任编辑：苏小珺　　　　　责任校对：徐艳丽
封面设计：六　元　　　　　责任印制：党　辉

中国新能源：技术、市场、产业和政策
ZHONGGUO XINNENGYUAN：JISHU、SHICHANG、CHANYE HE ZHENGCE

中国财政经济出版社 出版

URL：http：//www. cfeph. cn
E - mail：cfeph@ cfeph. cn

社址：北京市海淀区阜成路甲 28 号　邮政编码：100142
营销中心电话：010 - 88191522
天猫网店：中国财政经济出版社旗舰店
网址：https：//zgczjjcbs. tmall. com
北京中兴印刷有限公司印刷　　各地新华书店经销
成品尺寸：170mm×240mm　16 开　17 印张　268 000 字
2023 年 6 月第 1 版　2023 年 6 月北京第 1 次印刷
定价：78. 00 元
ISBN 978 - 7 - 5223 - 2325 - 1
（图书出现印装问题，本社负责调换，电话：010 - 88190548）
本社质量投诉电话：010 - 88190744
打击盗版举报热线：010 - 88191661　QQ：2242791300

前　　言

仅在 21 世纪 20 年代的前 3 年，人类社会就经历了两次重大的能源危机。

第一次危机事件是原油期货价格跌破零。2020 年 1 月，新冠疫情暴发并开始了全球大流行。没有人会想到，它竟然对能源产生了旷世未有的影响。

疫情扩散导致全球经济活动停滞，美国石油市场出现了严重的供应过剩。受到期货合约即将到期的影响，2020 年 4 月 20 日，纽约商品交易所（纽商所）美国西德州轻质原油（WTI）5 月交货的价格低开低走，临近交易结束时段加速下跌，盘中最低跌到每桶 –40.32 美元，最后收于每桶 –37.63 美元，跌幅超过 300%。这是自 1983 年在纽商所开设这个品种的原油期货交易以来第一次出现的现象。这种"倒贴钱送油"意味着将把原油从交割地运往油库储存或者炼厂的成本大大超过了原油的价值。

出现这种奇特现象的原因是，尽管新冠疫情造成经济活动停滞，原油需求大幅度萎缩，但原油的生产所受到的影响不大，商业性存储设施和政府战略储备设施已经注满或者接近注满了原油，新生产出来的原油无处存放，甚至于闲置的油轮也被租用于临时储存原油，这严重打击了原油交易者的心理。4 月 21 日是该期货合约最后的交易日，交易者如果不能顺利进行仓单平仓，就要进行实物交割，意味着他们要买下交割仓库里的原油，然后要么支付存储费，要么把这些原油卖给下家，而在当时的情境之下，支付这个成本还不如直接在期货市场上平仓认赔出局更合算。另外，期货合约缴纳的保证金比例较低，通常也就是 5%—10%，而购买实物进行交割则要全额支付原油价格，占用的资金量较大，除非万不得已，交易者一般不愿意这样做。

第二次危机事件是欧洲天然气价格暴涨 8 倍。俄罗斯是欧洲最大的天然气供应国。根据《BP 世界能源统计年鉴 2022》，2021 年俄罗斯天然气占欧洲天然气进口份额的 30%，占欧盟天然气进口份额的 40%。2021 年下半年，俄乌冲突开始发酵，欧洲天然气基准价格——荷兰 TTF 天然气价格开始攀升。2022 年 2 月，俄罗斯与乌克兰爆发冲突，3 月底天然气价格急剧飙升，最高达到 350 欧元（每兆瓦时），是 2021 年 6 月底的 8 倍。随着冲突的旷日持久和美欧一轮又一轮制裁俄罗斯金融、能源和商品，俄罗斯天然气供应不断削减，并最终几乎中断（除东南欧的匈牙利和塞尔维亚通过"土耳其溪"天然气管道得到部分供应）。欧洲市场此次气价大幅度上升，叠加粮食问题、气候问题以及其他问题，使全球多国通货膨胀创造了 1973 年第四次中东战争及石油危机以来的纪录，给全球粮食安全（天然气是生产化肥的重要原料）以及和平发展蒙上了挥之不去的阴影。

短期来看，对化石能源短缺的恐惧，虽然没有盖过对国家安全的恐惧，但切切实实地盖过了对气候变化的恐惧。欧洲社会不再谈碳色变，减排目标被迫暂时让位于取暖和抑制通货膨胀目标，碳中和目标被公开宣布延迟。

人类对化石能源的开发使用，在 21 世纪初已经走到了临界点。2022 年夏，北半球经历了几乎是历史上最严重的高温和干旱。与此同时，俄乌冲突引发的天然气、石油价格暴涨，沉重打击了全球供应链，经济全球化也走到了十字路口。

尽管 20 世纪 80 年代以来世界主要工业国家共同呼吁努力促进绿色发展，减少化石能源的使用和二氧化碳的排放，但世界大量人口还没有实现"能源自由"，发展中国家减排的积极性缺失和资金压力始终是挥之不去的阴影。在过去的 20 年间，在中国新能源企业的艰苦努力下，新能源特别是光伏发电和风能发电的度电成本（LCOE，Levelized Cost of Energy）有了 90%—95% 的下降，使全球新能源的开发利用有了长足的发展。但是，这仍然没有扭转化石能源消费增长的趋势。美国从事能源与环境研究的机构"未来的资源"（Resources for the Future）董事长理查德·纽维尔（Richard G. Newell）发表文章，认为自 1800 年以来，在世界范围内能源从未实现转型，新能源仅仅是满足新增的能源消费需求，而不是代替了传统能源[①]。如果不能尽快把碳排放控制在合理的规模，人类不但要面对越来越频繁的极端天气的困扰，还可能遭受埋藏于冰原地带的病毒复活的侵扰，失去沿海地区的可耕地，也可能会遭遇更

---

① 国际能源小数据：《［观点］1800 年以来世界范围内能源从未实现转型，生物质和煤炭消费都在增长！》，https：//www.sohu.com/a/252231124_778776。

多意想不到的灾难。

　　我国可以依赖丰富的煤炭来保障自己的能源安全，可以不断提升煤炭清洁使用的水平，还可以开发成本稍高的页岩气、可燃冰，从油气丰富的邻国获取石油和天然气。但在西方发达国家集体化石能源使用比例逐步下降的趋势下，这种保障显得过于脆弱，尤其是在我国努力维护全球化的过程中，碳排放将是难以绕过去的门槛。不遗余力地开发可再生能源，特别是水能、光能和风能，是保障我国能源安全和经济安全的必由之路，容不得半点怀疑。充分利用经济下行阶段投资成本较低的机遇，持续不断加大新能源开发投资，稳住我国的能源供给，不断降低能源成本，是维护我国制造业全球地位和吸纳就业的关键。

　　能源的分类见表 1。本书所指的新能源，是除水能以外的其他可再生能源，包括光伏、风电、光热、海洋能、地热能、生物质能、核聚变等。页岩气和可燃冰虽然也属于新能源，但并非可再生能源，本书不将其作为研究对象。本书重点介绍的新能源是光伏和风电。

表 1　　　　　　　　　　　　能源的分类

传统能源		新能源		
不可再生能源		可再生能源		不可再生能源
煤炭、石油	天然气	水能	光伏、风电、光热、海洋能、地热能、生物质能、托卡马克（核聚变）	核电（核裂变）
非清洁能源	清洁能源			
非绿色能源	绿色能源			

作者

2023 年 5 月

目　　录

第一章　人类利用能源方式的演变与碳排放 ……………………………… 1

　　第一节　人类最初的能源利用：火与生物质能源 ………………… 1
　　第二节　化石能源时代 ………………………………………………… 5
　　第三节　化石能源的广泛使用与碳排放 …………………………… 9
　　第四节　温室气体的危害与控制温室气体排放的努力 ………… 14

第二章　光伏发电技术 ……………………………………………………… 19

　　第一节　光伏发电技术的起源和发展 ……………………………… 19
　　第二节　光伏电池的两种主流技术路线 …………………………… 21
　　第三节　光伏发电设施的组成 ……………………………………… 27

第三章　光伏产品应用市场的发展 ……………………………………… 32

　　第一节　光伏产品的国际应用 ……………………………………… 32
　　第二节　光伏产品的国内应用 ……………………………………… 42
　　第三节　中国光伏产品的国际市场开拓 …………………………… 49

第四章　光伏产业链 ………………………………………………………… 54

　　第一节　晶硅电池的原料产业：硅石矿采选与工业硅冶炼 ……… 54
　　第二节　多晶硅提纯 ………………………………………………… 60
　　第三节　单晶硅拉晶和切片 ………………………………………… 64
　　第四节　电池片制造 ………………………………………………… 71
　　第五节　光伏组件装配 ……………………………………………… 75

第六节 光伏电站的建设与运维 …………………………… 79

第五章 风电技术 ……………………………………………… 84

第一节 风电技术的起源与发展 …………………………… 84
第二节 风力发电设备的组成 ……………………………… 88
第三节 风电场建设与运维 ………………………………… 101

第六章 风电市场的发展 …………………………………… 105

第一节 国际风电市场的发展 ……………………………… 105
第二节 国内风电市场的发展 ……………………………… 111
第三节 中国风电产品的国际市场开拓 …………………… 118

第七章 风电产业 …………………………………………… 125

第一节 风电产业链的构成 ………………………………… 125
第二节 国际风电产业 ……………………………………… 127
第三节 中国的风电产业 …………………………………… 135
第四节 风电的投资成本与发电成本 ……………………… 139

第八章 生物质能与其他新能源的开发应用 ……………… 141

第一节 生物质能的开发应用 ……………………………… 141
第二节 氢能的开发应用 …………………………………… 148
第三节 光热能、海洋能、地热能的开发应用 …………… 157

第九章 世界能源的消费、生产和贸易 …………………… 165

第一节 工业化、现代化与能源消费的总量和结构 ……… 165
第二节 化石能源分布、生产和贸易 ……………………… 173

第十章 新能源与传统能源的关系 ………………………… 178

第一节 生产成本、环境成本与价格的竞争 ……………… 178
第二节 化石能源主要用途的转变 ………………………… 181
第三节 新能源开发使用的意义 …………………………… 183

第十一章　碳税、碳市场、碳足迹和碳边境税 …………………… 194

　　第一节　碳税 ……………………………………………………… 194

　　第二节　碳市场 …………………………………………………… 197

　　第三节　碳足迹 …………………………………………………… 202

　　第四节　碳边境税 ………………………………………………… 206

第十二章　新能源对地缘政治和中国能源安全的影响 …………… 210

　　第一节　能源战争 ………………………………………………… 210

　　第二节　新能源崛起对地缘政治的影响 ………………………… 215

　　第三节　中国能源消费结构与进口的安全性 …………………… 218

　　第四节　新能源替代化石能源的可行性与安全性 ……………… 223

　　第五节　中国新能源战略的进攻与防御 ………………………… 229

第十三章　新能源技术展望 ………………………………………… 234

　　第一节　光伏技术 ………………………………………………… 234

　　第二节　海上风电与氢能技术组合 ……………………………… 236

　　第三节　可控核聚变——能源的终极形式 ……………………… 238

　　第四节　储能技术 ………………………………………………… 242

　　第五节　中国保持新能源技术领先的国家政策 ………………… 249

附录一　历次气候峰会成果 ………………………………………… 250

附录二　光伏技术发展的历程 ……………………………………… 252

参考文献与网络资源 ………………………………………………… 257

第一章　人类利用能源方式的演变与碳排放

第一节　人类最初的能源利用：火与生物质能源

一、能量与能源

宇宙是由物质（包括反物质）和能量（包括暗能量）构成的。能量是量度物体做功能力的物理量。能量形式有 6 种，即机械能（包括动能和势能）、热能、电能、光能、化学能和核能。与功的主要单位相同，能量也使用焦耳（J）作为主要单位，其上以 1,000 倍递增分别为千焦（kJ）、兆焦（MJ）、吉焦（GJ）、太焦（TJ）、拍焦（PJ）、艾焦（EJ，1 艾焦 $= 1 \times 10^{18}$ 焦耳）。在生产生活中，千瓦时（kWh，kW·h）、兆瓦时（MWh，MW·h）、吉瓦时（GWh，GW·h）、太瓦时（TWh，TW·h）也被用作能量的度量单位。

能够提供能量的资源即能源，或者说，能量的载体就是能源。按能量来源分，地球上可以被人类开发使用的能量有三大来源：（1）太阳能。太阳能不仅直接为人类提供光、热形式的能量，它还是地球上生物质能、化石能、风能和水能的来源。（2）地球内部蕴藏的能量，如核能和地热能，它们是地球形成时就存在的，或是后期地球内部放射性物质产生的，抑或在内部压力下的运动中产生的。（3）地球与月球相互之间的引力，这是潮汐能的来源。

能源可以按照不同的标准进行分类。

按照使用程度，能源可以分为常规能源（传统能源）和非常规能源（新能源），前者包括薪柴和化石能源中的煤炭、石油、天然气等，后者包括太阳能、风能、核能、页岩气、可燃冰等。

按照获得途径，能源可以分为一次能源和二次能源，前者包括化石能源、水能、风能等，后者包括电力、蒸汽、焦炭等。

按照可持续获得程度，能源可分为不可再生能源和可再生能源，前者包括化石能源、核能等，后者包括太阳能、风能、水能等。

按照使用对环境的影响，能源可以分为非清洁能源和清洁能源，前者主要是化石能源中的煤炭和石油，后者主要包括天然气、太阳能、风能、水能、核能等；也可以分为非绿色能源和绿色能源，化石能源为非绿色能源，非化石能源为绿色能源。

能量以传导、对流和辐射3种形式进行传递。在一定条件下，能量可以在不同形式之间转换，如太阳能转换为电能（光伏发电），机械能（势能和动能）转换为电能（水力发电、风力发电）、化学能转换为电能（煤炭、石油、天然气发电）、电能转换为化学能（电池充电），等等。这些转换大部分是双向可逆的，如图 1-1 所示。

能量之间的转换遵循能量守恒定律。根据热力学第二定律，能量转换会产生"熵"，即能量从有序向无序、不可利用的方向转变。举例来说，煤炭在发电过程中，先是化学能转换为热能，加热的水蒸气具有机械能（动能），水蒸气推动汽轮机运转产生电能，在每一个转换过程中，总会有一部分能量向宇宙空间散失而不能完全转换为下一种形式的能量，这些散失的能量就是从有序能量转换为无序能量，不再能够为自然界和人类所利用。

二、人类对火和生物质能源的利用

人类社会从仅能利用太阳直接辐射取暖、间接辐射照明（月球反射太阳光），到利用生物质能来改变生活方式和生产方式，不断突破大自然给人类设下的障碍，推动了社会文明的不断进步。人类社会的发展依赖于能源革命，迄今为止，人类已经经历了两次能源革命。大自然偶然产生的火，是人类能源利用的开端，生物质能（树木和草含的能量）成为约百万年间人类使用的主要能源，是此后人类自身进化和文明进步的重要动力。

进化论认为，古猿经过漫长的时期进化为人，他们使用天然材料加工成简单工具。远古人类在未用火之前，生产力低下，自身的健康状况差，平均寿命短，人口规模长期缓慢增长，与外部交流稀少，大脑发育程度低，蒙昧

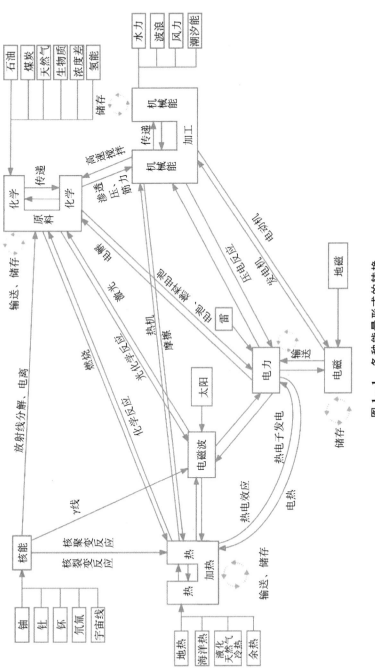

图 1 - 1　各种能量形式的转换

时代的人类还在为温饱而挣扎，文明的萌芽时隐时现。而火的使用加速了人类的进化和文明进程。

森林和草原自然燃烧的火是人类最早利用的能源形式，人类使用树枝和草等生物质作为能源的历史延续的时间相当长，考古学认为有一百万年的历史。火山喷发、雷电活动、植物（如枯树枯草）和化学物质（如煤、沼气、磷）自燃，都是天然火的来源。天然火烧烤过的动物肉、植物和果实不但美味可口，而且卫生、易消化，促进了早期人类对动植物脂肪和蛋白的摄入吸收，提高了人类的免疫力，为人类大脑的发展提供了能量，并促进了身体功能的发育。早期人类捡拾和保存火种用于烹饪、取暖御寒，可以减少疾病、延长寿命，这有助于将技能和知识一代代传播下去。

在生产和生活中，人类逐渐掌握了生火技术。通过燃烧木柴和干草，人类得以稳定地、普遍地、不受时间限制地获取光和热。因为有了火，人类才与动物彻底分开。恩格斯就曾这样说过："就世界性的解放作用而言，摩擦生火还是超过了蒸汽机，因为摩擦生火第一次使人支配了一种自然力，从而最终把人同动物界分开"[①]。掌握了用火技术的人类，不仅可以用火取暖、烹煮食物、照明、举行各种群体活动（如庆祝、祭祀）等，后来还把火用于烧陶冶金，人类社会得以从原始状态迈进农业文明。

正是因为火对人类社会发展的伟大作用，早期人类形成了对火的崇拜，因此也诞生了许多传说与神话。古希腊神话中，天神普罗米修斯同情世人，从天上盗取火种交给人间。中国古代神话传说中的燧人氏是最早学会钻木取火的，他是被人格化的第一个火神。宋初百科全书《太平御览》中这样记载燧明国与燧人氏：

> "申弥国去都万里，有燧明国，不识四时昼夜。其人不死，厌世则升天。国有火树，名燧木，屈盘万顷，云雾出于中间。折枝相钻，则火出矣。后世圣人变腥臊之味，游日月之外，以食救万物；乃至南垂。目此树表，有鸟若鸮，以口啄树，粲然火出。圣人感焉，因取小枝以钻火，号燧人氏。"

炎黄二帝中的炎帝，直接被称为火师。《左传·昭公十七年》记载，"炎

---

① 中共中央马克思恩格斯列宁斯大林著作编译局：《马克思恩格斯选集》（第三卷），人民出版社 2012 年版，第 492 页。

帝氏以火纪，故为火师而火名"，炎帝所在的部落以火神为图腾。至于直接以"火神"而闻名的祝融，《山海经·海内经》认为他是帝喾时期管理火的"火正"，死后被尊为火神。2020 年，中国发射天问一号火星探测器，搭载的火星探测车就被命名为"祝融"。

农业文明时期人类使用的主要能源是生物质能，也在一定条件下使用风能和水能。为了满足温饱需求，人类用木柴、干草等生物质能源取暖、做饭；水能和风能则被应用于农地灌溉和谷物碾磨。煤炭、石油和天然气等化石能源存在零星使用的情况。

第二节 化石能源时代

18 世纪，人类的脚步踹开了工业化的大门，蒸汽时代到来了。蒸汽机的运用，大大提高了采煤的效率，使得煤炭产量和运输能力大大提高，同时应用蒸汽机的领域得到扩展，如火车、轮船、工厂，对煤炭的需求很快膨胀起来，从此生物质能源被化石能源取代，以煤炭、石油和天然气为代表的化石能源开始成为人类的主要能源利用形式。

一、煤炭

煤炭是最主要的化石能源，在地球上蕴藏量最大、分布最广。煤炭中的有机质元素主要有碳、氢、氧、氮和硫等，其中碳、氢、氧占比 95% 以上。与生物质能源上百万年的使用历史相比，煤炭的使用时间则短得多。

大约公元前 300 年，古希腊学者泰奥弗拉斯托斯在其著作《石史》中，描述了煤炭的性质并记载了产地。古罗马时期，人们学会了用煤来加热。中国古代对煤炭的叫法很多，主要有石涅、石炭、石墨以及乌金石、黑丹等。考古研究发现，早在距今六七千年前的新石器时代晚期，我国先民就已经发现并开始零星使用煤炭。而根据考古记录，3000 多年前的殷商和周朝的青铜器冶炼，以及战国时期开始兴起的铁器冶炼，还是以木炭为燃料，煤炭并未广泛使用。从汉代起，把煤当作燃料使用已经不少见，煤炭被广泛应用于金属冶炼。汉魏晋南北朝时期，"煤井"也就是煤矿在我国已经具备了规模化分布，初步形成了煤炭开采技术。隋唐以降，煤炭的用途更加广泛，陶瓷行业开始用煤做燃料。至宋代，随着很多大煤矿被陆续发现，采煤技术得到很大的发展，煤炭产量也相应地提高，以至于东京（今河南开封）家家户户使用煤炭作为燃料。隋唐时期，煤炭炼焦冶金技术也开始萌发，1978 年至 1979 年，山西省稷山县马村考古发掘出大量"焦炭"。

英国于 18 世纪 60 年代开始了工业革命，在冶铁炼钢过程中需要大量的木炭作为还原剂并提供热量，而木柴短缺限制了钢铁业发展，英国人把焦煤烧炼成焦炭用于炼铁，解决了原煤中有害成分影响铁质量的问题，蒸汽机和机械制造得以发展，并率先在纺织业上得到大规模应用，拉开了工业革命的序幕。

二、石油

石油的主要成分是碳和氢，其中碳元素占 83%—87%，氢元素占 10%—14%。石油使用的历史短于煤炭。中国典籍中最早记载石油的是东汉班固所著《汉书·地理志》，"定阳、高奴，有洧水，可燃"。西晋张华所著《博物志》提到石油可以用来作为润滑油润滑车轴（"膏车"）。南朝范晔所著《后汉书·郡国志》把石油称为"石漆"。唐朝段成式在《酉阳杂俎》中记载石油被用作照明灯油。宋人已经掌握了石油的简易加工技术，能把石油加工成固态制成品石烛使用。北宋沈括《梦溪笔谈》中首次使用了"石油"的概念，并作出惊人预测：

> 鄜延①境内有石油。旧说高奴县②出"脂水"，即此也。生于水际，沙石与泉水相杂，惘惘而出。土人以雉尾沓之，乃采入缶中。颇似淳漆，燃之如麻；但烟甚浓，所沾帷幕皆黑。予疑其烟可用，试扫其煤以为墨，黑光如漆，松墨不及也，遂大为之。其识文为"延川石液"者是也。此物后必大行于世，自予始为之。盖石油至多，生于地中无穷，不若松木有时而竭。今齐、鲁间松林尽矣，渐至太行、京西、江南，松山太半皆童矣。造煤人盖未知石烟之利也。石炭烟亦大，墨人衣。予戏为《延州诗》云："二郎山下雪纷纷，旋卓穹庐学塞人。化尽素衣冬未老，石烟多似洛阳尘。"

公元 9 世纪，西亚里海西岸边的巴库（今阿塞拜疆共和国首都，被称为

---

① 鄜延即宋朝鄜延路，大致范围为今陕西省延安地区。
② 高奴县，今陕西省延长县。

"石油城")已经有油田存在，到13世纪，马可·波罗途经此地，记述了当地油田每天可以开采石油几百船。

1852年，波兰人依格纳茨·武卡谢维奇发明了从石油中制取煤油的方法，煤油自此成为石油的主要用途直到汽油出现。1859年，美国宾夕法尼亚州的泰特斯维尔打出了第一口现代工业油井，世界现代石油工业正式拉开帷幕。1861年，世界第一座炼油厂在巴库建立，当时巴库石油产量占世界石油总产量的90%。

1885年，德国工程师卡尔·本茨发明了第一辆汽车——"奔驰一号"，以汽油为燃料。1911年，福特汽车开始大规模的流水线生产，汽油的销量开始超过煤油，汽油需求快速增长，带动了世界石油工业的发展。

1944年，英美签署《石油协定》瓜分中东石油产区。1960年，石油输出国组织"欧佩克"（OPEC）成立。1967年，石油首次超过煤炭，成为世界最主要能源。1973年，第四次中东战争爆发，欧佩克宣布对以色列及支持以色列的西方国家实施石油禁运，石油价格暴涨3倍，第一次石油危机爆发，西方经济陷入衰退，布雷顿森林体系瓦解，美元与黄金脱钩。1974年，美国尼克松政府与沙特政府达成协议，美国向沙特提供军事安全保障，沙特以美元计价出售石油并购买美国国债，石油美元体系逐步成形。1990年至1991年，伊拉克与科威特因争夺油田引发海湾战争。

三、天然气

天然气是一种混合气体，主要成分是甲烷，另有少量的乙烷、丙烷和丁烷以及其他气体。天然气在燃烧过程中所产生的二氧化碳及二氧化硫很少，是一种安全、高热值、洁净的化石能源。

公元前6000年到公元前2000年间，伊朗首先发现了从地表渗出的天然气并用作照明。

战国时期，四川临邛地区①在盐井中发现了天然气，称其为"火井"，制盐业者用天然气煮盐。明朝中期，天然气自流井开发颇具规模，人们把火井里的天然气采集出来，再用竹、木管输送到10多千米以外的盐井使用，形成了原始的输气系统，管道总长度约有200千米。

1659年，英国发现天然气，但并没有广泛应用。18世纪末到19世纪初，

---

① 今四川省成都市下辖邛崃市。

英国开始使用天然气给城市道路照明。美国最早使用天然气作为街灯照明能源是在 1816 年的马里兰州巴尔的摩市。1821 年，美国纽约弗洛德尼亚地区通过小口径导管将天然气输送至用户，这是美国第一次商业化应用天然气。这一阶段使用的天然气，主要是从煤矿中抽取的煤层气。

直到 20 世纪初，美国开发了大型气田，并铺设输气管道，天然气开始大规模商业化使用，欧洲也开始了城市天然气管道建设。1917 年，美国的西弗吉尼亚州建立了全球第一个液化天然气工厂。1940 年，瑞士的一家电力公司建成了全球第一座天然气发电站，蒸汽轮机被燃气轮机取代，到 20 世纪 80 年代以后，燃气发电成为西方工业国家主要的发电形式。

化石能源革命对人类社会的发展产生了革命性的深刻影响。煤炭的广泛使用促成了欧洲工业革命爆发，人类文明从农耕文明就此迈进工业文明，此后高热值的煤炭、石油和天然气等化石能一直是人类主要的能量利用形式，各个地区先后实现工业化，并且通过快速运输工具推动了经济的全球化。发电厂将化石能转换为电能，电力则成为驱动科学技术进步和一切产业发展的能源，人类最终摆脱了生物能量的有限性对生产和生活的限制，不再依靠自身的数量规模和生物能量来推动文明进步。而正在开启的第三次能源革命，即可再生能源革命，则将给我们的生产和生活方式带来新的内容和形式。1800 年以来全球能源的转型（消费量占比），如图 1-2 所示。

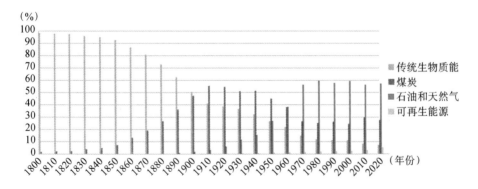

图 1-2　1800 年以来全球能源的转型（消费量占比）

数据来源：英国石油公司（BP）。

注：1800 年以来的第一次能源转型发生在 1900 年左右，由于蒸汽机的使用刺激了煤炭的消费，煤炭在能源消费中的份额超过了传统的生物燃料（如木材）；内燃机的普遍使用推动了第二次能源转型，1960 年左右，油气消费比例超过了煤炭。到目前为止，可再生能源占比依然大大低于油气，尚不及传统生物质能的消费量，因此第三次能源转型尚未达到关键节点。

第三节 化石能源的广泛使用与碳排放

一、地球大气结构及其演变

太阳系并不是宇宙形成时的产物，而是由超新星爆发遗存物质重新组合而形成的。宇宙形成后的第一代原始恒星的核聚变遵循氢—氦—碳—氧—氖—镁—硅—硫—钙—铁的路径进行，核聚变为铁后，大质量原始恒星不能再继续核聚变，恒星的核心坍缩，导致原始恒星爆炸，在爆炸过程中合成更重的元素，如黄金、白银、铀等。大量未聚变为更重元素的气体如氢、氦、氧、氮（碳聚变为氧过程中发生碳氮氧循环即 CNO Cycle，生成氮）等，连同更重的元素一起被抛向太空，弥漫于星际空间。经过漫长的时间，这些物质在引力作用下开始缓慢聚集，并可能在宇宙中较强烈的电磁波辐射冲击下坍塌，加速形成新的天体和天体系统，如太阳系。

新生的地球原始大气包含的元素主要有氢、氦、碳、氮、氧，其中较重的元素碳、氮、氧在重力作用下被地球所束缚，而较轻的元素则逃逸到太空。各种元素在早期地球表面的高温下发生化学反应，生成了构成地球大气初始主要成分的氮、水汽、二氧化碳和甲烷。随着地球温度逐渐降低，水蒸气降落到地面生成液态水。液态水溶解了大气中的二氧化碳，与地壳中的钙、硅等元素结合，生成碳酸钙、硅酸钙等，构成了地球的岩石，二氧化碳在大气中的比例迅速下降。

随着地球生命的诞生，绿色植物大量出现，它们在白天进行光合作用时吸收二氧化碳，主要以树木的形式把碳固定下来，同时排出氧气，使大气中的二氧化碳显著减少而氧气显著增加。到了夜间，植物在吸收氧气的同时又排出二氧化碳。到 3 亿年前，氧气和二氧化碳在大气中的比例达到了稳定状态。直到现在，大气的成分都十分稳定，其中氮占 78%，氧占 21%，剩余 1% 由其他各种气体组成。

尽管人类的生产活动、人口的增长和战争行为造成了植物的大量破坏，缩减了森林面积，但直到工业革命之前，人类的活动对大气成分的影响也是完全可以忽略的，人类社会的生产和生活仍然没有根本打破自然循环与平衡。

这种发展，我们大致可以认为是绿色的。但由于大自然依然顽强地束缚着人类的发展，人类的自由和希望得不到充分释放，换句话说，人类追求的是更美好的生活，而当时的舒适度并不高，这种建立在较低生产力水平基础上的绿色发展并不是人们所期待的，而一旦出现可能，这种均衡必定要被人类主动打破，因此，这里的"绿色"需要加上引号。

二、人类活动与二氧化碳排放

人类对能源的利用不但改变了人类自身，也改变了地球环境。

工业革命为人类带来了发展的希望，同时也改变了亿万年来稳定的大气结构，人类的活动，特别是大量使用化石燃料燃烧，排放了大量的温室气体。据古气候学家考证，在工业革命之前，大气中的二氧化碳含量大约为 0.0275%（275ppm）；到 20 世纪 50 年代，这一数字是 0.0315%，70 年代为 0.0325%，目前大约为 0.0410%[①]。

化石能源的广泛使用，为全球经济增长提供了基础。19 世纪以来，人类利用化石能源创造了繁荣的现代文明。以 2011 年美元不变价计算，全球 GDP 自 1820 年的 1.1 万亿美元快速提升至 2018 年的 113.6 万亿美元，实现了百倍的增长，与此同时，全球一次能源直接消费量自 1820 年的约 6,000 太瓦时提升到了 2018 年的约 157,000 太瓦时，增长 26 倍[②]。以煤、石油、天然气为代表的化石能源占全球一次能源消费量的比重自 1965 年以来就一直在 80% 以上。根据"以数据看世界"（Our World in Data）网站数据，1750 年，化石能源消费排放的二氧化碳约 935 万吨，到 2021 年已经达到 371 亿吨[③]（见图 1-3）。

除了工业化、城市化和经济全球化的影响之外，人类对植被的破坏也造成了二氧化碳浓度的提高。在 20 世纪 70 年代，全球平均每年采伐的木材约有 24 亿立方米，不仅导致大气中的二氧化碳吸收减少，而且木材的燃烧又增加了二氧化碳的排放。

①　参见：中国碳排放交易网（http：//m. tanpaifang. com/article/70935. html）。
②　参见：腾讯网（https：//new. qq. com/rain/a/20220720A034JQ00）。
③　另根据挪威国际气候研究中心（CICERO，https：//cicero. oslo. no/en/carbonbudget - for - dummies）估算，自 1800 年至 2017 年，仅人类消费的化石能源，就已经向大气排放了 2.1 万亿吨二氧化碳。在这 2 万多亿吨的排放中，电力（主要是燃烧化石能源）占 39%，工业生产占 28%，陆上运输占 18%，居民生活占 10%，航空、航运业分别占到 3% 和 2%。可见，工业化、城市化、经济全球化加速了碳排放的进程。

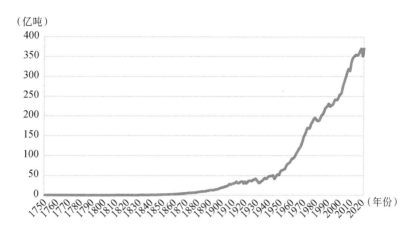

图 1 – 3　工业革命以来的全球碳排放量（1750—2020 年）
数据来源："以数据看世界"（Our World in Data）。

　　甲烷是排在二氧化碳之后人类排放的第二大温室气体，是一种"短期气候污染物"，在大气中的存在时间相对较短，约为 12 年。人类生产活动中排放的甲烷既包括化石能源开采和运输中泄漏的甲烷气体、煤炭开采中泄漏的煤层气、天然气开采中泄漏的伴生气以及石油生产与运输过程泄漏的甲烷，也包括牲畜养殖活动中动物排放的甲烷，以及水稻田沼气（甲烷）。除此之外，在垃圾填埋场和污水处理厂等系统中，有机物的分解也产生沼气。甲烷在大气中尽管存在时间较短，排放的量也少于二氧化碳，但其吸收大气热量的能力（全球增温潜势，GWP）在 100 年时间尺度内为二氧化碳吸热能力的 28 倍，在 20 年时间尺度内为 84 倍，对全球变暖所做的贡献为 25%[1]。截至 2019 年底，全球大气中甲烷浓度已达到约 1875ppb，是工业化前水平的 2.5 倍。2020 年，全球人为造成的甲烷排放量则达到了 37,560 万吨[2]。

　　联合国政府间气候变化专门委员会（IPCC）明确指出，甲烷等非二氧化碳温室气体的深度减排，是全球实现《巴黎协定》目标，于 20 世纪末将全球升温控制在 1.5℃ 以下的必要条件[3]。

　　三、各国碳排放情况

　　观察各国的碳排放时，要符合《联合国气候变化框架公约》《京都议定

①　参见：联合国政府间气候变化专门委员会 IPCC AR5。
②　参见：美国环保协会（EDF），http：//www.cet.net.cn/。
③　参见：联合国政府间气候变化专门委员会报告（IPCC Special Report：Global Warming of 1.5°）。

书》和《巴黎协定》等法规所确立的历史的、公平的、共同但有区别的责任等原则，比较口径至少要包括各国历史累计碳排放量及其占比、现实排放水平和人均排放水平4个指标。

历史上，工业化国家贡献了大部分的累计碳排放。根据"以数据看世界"的数据计算，以七大工业国为例，美国、德国、英国、日本、法国、加拿大和意大利二氧化碳排放的历史贡献分别达到24.6%、5.5%、4.6%、3.9%、2.3%、2.0%、1.5%，七国合计占到44.4%。与此同时，发展中国家的经济发展和人民生活水平的提高，必然伴随着碳排放总量和人均碳排放的增加，这是发展的规律。在发达工业国完成工业化之后，发展中国家承接了它们的产业转移，担负起高排放产品的生产，并向发达工业国家出口这些产品，通过国际贸易形成了转移碳排放。发达工业国虽然因为经济结构的轻型化，服务业占比远高于发展中国家，降低了生产的碳排放强度，但其人民的生活方式不同于发展中国家，它们的生活排放水平远高于发展中国家。例如，能源充足的北美洲国家加拿大和美国的人均排放水平就是全球人均排放水平的近3倍。同时，我们也应该看到，油气丰富国家的人均排放水平处于前列，如沙特、澳大利亚、哈萨克斯坦和俄罗斯。

我们已经可以看到的事实和趋势包括：（1）发达工业国特别是北美的加拿大和美国，碳减排政策摇摆不定，都曾经以影响发展为由不签署《京都议定书》，日本和新西兰也是如此；（2）相对于能源丰富的北美国家来说，能源短缺的发达国家特别是欧洲发达国家相对比较"克制"，能源转型和减排的积极性较高；（3）欧洲发达国家在2021—2022年的欧洲天然气危机中重启了部分化石能源设施，但这应该是暂时现象，在危机缓解后，对可再生能源的投资还会加码，因为这不仅是关乎社会环保理念的问题，更是保障能源自给的大事；（4）大部分发展中国家正处于工业化进程之中，它们的碳排放水平和人均碳排放水平还会继续上升，但排放强度会因为注意到内部环境压力和外部贸易壁垒的压力而下降，中国使可再生能源低成本生产成为现实，在中国可再生能源产业发展和能源政策的示范、帮助之下，它们会大力发展可再生能源；（5）即使是能源资源丰富的发展中国家，也在积极实施减排，在继续生产、使用和输出化石能源的同时，它们也在积极布局可再生能源，如阿联酋、沙特、埃及等中东国家；（6）全球最不发达的非洲地区总人口近8亿，还处在工业化的起步阶段，拥有的化石能源探明储量相对较少（这里当然也存在勘探不足的原因），可能不足以支撑其未来快速工业化的需求，开发低于化石能源成本的、丰富的可再生能源资源，不仅是实现工业化的重要保障，也是承接产业转移、突破气候贸易壁垒的关键。

在表 1 - 1 中，各国 2021 年的碳排放量不仅包括了化石能源的碳排放量，也包括了农业等领域的碳排放量。

表 1 - 1　　　　　　　　　　　各国碳排放

序号	国家	累计排放量（亿吨）	累计排放量占比（％）	2021 年排放量（亿吨）	2021 年排放量占比（％）	2021 年人均排放量（吨）
1	美国	4,219	24.29	50.1	13.49	14.86
2	中国	2,494	14.36	114.7	30.91	8.05
3	俄罗斯	1,175	6.76	17.6	4.73	12.10
4	德国	933	5.37	6.7	1.82	8.09
5	英国	785	4.52	3.5	0.93	5.15
6	日本	667	3.84	10.7	2.88	8.57
7	印度	571	3.29	27.1	7.30	1.93
8	法国	391	2.25	3.1	0.82	4.74
9	加拿大	341	1.96	5.5	1.47	14.30
10	乌克兰	308	1.77	2.0	0.54	4.64
11	波兰	282	1.62	3.3	0.89	8.58
12	意大利	251	1.45	3.3	0.89	5.55
13	南非	215	1.24	4.4	1.17	7.34
14	墨西哥	206	1.19	4.1	1.10	3.21
15	伊朗	195	1.12	7.5	2.02	8.52
16	澳大利亚	190	1.09	3.9	1.05	15.09
17	韩国	189	1.09	6.2	1.66	11.89
18	巴西	167	0.96	4.9	1.32	2.28
19	沙特阿拉伯	167	0.96	6.7	1.81	18.70
20	西班牙	151	0.87	2.3	0.63	4.92
21	印度尼西亚	149	0.86	6.2	1.67	2.26
22	哈萨克斯坦	142	0.82	2.8	0.75	14.41

续表

序号	国家	累计排放量（亿吨）	累计排放量占比（%）	2021 年排放量（亿吨）	2021 年排放量占比（%）	2021 年人均排放量（吨）
23	比利时	126	0.73	1.0	0.27	8.24
24	捷克	121	0.70	1.0	0.27	9.24
25	荷兰	119	0.69	1.4	0.38	8.06
26	土耳其	113	0.65	4.5	1.20	5.26
27	其他国家和地区	2,591	15.56	67.0	18.05	2.23
	合计	17,369	100	371.2	100	4.69

数据来源：根据"以数据看世界"（Our World in Data）数据计算得出。

第四节　温室气体的危害与控制温室气体排放的努力

一、温室效应与温室气体

温室原本是指具有升温、保温功能的密闭空间，用来生活和种植。史料记载，秦汉时期中国人已经会利用温室，始皇帝时期在骊山利用温泉种瓜，汉代宫廷和民间也有用温室保暖的。

温室效应是用来借指大气对地球的升温和保温效应。超过绝对零度的物质、物体都能辐射电磁波，温度越高，辐射的电磁波波长越短。太阳表面温度较高，其辐射的电磁波波长较短，被称为短波辐射，地球大气不吸收短波辐射。太阳光短波照射到地表，地表温度上升的同时向宇宙空间辐射电磁波。由于地表温度较低，因而地表辐射的电磁波波长较长，被称为长波辐射。大气吸收长波辐射的能力很强，在吸收地表辐射的同时，又产生更长波长的电磁辐射，分别射向宇宙空间和地表，其中射向地表的称为逆辐射。地表受到大气逆辐射后再次升温，这就是大气对地表的升温和保温作用，也就是大气的温室效应（见图 1-4）。地表平均温度实际为 15℃，但若没有地球大气存在，地表平均温度将降至 -23℃。

地球大气各种成分中，氮和氧分别占 78.084% 和 20.946%，其他气体的占比都低于 1%，二氧化碳的占比仅有 0.041%。不是大气中所有的成分都会

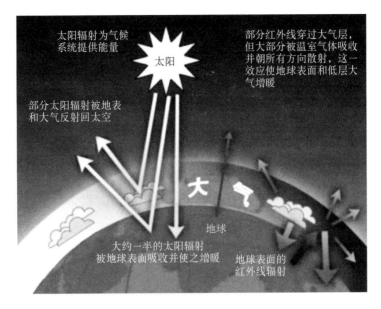

图 1-4　温室效应

吸收和辐射长波电磁波，其中的温室气体才会造成温室效应。《联合国气候变化框架公约》对温室气体（Greenhouse Gas，GHG）的定义是"大气中那些吸收和重新放出红外辐射的自然和人为的气态成分"。《京都议定书》中罗列了与人类活动有关的 6 种温室气体，分别为二氧化碳（CO_2）、甲烷（CH_4）、氧化亚氮（N_2O）、氢氟碳化物（HFCs）、全氟化碳（PFCs）、六氟化硫（SF_6），联合国气候变化大会（United Nations Climate Change Conference）多哈会议（2012 年）又增加了三氟化氮（NF_3）。水汽（H_2O）和臭氧（O_3）虽然也具有长波辐射能力和温室效应，但并未被列入温室气体。在上述温室气体中，二氧化碳是最主要的温室气体，而温室效应最显著的却是甲烷，相同体积的甲烷产生温室效应的能力是二氧化碳的数十倍。

二、温室气体排放的危害性

世界气象组织数据显示，与工业化前相比，2019 年全球平均气温升高了 1.1℃，这看起来微不足道的 1.1℃，已经把地球上的人类搅得不得安宁：极端高温、极端严寒天气频发，极端干旱、大规模洪水、海洋风暴级别不断刷新。联合国政府间气候变化专门委员会在第三份评估报告中估计，按照目前的趋势，全球的地表平均气温 2100 年将上升 1.4℃ 至 5.8℃；也有研究表明，全球变暖如果保持目前趋势，到 2100 年，地球温度将升高 4.3℃，这将导致气温不可逆转地继续升高①。

温室气体导致的全球变暖危及人类自身的生存。

冰川融化导致海平面上升。南极冰盖和格陵兰冰盖正处于快速融化之中，高山冰川也在融化。20 世纪 70 年代北冰洋的海冰覆盖率在 50% 以上，而到了 2007 年海冰覆盖率最低时只有 29%，2012 年最低值达到了 24%②。冰川融水所导致的海平面上升，将淹没许多海洋岛国，并淹没全球最富庶的沿海地区。沿海地区是全球人口最集中的地区，60% 左右的人口和经济来自这些地区。特别是那些农业集中的大河三角洲，一旦海水侵蚀，粮食生产将遭受沉重打击，饥荒将很难避免。

干旱导致土地荒漠化。自 20 世纪 60 年代以来，北半球的北纬 30 度至 60 度之间出现了显著的干旱趋势，这和大气升温是存在一定联系的。尽管升温导致高山夏季融水增加，对这些干旱地区的农业尚未造成显著影响，但如果降水持续减少而冰雪融水持续增长，高山冰川消退将不可逆转。长期来看，将对农业生产造成严重影响。

病毒复活危害人类健康。现在的极圈在远古时期曾经经历过温暖，也是动植物生活的空间，随着气温下降和冰封，动植物所携带的病毒也一起埋入了冰雪之中，失去了危害人类的活性。科学家已经多次从北极地区的动植物尸体上分离出病毒，人类对这些病毒可能不具有免疫力。若气温继续升高，冰雪融化，这些病毒将重见天日，危害人类的生命健康。

大洪水、高温极旱、森林大火频发，热带风暴强度提高。联合国政府间气候变化专门委员会的研究表明，地球每升温 1℃，就能吸走 7% 的水蒸气并在日后形成极端降雨，就能将极端热浪的发生概率提高 9.4 倍。近年来，全球大洪水时有发生，2022 年，处于热带沙漠地区的巴基斯坦发生大规模洪水，造成严重经济损失，而相邻的印度和中国长江流域则遭遇了百年级的高温干旱，欧洲的夏季也遭遇了同样的干旱，北美洲和大洋洲连续多年出现森林大火。从较长周期来看，热带风暴的次数虽然没有较为显著的变化，但强度却有提高的趋势。

---

① 参见：中国气象局（https：//www.cma.gov.cn/2011xwzx/2011xqxxw/2011xgjqx/201505/t20150522_283194.html）。

② 参见：全球碳中和网（https：//tanzhonghe.xny365.com/zhuanjiashuo/35615.html）。

病虫害增加和物种灭绝。病虫害随着高温干旱而肆虐。2020 年，非洲爆发的蝗灾传入印度和我国南方边境，引起农业部门的高度紧张。与此同时，不能适应气候剧烈变化的陆生动植物和海洋生物正走向快速灭绝。

三、国际社会控制温室气体的努力

人类社会对温室气体导致全球变暖的认识始于 19 世纪末，瑞典科学家斯万特·阿伦尼乌斯研究发现，如果大气中的二氧化碳浓度提高 1 倍，地表温度将升高 5℃至 6℃[①]。直到 20 世纪 70 年代，地球大气系统才被科学研究揭开，气候问题开始引起大众关注，并被国际组织所重视。1979 年，在瑞士日内瓦召开了以"气候与人类"为主题的第一次世界气候大会。1988 年，联合国附属机构环境规划署（UNEP）和世界气象组织（WMO）共同发起成立了政府间气候变化专门委员会（IPCC）。两年后，IPCC 发表了第一份气候评估报告，该报告确认了气候变化背后的科学依据。1990 年，在日内瓦召开的以"全球气候变化及相应对策"为主题的第二次世界气候大会通过了《部长宣言》，呼吁采取紧急行动阻止温室气体快速增加，并提议建立一个气候变化框架条约。《部长宣言》接受了发展中国家的要求，确立了"共同但有区别的责任"原则。

1992 年，在巴西里约热内卢举行的联合国环境与发展大会签署了《联合国气候变化框架公约》（United Nations Framework Convention on Climate Change，FCCC，以下简称《公约》），为应对未来数十年的气候变化设定了减排进程。《公约》要求发达国家应率先采取措施，应对气候变化，发展中国家的减排要考虑具体需要和国情，尊重各缔约方的可持续发展权，同时提出加强减排的国际合作，应对气候变化的措施不能成为国际贸易的壁垒。发达国家承诺采取措施，争取 2000 年温室气体排放量维持在 1990 年的水平，并承诺向发展中国家提供资金和技术支持，帮助发展中国家应对气候变化。从 1995 年起，《公约》缔约方每年召开缔约方会议评估应对气候变化的进展。1997 年，缔约方会议通过了《京都议定书》（2005 年生效），首次以法律形式限制各国温室气体排放，明确了发达国家和发展中国家分别从 2005 年和 2012 年起承担减少碳排放量的义务。2007 年在印度尼西亚巴厘岛召开的联合国气候变化大

---

① L Lescarmontier, "Comprendre le changement climatique," *H&O science* (2020).

会通过了"巴厘岛路线图"，强调履行公约规定的减排义务和为减排提供技术、资金支持。从 2007 年起，资金问题成为后续各次联合国气候变化大会的关键议题。2008—2014 年，缔约方分别在波兰波兹南（2008 年）、丹麦哥本哈根（2009 年）、墨西哥坎昆（2010 年）、南非德班（2011 年）、卡塔尔多哈（2012 年）、波兰华沙（2013 年）、秘鲁利马（2014 年）召开。中国政府代表在利马会议上表示，2016 年至 2020 年中国将把每年的二氧化碳排放量控制在 100 亿吨以下。

2015 年，在法国巴黎举行的联合国气候变化框架公约第 21 次缔约方大会上达成协议，为 2020 年后全球应对气候变化行动作出安排。2016 年生效的《巴黎协定》是《联合国气候变化框架公约》下继《京都议定书》后第二份有法律约束力的气候协议。《巴黎协定》要求各方加强对气候变化威胁的全球应对，把全球平均气温较工业化前水平升高控制在 2 摄氏度之内，并为把升温控制在 1.5 摄氏度之内努力。只有全球尽快实现温室气体排放达到峰值，21 世纪下半叶实现温室气体净零排放，才能降低气候变化给地球带来的生态风险以及给人类带来的生存危机。《巴黎协定》还要求欧美等发达国家继续率先减排并开展绝对量化减排，为发展中国家提供资金支持；中印等发展中国家应该根据自身情况提高减排目标，逐步实现绝对减排或者限排目标；最不发达国家和小岛屿发展中国家可编制和通报反映它们特殊情况的关于温室气体排放发展的战略、计划和行动。

2020 年 9 月 22 日，国家主席习近平在第七十五届联合国大会上宣布，中国力争 2030 年前二氧化碳排放达到峰值，努力争取 2060 年前实现碳中和。中国政府经过深思熟虑做出的这一决定，必须要经过艰苦努力才能实现。如果全球社会和经济要继续保持发展，能源消费总水平就难以在短期内达到峰值，除了节能技术的应用之外，必须推动新能源替代传统能源。全球要实现可持续发展下的碳达峰和碳中和，离不开 4 个要素，即观念、技术、资金和协作。其中，技术是最为关键的要素，它关系到新能源开发利用的范围和与传统能源相比的成本及稳定性，只有新能源在供给的稳定性上达到传统能源的水平，在成本上等于甚至低于传统能源，才能彻底改变大众的观念，并且获得资金的支持。

第二章　光伏发电技术

第一节　光伏发电技术的起源和发展

一、光伏发电的起源

1839 年，出生科学世家的法国少年、年仅 19 岁的亚历山大·埃德蒙·贝克勒尔（A. E. Becquerel，即因发现天然放射性而与居里夫妇共同获得诺贝尔物理学奖的安东尼·亨利·贝克勒尔的父亲，辐射计量单位放射性活度以安东尼·亨利·贝克勒尔的姓命名为贝克勒尔）在他父亲安东尼·塞瑟·贝克勒尔的实验室中，将两片金属铂电极插入氯化银溶液中。在测量这些电极之间流动的电流时，他发现，在有光的环境中，电路里的电流要略大于黑暗环境中的电流。他将这一现象命名为光生伏打（Photovoltaic）效应，简称光伏效应。后世为了纪念贝克勒尔，将光伏效应也称为"贝克勒尔效应"。贝克勒尔发现的光伏效应属于液体光伏效应。如果被光照射的物质材料是不均匀的，或是由两种不同的物质构成的，那么由于两种物质在光照下产生的导电性不一样，自由电子会向一种物质聚集而离开另一种物质，由此形成电位差，这便是 1839 年首次被贝克勒尔观察到的光伏效应。

在光伏效应的基础上，科学家展开了制造光伏电池的研究。早期光伏电池材料多为硒和金属，发明均来自实验。直到 1907 年，光伏的发电效应才有了理论上的解释——爱因斯坦提供的基于他 1905 年的光子量子假设的光电效应的理论解释。爱因斯坦认为，光是由光粒子组成的，也称为光子，光子的本质是一个个能量包，每一个能量包所蕴含的能量与它的频率有关，频率越高，波长越短，能量越高。当负载着临界值以上能量（频率足够高、波长够足够短）的光子照射金属表面时，原先被金属原子核束缚的电子被轰击松动。每个光子与某一个电子碰撞，电子利用光子携带的能量离开金属原子核的束缚，光子剩余能量转移到这个不被束缚的带有负电的电子上，形成一个光电子。无数光子朝着同一方向的运动产生电流。光照射到物体上能否产生电子完全取决于光子的能量（频率），与数量（光强）无关。

二、光伏电池技术的发展

1916 年，波兰化学家扬·柴可拉斯基（Jan Czochralski）发现了提纯单晶硅的拉晶工艺，并以他的名字命名为柴可拉斯基法，即目前单晶硅的制作工艺直拉法（CZ 法）。这项技术直到 20 世纪 50 年代才开始实际应用于半导体制造业中晶圆的制造，随着对半导体器件需求的增大，这种工艺也在不断发展。

1934 年，科学家们开始了对薄膜太阳能电池的研究，并设想通过太阳能电池创造能源自给系统。实验数据显示，通过在材料中掺杂金属杂质可以提高发电效率。硒电池和铜—氧化亚铜这类电池早期转换效率较低，都在 1%以下。

太阳能电池科技最主要的进展是在 1940 年，美国贝尔实验室的半导体研究员奥尔（Russell Shoemaker Ohl）在研究硅样品时偶然发现其中间有一道裂痕。他注意到当那个特别的样品暴露在阳光下时，会有电流通过。那个裂缝可能是样品制造时形成的，它实际是含不同程度杂质的分界线，因此裂缝的一边呈现阳性掺杂，而另一边呈现阴性掺杂，奥尔不经意之间发现了一个 P–N 结电池，过量的正电荷聚集在 P–N 结的一边，而过量的负电荷则聚集在另一边，形成了电场。在硅铸锭过程中，杂质在熔融时分离形成天然的 P–N 结，切割硅锭就能制备太阳能电池。1946 年，奥尔研发出了硅太阳能电池，并申请了专利，起初只有大约有 1%的转换率，但极大地推进了光伏发电向工业领域的发展。

太阳能电池事实上并不是电池，原意为太阳能单元（Solar Cell）。太阳能电池的基本构造是 P–N 结，在 P–N 半导体接合处，由于有效载流子浓度不同而造成的扩散，会产生一个由 N 区指向 P

区的内建电场。在太阳光照下，半导体硅内电子吸收光子能量从价带跃迁到导带，产生电子—空穴对。在内建电场的作用下，N区空穴向P区迁移聚集，P区电子向N区迁移聚集，形成与内建电场方向相反的电动势，即为开路电压Voc，用导线连接两侧并外接负载时，可以对外输出电能。

1953年，贝尔实验室工程师恰宾（Daryl Chapin）、化学家福勒（Calvin Fuller）和物理学家皮尔森（Gerald Pearson）研究了以添加杂质来控制半导体的性质。把含有镓杂质的单晶硅片浸入锂溶液中，吸附锂后就能形成P-N结。将电流计接到硅片，对它照射阳光，就能产生电流。随后，为了固定P-N结和制造出能与硅电池接头良好导电的电极，他们经过试验后选择砷和硼代替锂，造出停留在表面附近的P-N结，经过改进，他们将几个太阳能电池联结在一起，制造出"太阳电池"。贝尔实验室于1954年4月25日在美国新泽西州的牧瑞丘（Murray Hill）宣布此发明并示范了太阳能电池板，用它来转动一座小的玩具摩天轮和一个以太阳能发电的无线电发报机。起初，这款电池的实验室转换效率仅有4.5%，后来很快提高到6%，已经具备了实用价值。贝尔实验室单晶硅太阳电池的研制成功，在太阳能电池发展史上起到里程碑的作用。至今为止，太阳能电池的基本结构和机制没有发生改变。同年，德国科学家威克尔（H. Welker）首次发现了砷化镓有光伏效应，并在玻璃上沉积硫化镉薄膜，制成了太阳能电池。太阳光能转化为电能的实用光伏发电技术由此诞生并发展起来。

光伏电池经历了液体到固体、金属到非金属的发展里程。早期光伏电池技术的发展主要来自科学实验室，后来企业也加入研发中来。早期的产品主要是军用，1973年第一次石油危机后加速转向民用领域。中国在光伏技术上缺少源头创新。2010年以后，中国光伏企业加大研发投入，特别是2015年以后，中国光伏企业不断打破晶硅光伏电池的转换效率，创造了一个又一个纪录。

第二节　光伏电池的两种主流技术路线

一、光伏电池的代际

业界对光伏电池有代际分类，其中第一代和第二代分类较为清晰，第三代分类标准目前还比较模糊，也有第四代的说法（见表 2 - 1）。

表 2 - 1   光伏电池的代际划分

第一代	晶体硅基	单晶硅
		多晶硅
	晶体非硅	砷化镓（单晶化合物）
第二代	薄膜	多晶硅
		微晶硅
		非晶硅
		硫化镉（多晶化合物）
		碲化镉（多晶化合物）
		铜铟镓硒（多晶化合物）
第三代	薄膜	钙钛矿太阳能电池
		染料敏化太阳能电池
		铜锌锡硫化物太阳能电池
	新概念	量子点太阳能电池

第一代电池中的砷化镓电池理论上具有最高的转换效率，可以做到和薄膜电池一样薄，并采用层叠方式来提高效率，而且可以抗辐射、耐高温。但砷化镓电池生产设备的成本较高，镓元素稀缺、昂贵，很难在民用领域展开。目前，砷化镓电池主要应用于航空航天领域。

晶硅太阳能电池为第一代太阳能电池中的主流，也是目前市场应用最广泛的太阳能电池，约占市场的 90%，其中单晶硅电池又占到晶硅电池的 95% 左右，多晶硅电池将很快退出市场[①]。

第二代电池是薄膜电池，主要包括硅基薄膜电池和化合物薄膜电池两类。

硅基薄膜电池包括多晶硅薄膜电池、微晶硅薄膜电池、非晶硅薄膜电池，目前市场上主要是非晶硅薄膜电池产品。

为了节省高耗能的硅材料，20 世纪 70 年代中期起，在廉价衬底上沉积多晶硅薄膜。多晶硅薄膜电池所用的硅远少于单晶硅，且没有效率衰减问题，衬底材料廉价，成本远低于单晶硅电池，效率高于非晶硅薄膜电池。

微晶硅薄膜是介于非晶硅和单晶硅之间的一种混合相无序半导体材料，

---

① 参见：中国光伏行业协会（CPIA）。

是由几十到几百纳米的晶硅颗粒镶嵌在非晶硅薄膜中所组成的。微晶硅薄膜能够克服非晶硅与多晶硅的不足，在光照条件下性能稳定，光电转化效率较好。

非晶硅薄膜电池是在柔性衬底上沉淀非晶硅的电池，生产成本低，但转换效率低。化合物薄膜电池中的碲化镉（CdTe）、硫化镉（CdS）薄膜电池工艺过程简单，制造成本低，实验室转换效率已超过 16%，大规模生产效率超过 12%，远高于非晶硅电池，但镉元素属于污染性的重金属，使用受限。

铜铟镓硒（CIGS）薄膜电池以塑料、玻璃或不锈钢作为柔性衬底，在基板上沉积一层薄薄的铜、铟、镓和硒化物，实验室最高效率已超过 20%。

第三代光伏电池的发展是基于避开晶硅电池的高能耗、高成本，又要考虑材料的可获得性、低污染性，特点是采用多种低耗能、低耗材、短流程、易生产的方式制备电池。

钙钛矿型电池（Perovskite Solar Cells）是基于钙钛矿结构的化合物（两种阳离子和卤化物的组合），效率较高，成本较低，但稳定性仍然存在问题。

有机光伏电池是仿生植物叶绿素光合作用原理而制备的电池，成分全部或部分为有机物，使用导电聚合物或小分子用于光的吸收和电荷转移，使少量的有机物就可以吸收大量的光。有机光伏电池以具有光敏性质的有机物作为半导体的材料，如酞菁化合物、卟啉、菁（Cyanine）等。有机光伏电池具有柔性、质量轻、颜色可调、可溶液加工、大面积印刷制备等特点，但是效率不高、稳定性差、强度低。

有机光伏电池中进展比较大的是染料敏化太阳能电池（DSSC），它以低成本的纳米二氧化钛和光敏染料为主要原料，模拟自然界中植物利用太阳能进行光合作用，由透明导电基板、染料敏化的多孔纳米结构二氧化钛（TiO_2）薄膜、染料（光敏化剂）、电解质和氧化铟锡（ITO）电极组成，能在很宽的温度范围内保持稳定性和固态，制作工艺简单，不需要昂贵的设备和高洁净度的厂房设施，制作成本仅为硅太阳能电池的十分之一至五分之一。该电池使用的纳米二氧化钛、N3 染料、电解质等材料价格便宜且环保，电池在弱光线照射下也能工作。但目前仍停留在实验室阶段，实验室最高效率在 12%左右。

铜锌锡硫（CZTS）纳米晶体电池具有无毒、矿源丰富的特性，有望取代碲化镉、铜铟镓硒电池。2010 年 2 月，IBM 宣布使用铜锌锡硫制作出了这种电池，不过，其转化效率还不到1%。中国科学院物理研究所在高效率铜锌锡硫硒（CZTSSe）薄膜电池研究方面获得了13.6%的实验室效率。

量子点电池（Quantum Dot Solar Cell，QDSC）是使用量子点作为材料的光伏电池。量子点光伏电池由过渡金属基半导体的纳米晶体组成，将纳米晶体在溶液中混合，然后分层到硅衬底上而形成，量子点尺度介于宏观固体与微观原子、分子之间，与其他吸光材料相比，量子点具有量子尺寸效应。通过改变半导体量子点的大小，可以使光伏电池吸收特定波长的光线，即小量子点吸收短波长的光，而大量子点吸收长波长的光。这种电池目前还处于研究阶段。

二、两种主流技术路线

目前，两种主流的技术路线是晶硅电池和薄膜电池（见图2-1）。

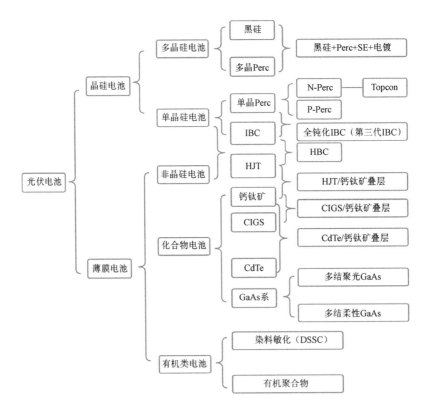

图2-1 光伏电池的两种技术路线

晶硅电池的优点是原材料易得，工业化应用难度低，电池稳定性高，污染性、衰减率、使用成本较低；缺点是电池制作能耗极高，转换效率一般在15%—25%，材料减量和转换效率提高的空间已经很小，只能通过双面、层叠、多结等"升级"手段一点点提高转换效率，缺少革命性变化的空间。

薄膜电池的优点是轻、薄、柔，用材少，应用场景多，不像晶硅电池那样必须占用平面空间。薄膜电池可以附着于建筑物表面，也可以附着于玻璃上，成为建筑物的一部分，且基本不影响玻璃透光。硅基薄膜电池比第一代晶硅电池成本低，材料易得，但最大的缺点是转换效率较低，目前大多数还在15%以下，衰减率也高于第一代晶硅电池，而稳定性低于后者。化合物薄膜电池则受到部分材料稀缺的影响，目前还难以大规模推广。

三、影响不同技术路线的电池应用的关键

影响光伏电池普及性应用的关键，第一是材料的可获得性，稀缺材料制备的电池很难大规模生产，即使是材料可回收利用，稀有金属尤其不能商业性应用。第二是转换效率，任何转换效率低于晶硅的电池，无论成本优势如何，都难以在竞争中取胜，因为光伏发电系统中电池的成本占比并不高，就目前来说，晶硅电池成本占比大致不超过30%，而整个发电系统除电池以外的其他成本，对于所有类型的电池来说是相似的。第三是寿命，这关系到投资回报率。以上三者共同决定了电池的商业应用潜力，决定投资回报率，从而决定电池的市场普及程度。

光伏系统的成本不能仅考虑电池制造成本，电池制造成本仅仅是光伏成本的一部分。除了转换效率，光伏电池的使用寿命和使用场景也决定着电池的发电效益和市场竞争力。在空间资源有限的情况下，单位空间上有更高的转换效率，经过有效光照时间的放大，就具有成本优势和投资效益优势。而电池寿命的长短直接决定着投资的回报率。

表2-2中，甲种电池的生产成本是乙种电池的10倍，寿命是乙种电池的2倍，转换效率是乙种电池的1.7倍。在安装面积相同的情况下，假定其他条件不变，前者的电池投资成本是后者的16.7倍，而全寿命发电收入是后者的3.3倍。前者的收入与电池成本之比为13.1，后者为65.7。假定除电池外系统其他成本相同，前者电池成本占发电系统投资成本的30%，系统投资成本为1,777元，非电池成本为1,277元，后者电池成本占发电系统投资成本

的 2.3%，前者的收入是系统投资成本的 3.7 倍，后者仅为 1.5 倍。前者的收入与系统投资成本之比是后者的 2.5 倍。从经济角度看，电池成本并不是投资效益的决定性因素，电池寿命和转换效率才是。这就是目前晶硅电池优于薄膜电池、单晶硅电池取代多晶硅电池的主要原因。这里，转换效率和光照时间起着效益放大器的作用。在光照时长既定的情况下，转换效率每提高 1 个百分点，增加的全寿命发电收入与系统总成本的比，甲种电池上升 3.7%，而乙种电池上升 1.5%。在电池转换效率、寿命有差距的情况下，限于安装资源（土地和建筑物）的稀缺性，资源总是向效益更高的投资集中。当投资者竞争获得一块宝贵的资源时，他的理性抉择是让这块资源发挥最大的效益。因此，低成本、低转换效率的多晶硅电池逐步退出了增量市场，目前在晶硅电池的市场占有率仅有 5% 左右。当然，薄膜电池由于具有与建筑物结合的属性，可以不占用平面空间资源，它和晶硅电池相比就少了对空间资源的竞争，只要其系统成本具有优势、生产过程具有节能优势，也有足够的发展空间。

表 2-2　　　　　　　　两种不同技术路线电池的成本比较

	单位	甲种电池	乙种电池	甲电池:乙电池
电池生产成本	元/瓦	2	0.2	10.0
单位面积电池组件功率	瓦	250	150	1.7
单位面积电池片投资成本	元	500	30	16.7
单位面积其他投资成本（不含电池片）	元	1,277	1,277	1.0
单位面积系统投资成本	元	1,777	1,307	1.4
电池寿命	年	30	15	2.0
转换效率	—	25%	15%	1.7
平均日光照时间	小时	8	8	1.0
单位面积全天发电量	千瓦时	2	1.2	1.7
上网电价	元/千瓦时	0.3	0.3	1.0
全寿命发电收入	元	6,570	1,971	3.3
全寿命发电收入/电池成本	—	13.1	65.7	0.2
全寿命发电收入/系统投资成本	—	3.7	1.5	2.5

第三节　光伏发电设施的组成

光伏发电的环节主要是，光伏电池把阳光转换为低压直流电，通过线路连接到直流汇流箱集中，电流叠加，电压不变。再经过逆变器，直流电变为交流电（220 伏），然后供应用户自用，或经变压器增压后输入低压电网（380 伏）或高压电网（35 千伏以上）。

光伏发电设施主要分为集中式光伏电站和分布式光伏发电设施。

一、集中式光伏电站

一般的集中式光伏电站由电池组件阵列、直流汇流箱、并网逆变器、变压器以及软件控制检测系统组成，部分电站配有蓄电池。图 2 - 2 为光伏电站系统的组成。

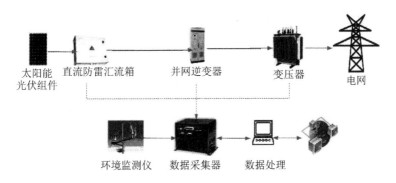

太阳能　　直流防雷汇流箱　　　并网逆变器　　　　变压器　　　电网
光伏组件

环境监测仪　数据采集器　数据处理

图 2 - 2　光伏电站系统的组成

（一）电池组件阵列

电池片串联后，用封装胶膜、前玻璃板、背板（单面发电的电池片采用背板，双面发电的电池片两面都用玻璃板封装）、铝合金边框进行封装，配上接线盒，就成为电池组件，晶硅电池组件及其构成见图 2 - 3。

单片电池片的峰值功率较小，电压在 0.4 伏—0.7 伏之间。若干电池片进行串联构成电池组件，一个组件通常由 60 或 72 片电池片组成，电压就在 30 伏和 36 伏左右。如表 2 - 3 中的电池片，峰值工作电压为 0.6067 伏，峰值工作电流 12.789 安，峰值功率为 7.759Wp。72 片电池组成的电池组件，峰值工

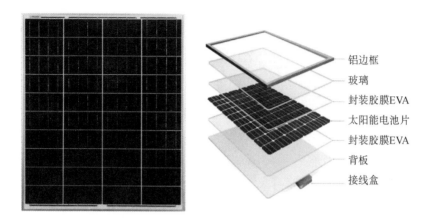

图 2-3 晶硅电池组件及其构成

作电压为 43.67 伏，峰值工作电流 12.789 安，峰值功率为 558Wp。表 2-3 为某型号电池片电性能参数。

表 2-3　　　　　　　　某型号电池片电性能参数

产品型号	电池片技术	尺寸	峰值功率（Pmax）	峰值工作电压（Vmpp）
7.759	背钝化	182×182 毫米	7.759Wp	0.6067 伏
峰值工作电流（Impp）	开路电压（Voc）	短路电流（Isc）	电池片效率	
12.789 安	0.69 伏	13.404 安	23.50%	

若干个电池组件安装在一个支架上，就构成一个电池组件串（见图 2-4）。若干个电池组件串构成电池组件阵列（见图 2-5）。

图 2-4　组件串

图 2-5　电池阵列

（二）直流汇流箱

大型光伏并网发电系统为了减少光伏组件与逆变器之间线接，方便维护，提高可靠性，一般需要在光伏组件与逆变器之间增加直流汇流箱（见图2－6），并在箱内配有避雷器、熔断器、直流开关、智能监控模块等。

图2－6　直流汇流箱

　　若干个光伏组件串通过集电线并联接入一个直流汇流箱，经过防雷器与断路器后输出，这时输出的直流电电压不变，电流是各个组件串电流之和。

　　汇流箱除了汇集电池组件发出的直流电之外，还具有防雷击和电池组件性能监控的功能。智能监控模块可以对每路光伏组件串的电流、电压，以及汇流箱输出电流、电压、功率及防雷器的状态进行采集，并具备每个支路熔断器检测报警的功能。

　　（三）逆变器

　　逆变器的作用是将直流电转换为交流电。若干个直流汇流箱输出的直流电经由集电线输送到逆变器后变成交流电，输出的交流电电压通常为220伏或380伏。图2－7为箱式逆变器。

　　（四）变压器

　　变压器又叫升压站。若干个逆变器输出的交流电，通过母线输送到变压器进行升压，通常升

图2－7　箱式逆变器

至35千伏后接入电网公司高压专用线路，输送至附近的枢纽中心后再进行升压，并进行远程输送和分配。图2－8为箱式变压器。

图2－8　箱式变压器

二、分布式光伏发电设施

分布式光伏发电指在用户场地附近建设，运行方式以用户侧自发自用、多余电量上网，且在配电系统平衡调节为特征的光伏发电设施。

分布式光伏可分为屋顶分布式光伏以及不超过 20 兆瓦的渔光互补（见图 2-9）、农光互补（见图 2-10）和林光互补等光伏发电设施。屋顶分布式光伏主要包括工业屋顶分布式光伏（见图 2-11）、商业屋顶分布式光伏以及户用屋顶分布式光伏（见图 2-12）。

图 2-9　渔光互补分布式光伏

图 2-10　农光互补分布式光伏

图 2-11　工业屋顶分布式光伏

图 2-12　户用屋顶分布式光伏

分布式光伏发电与集中式光伏发电的主要区别是，集中式光伏发电系统的电力并入高压电网，然后由电网统一调度；分布式光伏发电系统的电力首先满足建设方自用，多余的电力输送到低压电网，直接流向其他用户。从设施上看，分布式光伏系统要比集中式光伏系统简单，变压器输出电压也低，通常为 220 伏或 380 伏。在布局上，集中式光伏发电系统通常布置在山地、荒漠、沙漠和戈壁等土地经济价值较低的地方，功率也大得多，现在一般都是若干兆瓦以上，而分布式光伏系统多建设在厂房、民居和公共设施顶部、小型水面和小型农地等地方，功率通常是数千瓦至数十千瓦。

　　户用光伏发电是分布式光伏发电的一种，将光伏电池板置于家庭住宅顶层或者院落内，用小功率或者微逆变器进行换流，并直接利用电力，亦可将多余的电能并入电网，户用光伏发电系统如图 2–13 所示。户用光伏对功率等级没有限制，功率等级根据投资和负荷大小来决定。此外，还可以通过增加蓄电池组提高系统的抗扰动性和应急能力。户用并网系统的并网电压一般都是 220 伏，商用选择 380 伏接入电网。

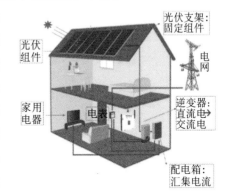

图 2–13　户用光伏发电系统

第三章　光伏产品应用市场的发展

第一节　光伏产品的国际应用

一、光伏产品民用的发端

光伏发电是一个由能源危机、气候灾害、政策驱动共同推动发展起来的产业。

20世纪50年代至60年代，主要发达国家经济高歌猛进，化石能源消费快速增长，引发了西方对化石能源可持续开采能力的担忧。1973年的石油危机加剧了西方世界对能源短缺的恐慌，开发新能源的紧迫感大大提高。1965—2021年美国一次能源消费结构如图3-1所示。

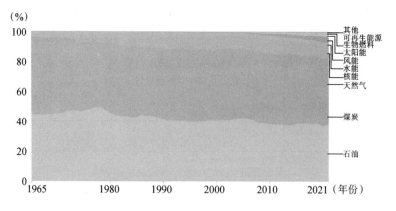

图3-1　1965—2021年美国一次能源消费结构

数据来源："以数据看世界"（Our World in Data）。

1979 年，第一次世界气候大会召开，化石能源的碳排放问题开始引起公众和各国政府的重视。虽然因为利益冲突，围绕碳减排的责任问题争论不休，但二氧化碳对气候的影响和必须减排二氧化碳成为国际共识。此后，在清洁能源的发展中，核能在西方世界新能源发展中发挥着主力的作用，而在发展中国家水能则扮演了主角。但是，核能的安全性始终是西方世界挥之不去的阴影，水能则被认为在另外的意义上破坏环境，如影响水生物的生存、引发地震和干旱等。发达国家不愿意大规模开发水电，而发展中国家没有技术能力发展核能。于是就形成了各自的发展侧重点。1992 年，联合国召开了环境与发展大会，会议通过了《里约环境与发展宣言》《21 世纪议程》和《气候变化框架公约》等一系列文件，把环境与发展纳入统一框架，确立了可持续发展的模式。

随着太阳能发电技术的不断进步，因成本太高而只能被用于军事和太空科研用途的光伏发电和风力发电等新能源开始吸引社会和各国政府的注意力，政府开始对包括太阳能在内的可再生能源给予政策支持和资金投入，光伏行业逐步走进公众视野。

二、美国的光伏应用

21 世纪以前，美国的光伏民用发电是全球行业的引导者。1973 年，美国制定太阳能发电计划，太阳能研究经费大幅增长，促进了太阳能产品的商业化应用。1978 年，美国建成了 1 兆瓦太阳能地面光伏电站。1979 年，大西洋里奇菲尔德太阳能公司（ARCO SOLAR）在美国加州投建了当时全球最大的晶硅光伏铸锭、切片、电池和组件制造一体化的生产基地，并于第二年成为全球第一家年产能超过 1 兆瓦的光伏组件生产商。1986 年，美国地面光伏累计装机量达到 6.5 兆瓦。为了充分打开消费市场，让普通民众能够支撑起光伏产业的发展，1997 年，时任美国总统克林顿签署了"百万太阳能屋顶计划（Million Solar Roofs Initiative）"，计划在美国建设上百万个家用光伏系统。到 2000 年，美国新增光伏装机仅为 4 兆瓦，此后逐年加速。

根据美国太阳能工业协会统计，2010 年美国累计光伏装机达到 2.6 吉瓦。2010 年以后，得益于美国政府提供的光伏投资税收和融资优惠政策、快速下降的组件成本、私人和公共领域对清洁能源需求的增加，光伏安装量快速增加，到 2015 年累计装机达到了 27.4 吉瓦，5 年增长了近 10 倍，2020 年达到 97.5 吉瓦，到 2022 年上半年达到了 131 吉瓦，提供的电力足够 2,300 万户家庭使用，2007—2021 年美国历年光伏新增及累计装机量如图 3 - 2 所示。美国最新的光伏上网平均电价仅 1.6—3.5 美分/千瓦时，具备与其他电力竞争的实力。2010 年，新增发电量的 4% 来自太阳能，而到 2022 年上半年已经提高到 50%。与此形成对比的是，风能从 25% 提高到 39%，天然气从 36% 下降到 5%，煤炭从 33% 下降到 0（2015 年燃煤发电已经退出新增），其他电力来源从 4% 提高到 6%，1985—2021 年美国电力生产结构如图 3 - 3 所示。

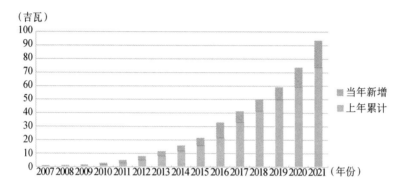

图 3 - 2 2007—2021 年美国历年光伏新增及累计装机量

数据来源：美国太阳能工业协会（SEIA）、伍德·麦肯锡电力和可再生能源（Wood Mackenzie Power & Renewables）。

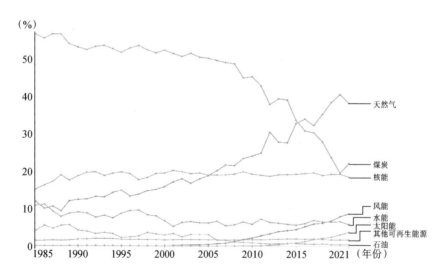

图 3 - 3 1985—2021 年美国电力生产结构

数据来源："以数据看世界"（Our World in Data）。

2010 年，美国光伏发电量占比仅有 0.1%，到 2021 年已经提高到 4%。

系统价格大幅度下降成为驱动美国光伏发展的主要因素。21 世纪前 10 年，高昂的电池成本成为抑制美国光伏发电投资的因素，美国光伏累计装机量缓慢增长。2010—2015 年，电池成本出现了大幅度下降，由此导致系统成本剧烈下降。2010 年，系统成本为 5.79 美元/瓦，到 2021 年下降到了 1.38 美元/瓦，降幅达到了 76%。

在空间分布上，与我国不同的是，美国南部地区是光伏发展的主力，加州、德州、佛州和北卡罗来纳州累计装机都超过了 8 吉瓦，其中加州是美国光伏开发的急先锋，截至 2022 年上半年累计装机 37 吉瓦，约占全美装机量的 28%。

美国政府 2022 年通过了《削减通胀法》（The Inflation Reduction Act，IRA），将极大刺激新增装机。研究机构预计，5 年内美国将新增 200 吉瓦装机，而要实现 2035 年完全清洁发电，则 2028 年至 2030 年每年至少要新增超过 100 吉瓦，2030 年起则要超过 130 吉瓦。

三、日本的光伏应用

（一）日本的能源结构

日本是比较典型的发达工业国家，资源贫乏，工业发达，能源结构具有很强的代表性。根据"以数据看世界"数据，1990 年，日本能源消费中，各种能源占比分别为煤炭 17.47%、石油 57.05%、天然气 9.69%、核能 10.63%、可再生能源 5.16%（其中水能 4.95%）；2000 年，分别为煤炭 17.89%、石油 51.03%、天然气 12.19%、核能 14.59%、可再生源 4.30%（其中水能 4.02%），除了煤炭占比稳定，石油下降幅度较大，天然气和核能占比都有所提高，其中核能占比提高最大，太阳能占比微不足道；2010 年，分别为煤炭 23.09%、石油 41.62%、天然气 17.06%、核能 13.29%、可再生能源 4.94%（其中水能 4.19%、太阳能和风能各 0.19%），煤炭和天然气占比升幅较大，石油占比大幅度下降，核能占比稳中有降，风能和太阳能开始缓慢增长；2021 年，分别为煤炭 27.50%、石油 37.91%、天然气 21.38%、核能 3.17%、可再生能源 10.04%（其中太阳能 4.66%、水能 4.19%、风能 0.45%），煤炭和天然气占比进一步上升，石油占比下降，核能占比大幅度下降，太阳能占比大幅度提高，光伏进入快速发展时期，这得益于中国光伏产品价格的显著下降。1965—2021 年日本能源消费结构如图 3-4 所示。

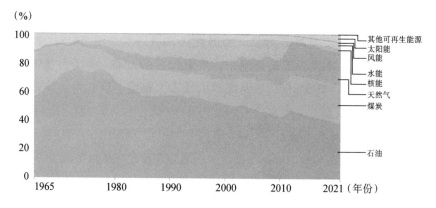

图 3 - 4 1965—2021 年日本能源消费结构

数据来源："以数据看世界"（Our World in Data）。

（二）日本的电力结构

根据"以数据看世界"数据，2021 年，日本发电量中，煤电占 29.6%、石油占 3.07%、天然气占 31.98%、光伏占 8.46%、水电占 7.61%、核能占 6.00%、风电占 0.81%。化石能源占能源总消费的 86.79%，在发电量中，来自化石能源的只有 64.65%。1985—2021 年日本电力结构如图 3 - 5 所示。

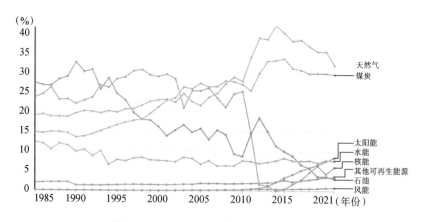

图 3 - 5 1985—2021 年日本电力结构

数据来源："以数据看世界"（Our World in Data）。

（三）日本光伏的发展

根据"以数据看世界"数据，化石能源是日本能源的主力，2021 年占比达到 86.79%。受环保压力和核电站事故的影响，2010 年以后核能比例一落千丈，从 1998 年最高时期的 15.31% 下降到 2014 年的 0。日本一直是全球光伏主要市场之一，尤其是 2010 年核事故以后，光伏发电是日本可再生能源的支柱。1974 年，日本政府公布了"阳光计划"，开始对太阳能研究进行大量投入。1994 年，日本实施补助奖励办法，推广每户 3 千瓦的"市电并联型太阳光电能系统"，即分布式系统，发电自用余量上网。为了促进对可再生能源发电的投资，2012 年日本颁布了可再生能源 FIT 政策，电力企业购买可再生能源的费用计入电价，购买用户将负责缴纳"可再生能源发电促进税"。2011—2020 年这 10 年间，日本的光伏装机量增长平稳。

根据"以数据看世界"数据，2010 年，日本光伏发电量 3,543 吉瓦时，占发电量的 0.32%。2018 年，日本政府通过了 2017 年度版《能源白皮书》，把太阳能和风能等可再生能源定位为主力电力发展方向，目标是到 2030 年将可再生能源发电比例提升至 22%—24%，光伏发电达到 7%，可再生能源累计装机容量达到 92 吉瓦—94 吉瓦，其中光伏的份额将达到 64 吉瓦—70 吉瓦。而到 2020 年，光伏发电量已经达到 78,644 吉瓦时，占比 7.6%，提前完成了《能源白皮书》的计划。10 年间，光伏发电量增长了 21.2 倍。

2021 年，日本内阁通过了《第六次能源基本规划》草案，2030 年减排目标从 26% 提升到 46%，2050 年实现碳中和。到 2030 年，可再生能源在电力构成中的比例从之前的 22%—24% 提高到 36%—38%。在光伏发电方面，从之前假设的"供电比例 7%，装机容量 64 吉瓦"增加至"14%—16%，103.5 吉瓦—117.6 吉瓦"，几乎翻了一番。日本计划到 2050 年实现 300 吉瓦累计国内装机量，占国内发电量 31.4%。1996—2021 年日本光伏年度新增和累计装机量如图 3-6 所示。

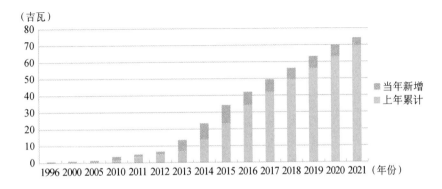

图 3-6 1996—2021 年日本光伏年度新增和累计装机量

数据来源："以数据看世界"（Our World in Data）。

2021 年，日本光伏累计装机量达到 74.2 吉瓦，排名世界第三位。日本每平方公里的光伏装机量已经是世界领先，因缺少集中式发电的资源，日本重点发展分布式系统。如果日本要实现其减排目标，几乎每栋建筑、停车场和农场都要安装上屋顶光伏面板。

四、德国的光伏应用

（一）德国的能源消费结构

德国也是比较典型的发达工业国家，和日本类似，能源结构具有很强的代表性。根据"以数据看世界"数据，1990 年，德国能源消费中，各种能源占比分别为煤炭 36.51%、石油 36.69%、天然气 15.20%、核能 10.33%、可再生能源 1.27%（其中水能 1.22%）；2000 年，分别为煤炭 24.92%、石油 39.45%、天然气 20.83%、核能 12.09%、可再生能源 2.71%（其中水能 1.85%），除了煤炭占比下降幅度较大，石油、天然气和核能占比都有所提高，其中天然气占比提高最大；2010 年，分别为煤炭 23.75%、石油 35.99%、天然气 23.34%、核能 9.92%、可再生能源 7%（其中风能 2.84%、水能 1.54%），煤炭占比维持稳定，天然气占比上升，石油和核能占比下降，可再生能源比重大幅度提高，其中主要是风能的增长，太阳能开始缓慢增长；2021 年，分别为煤炭 17.28%、石油 34.18%、天然气 26.63%、核能 5.10%、可再生能源 16.81%（其中风能 9.06%、太阳能 3.77%），煤炭占比进一步大幅度下降，石油维持稳定，天然气继续提高，化石能源占能源总消费的 78.1%，核能也大幅度下降，可再生能源占 16.81%，占比大幅度提高。1965—2021 年德国能源消费结构如图 3 - 7 所示。

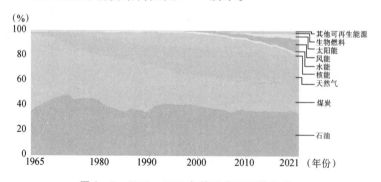

图 3 - 7　1965—2021 年德国能源消费结构

数据来源："以数据看世界"（Our World in Data）。

（二）德国的电力结构

根据"以数据看世界"数据，2021 年，德国发电量中，煤电占 27.82%、石油占 0.82%、天然气占 15.23%、核能占 11.8%、风电占 20.14%、光伏占 8.38%。在发电量中，来自化石能源的只有 43.87%，核能占 11.8%、风电占 20.14%、光伏占 8.38%。也就是说，德国可再生能源发电所占比例，与可再生能源占能源总消费的比例相比超过了 2 倍，德国化石能源中约有一半没有用于发电。1985—2021 年德国电力结构如图 3－8 所示。

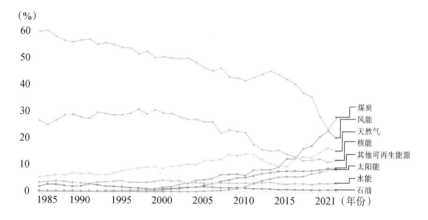

图 3－8　1985—2021 年德国电力结构

数据来源："以数据看世界"（Our World in Data）。

（三）德国光伏的发展

新能源发展初期，德国以煤电、核电、燃油、燃气发电等火电为主。后在补贴激励下，德国光伏一度发展迅猛。2000 年，德国颁布了《可再生能源法》，德国光伏发电开始起步。2004 年，德国对该法进行修订，大幅提高了光伏电站标杆电价的水平，光伏发电快速发展。

在 2013 年中国成为光伏第一装机大国之前，德国一直是全球光伏装机最大的国家，光伏补贴起着重要作用，而高额补贴也拖累了德国能源转型的步伐，此后随着光伏系统特别是电池片价格的大幅度下跌，德国开始降低补贴水平。2012 年，德国政府出台了大幅度削减光伏发电补贴方案，装机速度开始明显放缓。以装机容量 30 千瓦的居民屋顶项目为例，并网补贴价格从 2004 年 0.57 欧元/千瓦时的历史高位，一路降低到 2014 年的 0.12 欧元/千瓦时[1]。

---

① 参见：广东太阳能（http://gdsolar.org/zhengceinfo_781.html）。

2016年6月，德国通过《可再生能源法》改革方案，自2017年起将不再以政府指定价格收购绿色电力，而是通过市场竞价发放补贴。2017年起，装机速度又开始了恢复性提高。1996—2021年德国光伏年度新增和累计装机量如图3-9所示。

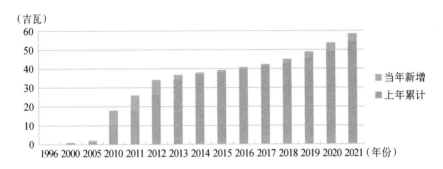

图3-9 1996—2021年德国光伏年度新增和累计装机量

数据来源："以数据看世界"（Our World in Data）。

五、印度的光伏应用

印度2021年光伏组件累计安装量占全球的6%，仅次于中国、美国、日本和德国。

印度是世界第一人口大国。国际能源署认为，到2040年，印度的能源需求增长幅度将是所有国家中最大的。印度的经济增长历来主要由服务业而非能源密集型工业部门推动，印度的城市化速度也低于其他可比国家。但即使以相对温和的假定城市化率，印度的绝对规模意味着在未来20年内，城市人口仍将增加2.7亿，这将导致建筑和其他基础设施快速增长。由此产生的一系列建筑材料需求激增，尤其是钢材和水泥。随着印度工业化的发展和现代化的推进，其能源需求增长率是全球平均水平的3倍。

2021年印度的能源结构和电力结构如表3-1所示。

表3-1   2021年印度的能源结构和电力结构

	石油	煤炭	天然气	核电	水电	风能	太阳能
能源（%）	26.76	57.15	6.37	1.13	4.30	1.82	1.83
电力（%）	0.13	74.13	3.74	2.56	9.35	3.97	3.98

数据来源："以数据看世界"（Our World in Data）。

在过去的 10 年间，印度从无到有发展了近 50 吉瓦的光伏设施，2011—2021 年印度光伏年度新增和累计装机量如图 3 - 10 所示。由于印度光照资源好，而燃煤污染严重，因此印度政府正在推动绿色能源的发展，目标到 2030 年可再生能源发电量达到 450 吉瓦，2040 年左右实现煤电与太阳能发电的比例相当，各占 30% 多。印度正在加快光伏的发展。

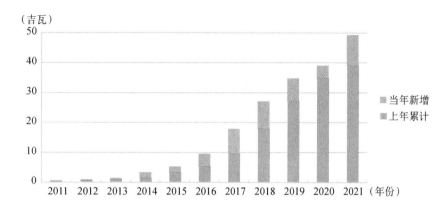

图 3 - 10　2011—2021 年印度光伏年度新增和累计装机量

数据来源："以数据看世界"（Our World in Data）。

六、其他国家和地区的光伏应用

根据"以数据看世界"数据，2021 年，欧洲累计装机 191 吉瓦，其中较大的有德国 58.5 吉瓦、意大利 22.7 吉瓦、法国 14.7 吉瓦、荷兰 14.2 吉瓦、英国 13.7 吉瓦、西班牙 13.6 吉瓦、乌克兰 8.1 吉瓦、土耳其 7.8 吉瓦、比利时 6.6 吉瓦、波兰 6.3 吉瓦、希腊 3.5 吉瓦、瑞士 3.4 吉瓦、奥地利 2.7 吉瓦。与其他地区相比，欧洲对于光伏发展较为积极，而且分布相对均匀。

亚洲除中国（306.4 吉瓦）、日本（74.2 吉瓦）、印度（49.3 吉瓦）、韩国（18.2 吉瓦）、越南（16.7 吉瓦）以外，其他地区光伏累计装机总计仅有 36.8 吉瓦，其中中东地区 8.0 吉瓦、泰国 3.0 吉瓦、马来西亚 1.8 吉瓦、菲律宾 1.4 吉瓦、巴基斯坦 1.1 吉瓦。中东地区阿联酋比较积极（2.6 吉瓦），约旦有 1.5 吉瓦，其他国家比较薄弱。中亚地区和东南亚地区（越南、泰国、马来西亚、菲律宾除外）几乎是光伏的空白区域。

南美洲累计装机总量为 18.5 吉瓦，其中巴西贡献了 13.1 吉瓦。

北美洲的加拿大累计装机 3.6 吉瓦、墨西哥 7.0 吉瓦。

大洋洲的澳大利亚贡献了全部的 19.1 吉瓦。

非洲合计有 10.3 吉瓦，其中南非贡献了 5.7 吉瓦，埃及贡献了 1.7 吉瓦。

第二节　光伏产品的国内应用

一、起步阶段（1958—1995 年）

中国从 1958 年起着手研究光伏电池，1971 年发射的东方红二号卫星上应用了天津 18 所研制的第一块国产光伏电池。1973 年起，光伏电池开始了民用历程，首先使用的是天津港航标灯。1975 年，宁波、开封先后成立光伏电池厂。20 世纪 80 年代之前，中国光伏工业尚处于起步阶段，电池年产量不足 10 千瓦，价格昂贵，除了作为卫星电源，地面仅应用于小功率电源系统，如航标灯、铁路信号系统、高山气象站的仪器用电、电围栏、黑光灯和直流日光灯等，功率介于几瓦到几十瓦之间。1980 年至 1990 年，政府推动了国内光伏工业的发展，从国外引进了多条太阳能电池生产线，在 80 年代末电池产能达到了 4.5 兆瓦，1986—1990 年价格从 80 元/Wp 下降到 40 元/Wp[①]。光伏电池被应用于微波中继站、部队通信系统、水闸、农村载波电话系统、小型户用系统和村庄供电系统等，光伏发电不但被列入国家攻关计划，而且被列入国家电力建设计划，同时也应用到一些重大工程项目中。

二、稳步发展阶段（1996—2013 年）

1996 年，在津巴布韦召开的世界太阳能高峰会议提出了在全球无电地区推行"光明工程"的倡议，光伏发电进入了中国的视野。此时，中国还有 7,656 万无电人口，如西藏地区因为地理原因，无电户比例高达 78%[②]。

1997 年，中国政府推出"光明工程"，首期目标是 5 年内完成 2,000 个无电村、100 个微波通讯站的风电系统等的建设，安装约 178 万套户用系统，2,000 套村落系统和 200 套站用系统，装机总量 40 万至 60 万千瓦，满足全国

---

① 张耀明：《中国太阳能光伏发电产业的现状与前景》，《能源研究与利用》2007 年第 1 期。

② 参见：雪球网（https://xueqiu.com/3919125875/219151316？page＝3）。

十分之一无电人口即 800 万人的用电需求。"光明工程"通过开发利用风能、太阳能等新能源，为远离电网、负荷小而分散、无法用延伸电网供电的地区居民和设施供电。"光明工程"项目同时还是一个兼有扶贫性质的项目。

2001 年，无锡尚德建设 10 兆瓦光伏电池生产线，2002 年 9 月正式投产，产能相当于此前 4 年全国光伏电池产量的总和，将中国与国际光伏产业的差距缩短了 15 年。2008 年，产能达到 1,000 兆瓦。

2002 年，国家启动了"西部省区无电乡通电计划"，即"送电到乡"工程，通过光伏和小型风力发电的方式，最终解决了西藏、新疆、青海、甘肃、内蒙古、陕西和四川等西部 7 省区近 800 个无电乡的用电问题，光伏组件用量达到 19.3 兆瓦。这一项目的启动大大刺激了光伏工业的发展，无锡尚德、河北英利等组件厂相继从国外引进了几条光伏电池的封装线，成为中国第一批现代意义的光伏组件生产企业，使我国电池组件的年生产能力迅速达到 100 兆瓦（组件封装能力），2002 年当年销售量为 20 兆瓦。与此同时，光伏电池应用也取得进展，到 2003 年底，累计装机已经达到 55 兆瓦。

2004 年 8 月，深圳国际园林花卉博览园 1 兆瓦并网光伏电站建成发电（见图 3 - 11），这是国内首座大型的兆瓦级并网光伏电站，也是当时亚洲最大的并网光伏电站。

图 3 - 11　深圳国际园林花卉博览园光伏电站（2004 年）

为了改变光伏产品主要供出口、国内光伏应用还停留在行政力量主导的试点局面，加快新能源产业的创新发展，国家采用了相应的财政政策推动行业发展。2007 年，《可再生能源中长期发展规划》出台，加快了光伏装机的速度。2007 年到 2008 年，国家发改委核准了上海两个、宁夏和内蒙古各一个合计四个光伏发电项目，核准电价 4 元/千瓦时，拉开了商业性光伏电站发展的序幕。从 2007 年到 2010 年，国内的光伏发电项目快速走向市场化，装机量保持每年 100% 以上的速度增长。与此同时，光伏项目的类别也发生了根本性的变化，并网项目成为主流，占比由 2006 年的 5.1% 增加至 2010 年底的 80%①。

　　2008 年下半年爆发的全球金融危机使国际市场光伏需求增速出现了下滑。为了抵御金融危机对国内经济的冲击，中国政府化危为机，有力地推动了光伏产业的发展。2009 年 7 月，财政部、科技部、国家能源局联合发布《关于实施金太阳示范工程的通知》，决定综合采取财政补助、科技支持和市场拉动方式，加快国内光伏发电的产业化和规模化发展，预期投入 100 亿元，支持不低于 500 兆瓦的光伏发电示范项目。并网光伏发电项目原则上按光伏发电系统及其配套输配电工程总投资的 50% 给予补助，偏远无电地区的独立光伏发电系统按总投资的 70% 给予补助。"金太阳示范工程"是中国应对国际金融危机、促进国内光伏产业技术进步和规模化发展而紧急实施的一项政策。第一期示范工程包括了 329 个项目，设计装机总规模 642 兆瓦，规定 2—3 年时间完成，重点支持大型工矿、商业企业以及公益性事业单位建设光伏发电项目。2010 年，实际安装了 272 兆瓦。2010 年起，"金太阳示范工程"不再支持大型并网光伏电站，其他支持范围与 2009 年相同。2010 年 9 月，三部委与住建部联合下发《关于加强金太阳示范工程和太阳能光电建筑应用示范工程建设管理的通知》，对示范项目建设的其他费用采取定额补贴，用户侧光伏发电项目 4 元/瓦（建材型和构件型光电建筑一体化项目为 6 元/瓦），偏远无电地区独立光伏发电项目 10 元/瓦（户用独立系统为 6 元/瓦）。2011 年实际安装了 692 兆瓦。2011 年起，"金太阳示范工程"转向重点支持经济技术开发区、工业园区、产业园区等集中连片开发的用户侧光伏发电项目，采用晶体硅组件的项目补助标准为 9 元/瓦，采用非晶硅薄膜组件的项目补助标准为 8 元/瓦。"金太阳示范工程"2012 年实际安装 4,544 兆瓦。2012 年上半年，第一批项目的补贴标准调整为用户侧光伏发电项目原则上为 7 元/瓦，后在正式实施过程中调低到 5.5 元/瓦；下半年第二批项目的补贴标准为与建筑一般结合的太阳能光电建筑应用示范项目补助 5.5 元/瓦，建材型等与建筑紧密结合的光电建筑一体化项目补助 7 元/瓦；偏远地区独立光伏电站的补助标准为 25 元/瓦，户用系统的补助标准为 18 元/瓦。

　　从 2009 年到 2012 年，"金太阳示范工程"实施 4 年累计安装量了 6.15

_____

① 参见：中国能源网（https://www.china5e.com/news/news - 942962 - 1. html）。

吉瓦，2013 年 3 月"金太阳示范工程"结束。到 2012 年，光伏产品国内外需求比达到 4∶6。这一时期，中国企业掌握了晶硅电池的关键技术，单晶硅、多晶硅电池转化效率达到 18% 和 17%，部分先进企业突破 19%，位于世界第一梯队，同时实现了产业链上、中、下游的全部国产化，技术达到国际先进水平。

　　在实施"金太阳示范工程"的同时，2009 年起，主要面向大型地面光伏电站实施了特许权招标竞价政策。2009 年和 2010 年，国家能源局组织实施了两批光伏电站特许权项目招标，中标方式为上网电价低者中标。2009 年第一批次一个项目，即敦煌 10 兆瓦光伏电站，最终中标电价为 1.09 元/千瓦时，2010 年第二批特许权招标 13 个项目总规模 280 兆瓦，中标电价 0.73—0.99 元/千瓦时。2011 年 8 月，国家发改委下发《关于完善太阳能光伏发电上网电价政策的通知》，统一了上网标杆电价。对于 2011 年 7 月 1 日以前核准建设、2011 年 12 月 31 日建成投产、尚未核定价格的光伏发电项目，上网电价统一核定为每千瓦时 1.15 元；2011 年 7 月 1 日及以后核准，以及 2011 年 7 月 1 日之前核准但截至 2011 年 12 月 31 日仍未建成投产的太阳能光伏发电项目，除西藏仍执行每千瓦时 1.15 元外，其余上网电价均按每千瓦时 1 元执行。

　　随着我国光伏产业快速发展，光伏电池制造产业规模迅速扩大，市场占有率位居世界前列，光伏电池制造达到世界先进水平，多晶硅提纯技术日趋成熟，形成了包括硅材料及硅片、光伏电池及组件、逆变器及控制设备的完整制造产业体系。光伏发电国内应用市场逐步扩大，发电成本显著降低，市场竞争力明显提高。2010 年起，我国成为世界光伏组件产量最大的国家，占比超过 50%。2014 年，新增装机容量 10.64 吉瓦，占全球新增装机的 27.7%，占我国光伏电池组件产量的 30%，成为新增装机量最大的国家[①]。

　　2010 年 9 月，江西赛维 LDK 公司第一期 4 条共 120 兆瓦光伏电池生产线投产，计划分 5 期建成总量达到 1,000 兆瓦太阳能电池生产线。

　　2011 年，中国光伏组件产量达到了 24.3 吉瓦，占全球总产量 66%，组件出口占美国市场的 86%、欧洲市场的 51%[②]。与此同时，欧洲各国调整政府补贴政策，降低政府补贴，光伏市场出现萎缩，因之前大幅扩张而增加的产能出现严重过剩，众多知名光伏组件厂商因此停工亏损甚至倒闭，导致全球

---

① 参见：中国光伏行业协会。
② 参见：雪球网（https://xueqiu.com/5273839515/222620821）。

光伏行业供需失衡。在此背景之下，2011—2012 年，美欧先后发起对中国光伏产品的反补贴调查，光伏产品出口阻力增大，我国光伏企业普遍经营困难，第一批光伏企业中的大部分被淘汰出局，少数企业艰难地存活下来。

2013 年 7 月，国务院发布《关于促进光伏产业健康发展的若干意见》（国发〔2013〕24 号），提出发挥市场机制在推动光伏产业结构调整、优胜劣汰、优化布局以及开发利用方面的基础性作用，对不同光伏企业实行区别对待，重点支持技术水平高、市场竞争力强的骨干优势企业发展，淘汰劣质企业。光伏产品应用方面，2013—2015 年，年均新增光伏发电装机容量 10 吉瓦左右，到 2015 年总装机容量达到 35 吉瓦以上，2010—2021 年中国光伏年度新增和累计装机量如图 3-12 所示。大力开拓分布式光伏发电市场，鼓励各类电力用户按照"自发自用，余量上网，电网调节"的方式建设分布式光伏发电系统。优先支持在用电价格较高的工商业企业、工业园区建设规模化的分布式光伏发电系统。支持在学校、医院、党政机关、事业单位、居民社区建筑和构筑物等推广小型分布式光伏发电系统。扩大分布式光伏发电应用，建设 100 个分布式光伏发电规模化应用示范区、1,000 个光伏发电应用示范小镇及示范村。支持偏远地区及海岛利用光伏发电解决无电和缺电问题。鼓励在城市路灯照明、城市景观以及通信基站、交通信号灯等领域推广分布式光伏电源。国家能源局于 2013 年 8 月发布《关于发挥价格杠杆作用促进光伏产业健康发展的通知》，明确光伏补贴从"金太阳"事前补贴正式转为度电补贴，分布式补贴 0.42 元/千瓦时，地面电站采用三类标杆电价，分别为一类地区 0.9 元/千瓦时，二类地区 0.95 元/千瓦时，三类地区 1 元/千瓦时，光伏项目审批由核准制向备案制过渡。

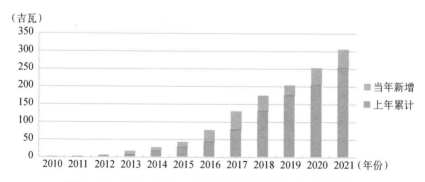

图 3-12　2010—2021 年中国光伏年度新增和累计装机量

数据来源："以数据看世界"（Our World in Data）。

三、高速发展阶段（2014年至今）

在国家政策的鼓励和支持下，2014年起我国光伏发电快速发展起来，持续保持了世界第一光伏装机大国的位置，2015年起持续保持累计装机第一的位置。

2014年10月，国家能源局、国务院扶贫开发领导小组办公室联合印发《关于实施光伏扶贫工程工作方案》，决定利用6年时间组织实施光伏扶贫工程，主要内容包括实施分布式光伏扶贫，支持片区县和国家扶贫开发工作重点县内已建档立卡贫困户因地制宜开展光伏农业扶贫，利用贫困地区荒山荒坡、农业大棚或设施农业等建设光伏电站，使贫困人口能直接增加收入。

2015年底，国家发改委下发《关于完善陆上风电、光伏发电上网标杆电价政策的通知》，实行风电、光伏上网标杆电价随发展规模逐步降低的价格政策。2016年3月，发改委、扶贫办、能源局等联合发出《关于实施光伏发电扶贫工作的意见》，计划在2020年之前，重点在前期开展试点的、光照条件较好的16个省471个县约3.5万个建档立卡贫困村，以整村推进的方式，保障200万建档立卡无劳动能力贫困户（包括残疾人）每年每户增加收入3,000元以上。其他光照条件好的贫困地区可按照精准扶贫的要求，因地制宜推进实施。2016年底，国家能源局发布的《太阳能发展"十三五"规划》提出，到2020年底，我国光伏发电装机将要达到110吉瓦以上，其中分布式光伏占60吉瓦。2016年光伏"领跑者"计划开始实施。

2018年5月，国家发改委、财政部、国家能源局三部委发布《关于2018年光伏发电有关事项的通知》（发改能源〔2018〕823号，即"531新政"），暂不安排2018年普通光伏电站建设规模。安排1,000万千瓦左右规模用于支持分布式光伏项目建设，支持光伏扶贫，有序推进光伏发电领跑基地建设。这是在为平价上网做准备。2018年12月，中国首个平价上网光伏发电项目——三峡新能源格尔木50万千瓦光伏"领跑者"项目正式并网发电，上网电价平均为0.316元/千瓦时，比当地煤电标杆电价（0.3247元/千瓦时）低将近1分钱，这是国内光伏电价第一次低于燃煤发电标杆电价。

2019年1月，国家发改委、国家能源局下发了《关于积极推进风电、光伏发电无补贴平价上网有关工作的通知》，正式拉开了光伏平价上网大幕。

2019 年 4 月，国家能源局、国家发改委相继发布了光伏管理意见稿和 2019 年电价新政，指出户用光伏单独管理，切块 7.5 亿元补贴额度，确定年度 3.5 吉瓦装机量，固定补贴标准调整为 0.18 元/千瓦时。2019 年和 2020 年备案的光伏平价项目分别为 168 个和 989 个，总装机量分别为 1.478 吉瓦和 3.305 吉瓦①。

2021 年 6 月，国家能源局发布《关于报送整县（市、区）屋顶分布式光伏开发试点方案的通知》，拟在全国组织开展整县（市、区）推进屋顶分布式光伏开发试点工作。《通知》明确，党政机关建筑屋顶总面积可安装光伏发电比例不低于 50%；学校、医院、村委会等公共建筑屋顶总面积可安装光伏发电比例不低于 40%；工商业厂房屋顶总面积可安装光伏发电比例不低于 30%；农村居民屋顶总面积可安装光伏发电比例不低于 20%。

2021 年 11 月，国家发改委、国家能源局发布《关于印发第一批以沙漠、戈壁、荒漠地区为重点的大型风电光伏基地建设项目清单的通知》，涉及 19 省份，规模总计 97.05 吉瓦。当月再发布《关于组织拟纳入国家第二批以沙漠、戈壁、荒漠地区为重点的大型风电光伏基地项目的通知》，规模总计 455 吉瓦。

2022 年 6 月 1 日，国家发改委等九部门印发《"十四五"可再生能源发展规划》。其中提出，加快推进以沙漠、戈壁、荒漠地区为重点的大型风电太阳能发电基地。以风光资源为依托、以区域电网为支撑、以输电通道为牵引、以高效消纳为目标，统筹优化风电光伏布局和支撑调节电源，在内蒙古、青海、甘肃等西部北部沙漠、戈壁、荒漠地区，加快建设一批生态友好、经济优越、体现国家战略和国家意志的大型风电光伏基地项目。依托已建跨省区输电通道和火电"点对网"输电通道，重点提升存量输电通道输电能力和新能源电量占比，多措并举增配风电光伏基地。依托"十四五"期间建成投产和开工建设的重点输电通道，按照新增通道中可再生能源电量占比不低于 50% 的要求，配套建设风电光伏基地。

在政策的强力推动下，中国的光伏应用扫除了大部分障碍，在屋顶分布式和西北地区集中式两大领域同时展开，将迎来一个国内生产和需求同步高速发展的新时代。

① 参见：中国电力网（http://www.chinapower.com.cn/tynfd/hyyw/20200414/15086.html）。

第三节　中国光伏产品的国际市场开拓

一、从"三头在外"到国内消化产能

2004 年到 2012 年是中国的光伏制造业和市场应用的起步阶段。"入世"带来的机遇使中国成为全球制造业规模最大的国家，但光伏产业对于中国来说还是新生产业，技术、原料和市场都主要在国外，产业经营的模式就是主要设备和核心技术的 90% 从国外进口，90% 的原料（多晶硅）从国外进口，90% 的产品出口到欧美日市场，简称"三头在外"。整个产业基本集中在光伏组件封装上。在出口贸易方式上，"三来一补"占了很大比例。以 2006 年为例，根据《中国有色金属工业年鉴》，当年国内生产的多晶硅仅 287 吨，占全球总产量（约 25,000 吨）的 1% 多一点，进口多晶硅 6,459 吨，进口占比 95.5%；组件产量 460 兆瓦，占全球组件产量（约 2.5 吉瓦）的 18.3%；组件出口（441 兆瓦）占组件产量的 95.9%；国内装机量（19 兆瓦）占组件产量的 4.1%，占全球装机量的 1.2%。

随着多晶硅和组件产线的不断扩增，根据《中国化学工业年鉴》《中国有色金属工业年鉴》数据，2006 年到 2010 年，多晶硅产量迅速从 287 吨增加到 4.5 万吨，进口量占比从 95.5% 下降到 51.4%；2004 年到 2010 年，组件产量从 50 兆瓦提高到 10.8 吉瓦，组件产量的全球占比从 4.2% 提高到 52.7%，成为第一生产大国。但是组件出口量（10.19 吉瓦）占比还是高达 94.4%，国内组件装机量与产量之比只有 5.6%，占全球装机量之比仅 3.5%。这种极度反差的状况，引发了国内对光伏产业是否绿色的质疑。随着国内绿色发展政策的推动，这种情况终于在 2011—2014 年得到逆转。2004—2021 年中国多晶硅进口量占比，光伏组件产量、出口量、装机量全球占比及组件产量中国内装机占比如图 3-13 所示。

二、第一次挫折

中国组件产业 2004 年到 2008 年间在国际市场的快速发展，引起了国外硅料供应商的注意，多晶硅原料价格不断上涨，从 2005 年的 40 美元/千克涨

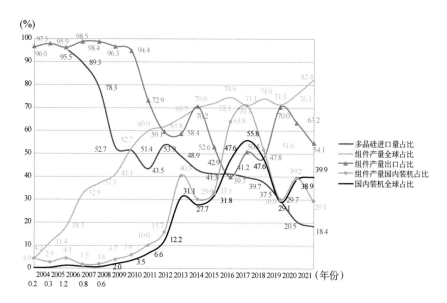

图 3 - 13   2004—2021 年中国多晶硅进口量占比，光伏组件产量、

出口量、装机量全球占比及组件产量中国内装机占比

数据来源："以数据看世界"（Our World in Data），国际能源署（IEA），中国有色金属工业协会硅业分会，中国光伏行业协会，《中国化学工业年鉴》，《中国有色金属工业年鉴》，国家能源局，工信部，海关总署，北极星太阳能光伏网。

到 2008 年的 500 美元/千克，上涨 12 倍[①]。由于中国企业担忧原料供应短缺，在供给市场锁定了大量的高价多晶硅。2009 年，多晶硅价格暴跌回 40 美元/千克。金融危机爆发后，全球光伏需求暴跌，出现了阶段性供需失衡。2008年，国内光伏企业陷入严重危机，300 多家企业倒闭，国内第一批创业的光伏企业除了少数几个继续惨淡经营，其余基本退出市场。这是中国光伏产业发展的第一次重大挫折。

为了挽救光伏行业，中国推出了"金太阳示范工程"，给光伏企业创造了国内需求。根据中国光伏行业协会数据，2008 年到 2012 年，国内光伏装机量从 40 兆瓦提升到 3.6 吉瓦，装机量全球占比从 0.6% 提升到 12.2%，实现了巨大飞跃，有效缓冲了国际市场的冲击，并且经过危机后在国际市场继续高歌猛进。中国组件在全球的产量占比不降反升，从危机前 2008 年的 37.1% 猛增到 61.8%。这一次，不再是引发国际光伏产业资本的进攻（因为中国硅料

---

① 参见：搜狐网（http：//news.sohu.com/a/587039826_121165594）。

的自给率已经达到了50%左右），而是国际光伏组件企业出手给政府施压，要求对中国企业出口设置贸易壁垒。

三、第二次挫折

金融危机的余波，政府对补贴的削减，叠加中国光伏企业竞争力的空前提高，使欧美光伏企业陷入了危机。

以明星企业索林卓（Solyndra）能源设备公司为代表的美国几家大企业申请破产保护，将矛头对准了中国光伏企业，美国太阳能设备制造商阳光世界（SolarWorld）要求美国政府对来自中国的光伏产品征收49.88%—249.96%的反倾销税及反补贴税。2011年11月，美国商务部正式对中国输美太阳能电池（板）发起反倾销和反补贴（"双反"）调查。2012年11月，美国贸易仲裁委员会公布对中国光伏产品"双反"的终裁结果，将对中国产晶体硅光伏电池及组件征收18.32%至249.96%的反倾销税，以及14.78%至15.97%的反补贴税。

欧洲光伏企业同样陷入了危机，特别是以德国为主的光伏市场，政府大幅削减了光伏补贴，英国、西班牙、瑞士等国也都宣布了削减补贴政策，大批光伏企业经营困难。在美国的示范下，2012年7月，欧洲光伏制造商向欧盟提起对华"反倾销"调查申请；同年9月，欧盟委员会宣布对中国光伏电池发起反倾销调查，涉案金额超过200亿美元；同年11月，欧盟委员会宣布对从中国进口的太阳能电池板及其主要部件启动反补贴调查。2013年6月，欧盟委员会宣布，欧盟将从6月6日起对产自中国的光伏产品征收11.8%的临时反倾销税，如果双方未能在8月6日前达成妥协方案，届时反倾销税率将升至47.6%；同年8月，欧盟对华光伏反倾销与反补贴案初裁，双方就光伏贸易争端达成协议，规定中国出口欧洲的光伏组件最低售价每瓦0.56欧元，每年配额7吉瓦，达成价格协议后，中国对欧洲出口占总出口量的比重从70%下降到不足30%[①]。

2013年，中国光伏电池对美出口额下跌48%，对欧洲出口额下跌71%，300多家中国光伏企业退出市场[②]。依托"金太阳工程"拉动而顽强生存下来

---

① 《中国输欧光伏产品占比减半，日本成第二大出口国》，《建筑玻璃与工业玻璃》2013年第11期。
② 参见：网易新闻（https://m.163.com/dy/article/HMSKA1HU05118O92.html）。

的第一代光伏企业，即使是行业龙头也难以为继。无锡尚德、江西塞维申请破产保护，河北英利 10 亿元债务违约。

四、崛起的光伏产业

2012 年 7 月，中国商务部宣布对产自美国和韩国的多晶硅启动同等反倾销调查。2012 年 11 月，中国商务部对欧盟多晶硅产品启动反倾销调查。2012 年年底，国务院下发五条措施，从产业结构调整、产业发展秩序、应用市场、支持政策、市场机制多方面扶植光伏业发展。2013 年 8 月，作为"国五条"的细化配套政策，发改委发布了《关于发挥价格杠杆作用促进光伏产业健康发展的通知》，实行三类资源区光伏上网电价及分布式光伏度电补贴，国内市场迅速启动，出现了爆发性成长。

2013 年到 2021 年间，中国光伏市场全面爆发，多晶硅、硅片、电池片、光伏组件产量持续增加。2018 年，中国光伏组件出口国家达 200 多个，印度、日本、澳大利亚、墨西哥等国家取代之前的美欧市场，成为中国光伏主要出口国。2010—2021 年中国光伏产品出口额及组件出口量如图 3 - 14 所示。

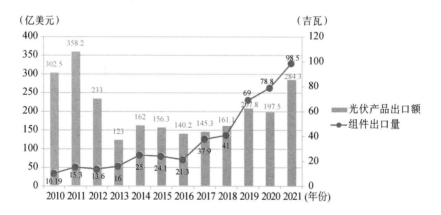

图 3 - 14   2010—2021 年中国光伏产品出口额及组件出口量

数据来源：中国机电进出口商会，中国光伏行业协会。

2018 年 8 月 31 日，欧盟委员会宣布，欧盟对华光伏产品反倾销和反补贴措施将于 9 月 3 日到期后终止。2019 年，美国商务部在第五次复审中将中国光伏的"双反"税率从最高 238% 下调到 4%。"双反"解除后，中国企业重返欧美市场，并且获得了更大的市场份额。2021 年，全球光伏产业 20 强企业

中有 15 个来自中国光伏供应链。各环节中国企业的全球产量占比均超过
65%，同时中国光伏组件相关专利数量达 4,089 项①。

与此同时，中国光伏产业不仅在光伏产品制造业领域蓬勃发展，在设备
和辅料制造领域也全面取代进口。中国光伏企业在研发领域的大量投入，使
光伏技术也终于可以和欧美并驾齐驱。但是，必须承认的是，在光伏基础科
学领域，我国与欧美相比还有相当的差距。

根据中国光伏行业协会统计，截至 2021 年，中国光伏装机规模达到 306
吉瓦，超过欧盟和美国的总和。

2021 年，按组件出口额市场的地区分，欧洲占 43.9%，是第一大市场，
其中荷兰是最大的市场，占比 24.3%，西班牙占比 5.0%。亚洲占 29.8%，
是第二大市场，其中印度占比 10.3%，日本占比 6.5%。美洲市场列第三，
占比 17.8%，其中巴西占比 12.2%。大洋洲和非洲分别占 5.4% 和 3.1%，其
中澳大利亚占 5.2%②。

---

① 参见：雪球网（https：//xueqiu. com/6247460865/226171933？ page＝17）。
② 参见：中国光伏行业协会。

第四章　光伏产业链

第一节　晶硅电池的原料产业：硅石矿采选与工业硅冶炼

一、硅石采选加工

硅在地壳中的含量约为27.6%，是仅次于氧的第二大元素，通常以化合物的形式广泛存在于岩石、沙砾中，硅石（见图4-1）是重要载体之一，其主要成分是二氧化硅（SiO_2）。按照硅石内部的组织结构不同，硅石主要分为石英岩、石英砂岩、石英砂、脉石英和粉石英，不同类型硅石的二氧化硅纯度不同，纯度越高，越能适应精细程度高的产品要求，比如光伏硅片、半导体芯片。按照硅石的用途不同，主要分为冶金用硅石、玻璃用硅石和水泥配料用硅石。冶金用硅石是指用于生产硅质合金、工业硅的原料（光伏使用的硅为工业硅），玻璃用硅石是指用于生产普通玻璃和光学玻璃的原料，水泥配料用硅石则是用来生产水泥的原料。

我国硅石资源丰富，据自然资源部发布的数据，2020年我国石英岩、石英砂岩、石英砂三者的保有储量之和占比达98.21%，而质量较高的脉石英和粉石英储量仅占1.79%。硅石总储量为23.62亿吨，主要分布在江西、安徽、海南等省份，其中江西和安徽两省储量之和占比就达25%以上。作为生产工业硅的重要原料，2020年冶金用硅石的总储量为2.45亿吨，集中分布在青

图 4 – 1 硅石

海、贵州、陕西，占比分别为 35.16%、16.62% 和 11.45%[①]。工业硅冶炼对硅石品质有较高要求，一般要求二氧化硅含量要在 97%—98%，并对铝、钙、铁的含量也有限制。所以在原材料上，市场比较关注的是生产高纯、超高纯石英砂的高品质脉石英或天然水晶资源。我国不同产地硅石的品质不一，99% 以上品位的硅石供应较为分散，主产地集中在新疆、云南、湖北、江西、广西，其中湖北硅石质量较高。新疆是我国工业硅生产最多也是硅石消耗最多的地区。

硅石开采和加工业的门槛很低，投资规模小，设备和工艺简单，目前国内生产企业多为小型民营企业。部分企业在开采后销售原石，也有部分企业既开采也进行加工，还有部分企业只进行加工。采矿的主要成本是采矿权、机器设备折旧、运输成本和人工成本。加工流程包括破碎、筛分、磨矿、分选，所需设备分别为振动给料机、粗碎机、细碎机、磨粉机及输送机等，干湿砂矿的加工可省略磨矿环节，其中磨矿机占投资比例的 50% 左右，企业成本主要来自设备折旧。采矿企业和加工企业单体规模小，分散在全国各地，通常规模在 5 万—30 万吨不等，大部分企业产量较小，因此市场高度分散。

二、工业硅冶炼

（一）生产流程

目前，国内生产工业硅的碳热法生产工艺路线，普遍采用的是以硅石为

---

① 参见：长江有色金属网（https：//copper. ccmn. cn/news/ZX003/202205/93ba098666e64a4296a
82893394cf1f5. html）。

原料，石油焦、木炭、木片、洗精煤等为还原剂，在矿热电炉中高温熔炼，从硅石中还原出工业硅，其生产流程如图4-2所示。工业硅生产采用矿热炉（又称电弧炉），是一种连续加料、连续作业的工业电炉。矿热炉采用碳质或镁质耐火材料做炉衬，使用自培电极，电极插入炉料进行埋弧操作，利用电弧的能量及电流通过炉料时因炉料电阻而产生的能量来熔炼提纯。

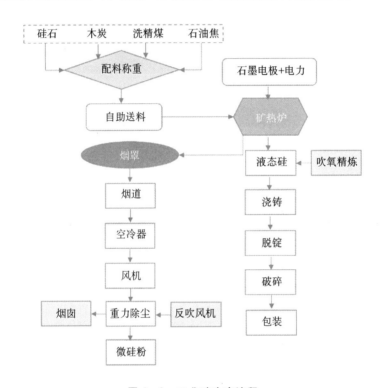

图4-2 工业硅生产流程

　　将硅石粉和炭质还原剂按一定的配比称量自动输送到矿热炉内，通电将炉料加热到2,000摄氏度以上，二氧化硅被炭质还原剂还原生成工业硅液体流入硅水包，过程中生成的一氧化碳（CO）气体通过料层逸出可回收利用。在硅水包底部通入氧气、空气混合气体，除去钙、铝等其他金属杂质。通过电动包车将硅水包运到浇铸间浇铸成硅锭。硅锭冷却后进行破碎、分级、称量、包装、入库得到成品硅块。这样制得的硅纯度为97%—98%，称为粗硅。将硅块融化后重结晶，用酸除去杂质，提纯后得到纯度为99.7%—99.8%的纯硅，可以作为制造多晶硅的原料。如需得到高纯度的半导体用硅，则需要进一步提纯处理①。

（二）辅料

1. 还原剂

用于在高温下与硅石中的二氧化硅发生还原反应，置换出其中的硅，产生二氧化碳排放。生产每吨工业硅约需 2 吨炭质还原剂。工业硅生产要求还原剂灰分低、固定碳高、挥发分适中、比电阻大、化学反应性强等。常用的还原剂包括洗精煤、石油焦、木炭、木片等，它们各有特性，需要进行配比使用。洗精煤是指经洗煤厂降低灰分、硫分，去掉杂质后具有特定用途的煤。木炭是生产优质、超优质工业硅的理想还原剂，也是最早用于工业硅生产的还原剂，但生产木炭需要消耗大量木材（每吨木炭消耗 4 吨—5 吨木柴），价格昂贵，工业硅生产中已经很少使用，近几年新上的项目普遍采用了全煤工艺，即仅使用洗精煤作还原剂。由于工业硅生产过程中炉料透气性差，需要使用木片等材料作为疏松剂，目前有使用玉米芯、木屑（木材加工、家具工厂生产中产生的废料）等非木材材料代替木片的趋势。石油焦是石化工业的产品，在蒸馏原油得到轻质油和重油后，热裂解重油得到石油焦，灰分低于 0.5%，在各种还原剂中最佳，不少企业以其取代木炭，但其他各项性能较差。

2. 电极

工业硅冶炼过程中，电流通过电极导入炉内，产生高温熔化炉料。电极必须具有低电阻率、良好的导电性，从而降低电能损耗，还要熔点高、热膨胀系数小、高温下不易变形，为提高工业硅纯度，电极的杂质含量要低。石墨电极灰分低，导电、耐高温和耐腐蚀性能好，我国工业硅冶炼中一般使用石墨电极。生产每吨工业硅约需石墨电极 0.10 吨—0.13 吨。

三、工业硅成本构成

生产 1 吨工业硅消耗的原辅料和能源包括：（1）硅石 2.7 吨—3.0 吨；（2）还原剂约 2.0 吨；（3）电极 0.1 吨—0.13 吨；（4）电力 11,000 千瓦时—13,000 千瓦时。在成本构成中，2021 年的行业平均结构约为硅石、还原剂、电极、电力分别占 10%、27%、8% 和 36%，财务、折旧、运维和人工

---

① 太阳能级多晶硅的纯度最低需要达到"6 个 9"，即 99.9999%；芯片（电子级）多晶硅纯度最低要求"9 个 9"，即 99.9999999%。

等合计约为 19%，其中电力成本超过三分之一（见图 4-3）。

图 4-3 工业硅成本结构

数据来源：华经产业研究院。

四、工业硅产能产量分布

由于电力是工业硅生产成本的大头，为此工业硅企业多分布于接近电源的地区，如煤电和水电。新疆、云南、四川、福建等是主要产地，近几年内蒙古也有新项目上马。新疆产区煤电丰富且价格低廉，供电稳定，成为最主要产区；云南、四川和福建等地以水电为主，生产具有季节性。根据中国有色金属工业协会硅业分会统计数据，2021 年，工业硅全球产能 662 万吨，我国 529 万吨，占全球 80%，其中新疆、云南和四川分别占 34%、22% 和 16%，合计占国内比例 72%；全球产量 415 万吨，我国 261 万吨，占比 63%，其中新疆、云南、四川分别占 46%、19%、13%，合计占国内比例 78%（见图 4-4）。

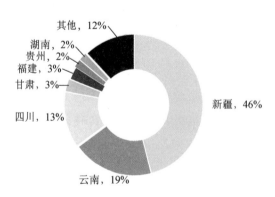

图 4-4 2021 年工业硅产量国内分布

数据来源：中国有色金属工业协会硅业分会。

五、工业硅产业组织结构

国内工业硅生产集中度较低，云南、四川和新疆的工业硅企业数量分别为 53 家、50 家和 26 家。据百川盈孚数据，2021 年生产企业超 250 家，产量 CR4 值为 38.21%，产量最大的合盛硅业占比 27%，云南、四川等地以小厂为主，产能分散；新疆企业产能较为集中。2021 年至 2022 年，国内掀起了一轮扩建和新建潮，前四名企业合计新增产能 62.5 万吨，约占总新增量的 70%。

六、工业硅下游需求

工业硅的主要消费领域包括合金硅、多晶硅和有机硅。其中有机硅消耗最大，且近两年新增了很多有机硅项目，需求还在扩大。国内多晶硅生产规模也在扩大，以满足光伏产业的用硅需求。硅合金方面近年来伴随着行业增速的下降，需求呈现稳定下降态势，2016 年以来全球工业硅消费增速主要由中国带动，今后几年这种趋势将更加明显，2016—2021 年工业硅下游消费需求量如图 4-5 所示。

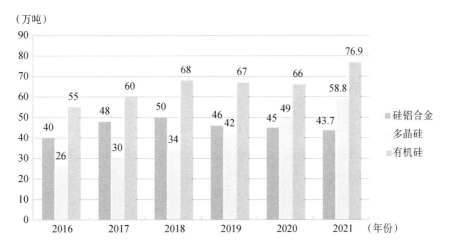

图 4-5　2016—2021 年工业硅下游消费需求量

数据来源：中国有色金属工业协会硅业分会。

第二节　多晶硅提纯

硅石矿开采属于矿石采选业，工业硅加工业属于有色金属工业，硅石矿开采、硅石加工和工业硅生产环节通常不被包括在光伏产业链中。一般认为，光伏产业链包括多晶硅生产、单晶硅拉晶和切片（硅片）、电池片制造、组件装配、组件安装和发电站运维（见图4-6）。

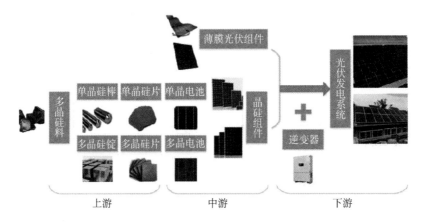

图4-6　光伏产业链构成

由于转换效率低于单晶硅，多晶硅电池及多晶硅组件的市场占比越来越低，根据中国光伏行业协会统计，2021年多晶硅片市场占比仅有5.2%，并且还将继续被单晶硅片所取代。因此，晶硅电池中的多晶硅电池生产的技术路线——多晶硅铸锭、切方、切片、电池片加工环节本书不加介绍，只介绍单晶硅电池的产业链。

一、多晶硅提纯

（一）多晶硅提纯生产工艺流程

多晶硅是硅单质的一种形态。熔融的硅单质在过冷条件下凝固时，硅原子以金刚石晶格形态排列成许多晶核，如这些晶核长成晶面取向不同的晶粒，则这些晶粒结合起来就成为多晶硅。

国内常用的多晶硅生产工艺是改良西门子法（见图4-7），其流程包括：

将工业盐或废盐（主要成分均为氯化钠）提纯，通过氯化氢（HCl）制备装置对氯化钠溶液电解产生氯气和氢气，氯气和氢气在氯化氢合成炉中合成氯化氢，与工业硅粉在三氯氢硅（SiHCl₃）合成炉装置中生成三氯氢硅，同时利用冷氢化装置，硅粉与还原尾气回收的四氯化硅（SiCl₄）、氯化氢以及氢气反应生成三氯氢硅，经过彻底除尘后的混合气体通过冷凝器分离得到氢气和三氯氢硅、未反应的四氯化硅等组成的混合液。氢气回系统重新参与反应，混合液则用精馏的方法分离出高纯度的三氯氢硅（四氯化硅经过提纯后氢化回收利用），再将汽化的三氯氢硅与氢气按一定比例混合引入多晶硅还原炉，在置于还原炉内的棒状硅芯两端加以电压，产生高温，在高温硅芯表面，三氯氢硅被氢气还原成元素硅，并沉积在硅芯表面，逐渐生成所需规格的多晶硅棒。

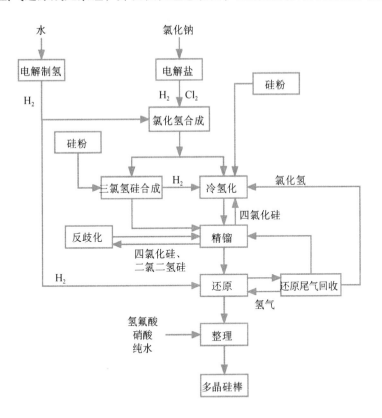

图 4 – 7　改良西门子法多晶硅生产工艺流程

另一种国内已经成功应用的工艺是硅烷流化床法，生产流程为：以四氯化硅、氢气、氯化氢和工业硅为原料在流化床（沸腾床）内高温高压下生成三氯氢硅，将三氯氢硅再进一步歧化加氢反应生成二氯二氢硅（SiH_2Cl_2），继而生成硅烷气（SiH_4）。制得的硅烷气通入加有小颗粒硅粉的流化床反应炉内进行连续热分解反应，生成粒状多晶硅产品（即目前正在流行的颗粒硅）。因为在流化床反应炉内参与反应的硅表面积大、生产效率高、电耗与成本低，适用于大规模生产太阳能级多晶硅。

（二）多晶硅提纯的原辅料和能源

工业硅粉是生产多晶硅的主要原料，据中国光伏行业协会数据，2021年生产每吨多晶硅需要消耗高纯度（99%以上）工业硅1.09吨。在多晶硅生产中，还需要使用工业盐和废盐作为提取氢和氯的原料，提纯得到的氢和氯合成氯化氢，与硅粉一起合成三氯氢硅，氢还要参与后续的三氯氢硅还原反应以得到纯多晶硅，如果电解盐得到的氢不够还原反应所需，还要通过电解水制取氢以供使用。碳酸钠、亚硫酸钠、硫酸、氢氟酸、硝酸等化学品用于清洗还原得到的纯多晶硅。生石灰用于中和多晶硅生产中产生的酸性废水。氩气是惰性气体，可以作为保护性气体，包围在多晶硅的液面周围，保护多晶硅不被氧化。石墨件用于还原炉内导热，还可以保持还原炉内的热场分布，提高热能利用率。陶瓷件在多晶硅还原炉内起绝缘作用。

多晶硅还原过程对电力的需求较大，电解氯化钠、高温还原、冷氢化等是多晶硅生产的主要电力消耗工序。据中国光伏行业协会数据，2021年多晶硅平均综合电耗为63kWh/kg‒Si。多晶硅综合能耗包括多晶硅生产过程中所消耗的天然气、煤炭、电力、蒸汽等。2021年多晶硅企业综合能耗平均值为9.5kgce/kg‒Si。生产多晶硅产品过程中水的消耗主要包括蒸发、清洗等，2021年多晶硅平均水耗在0.1t/kg‒Si的水平。蒸汽的补充主要用于精馏、冷氢化、尾气回收等环节，2021年蒸汽耗量均值为18.4kg/kg‒Si左右。

二、多晶硅生产成本结构

多晶硅生产成本主要由电力、工业硅和折旧构成，据中国光伏行业协会数据，2021年，行业平均的成本结构是，电力约占35%，工业硅粉约占30%，这两者合计占了近三分之二，资产折旧约占15%，其他合计约占20%，分别是辅料7%、人工5%、蒸汽4%、设备维护3%、水1%（见图4‒8）。

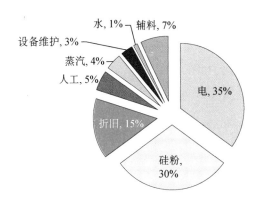

图 4 - 8 多晶硅成本结构

数据来源：中国光伏行业协会。

三、多晶硅的产能产量与需求

根据中国光伏行业协会数据，2021 年底我国多晶硅产能 55.65 万吨/年，占全球产能的 77.3%。2021 年，全国多晶硅产量达 50.5 万吨，同比增长 27.5%。2010—2021 年国内多晶硅产量如图 4 - 9 所示。2022 年以后随着多晶硅企业技改及新建产能的释放，产量预计将有较大幅度增长。受生产原料工业硅和电价因素的影响，2021 年国内 52% 产能分布在西北地区，其次是西南地区。

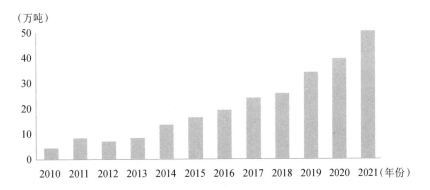

图 4 - 9 2010—2021 年国内多晶硅产量

数据来源：中国光伏行业协会。

四、多晶硅产业组织结构

多晶硅生产技术门槛较高，根据中国光伏行业协会数据，2021 年 CR5 企业产量占国内总产量86.7%，每家企业的产量均超过 5 万吨。主要生产企业包括乐山永祥（四川通威）、新疆大全、新特能源、江苏中能、东方希望、亚洲硅业（青海）等。

五、多晶硅下游需求

从需求端来看，下游需求主要是光伏行业的电池片，占多晶硅消费总量的90%以上。半导体行业对于多晶硅消费占比很小，且对纯度要求极高，所以目前我国生产的多晶硅主要是太阳能级多晶硅，少数企业也已经能够生产电子级多晶硅。

第三节　单晶硅拉晶和切片

在多晶硅工厂，从还原工序出炉的成品硅棒运至破碎准备间，采用专用金属榔头去除碳头料，再将硅棒放至破碎间的抗冲击操作台上，对硅棒进行破碎，完成破碎的硅块人工推入分选筛中，使硅块的线长在 6 毫米—100 毫米，不合格的硅块重新破碎。表面污染或异常的硅料进行清洗（酸洗）、纯水清洗、烘干后进行破碎等环节的处理。完成分选后的合格多晶硅送至包装工序，就进入光伏产业链的下一环节——单晶硅拉晶。部分企业（工厂）只生产单晶硅棒，部分企业（工厂）是拉晶和切片一体化，既生产硅棒，也进行切片。

一、单晶硅棒生产

（一）拉晶生产工艺流程

单晶硅拉晶的方法包括直拉法和区熔法两种。直拉法是目前国内最主要的单晶硅制备方法。在一个直筒型的热系统中，把高纯多晶硅放入高纯石英坩埚加热熔化，用一根固定在籽晶轴上的籽晶插入熔体表面进行熔接，待籽晶与熔体熔合后，再反向转动坩埚，籽晶缓慢向上提升，经过引晶、放大、转肩、等径生长、收尾等过程，生成单晶硅棒，然后再加工成符合要求的规格，即生成满足市场需求的单晶硅方棒。直拉法设备和工艺比较简单，容易实现自动控制；生产效率高，易于制备大直径单晶；容易控制单晶中杂质浓度，可以制备低阻单晶。

区熔法是将多晶硅棒用卡具卡住上端，下端对准籽晶，高频电流通过线圈与多晶硅棒耦合，产生涡流，使多晶棒部分熔化，接好籽晶，自下而上使硅棒熔化和进行单晶生长。区熔法有水平区熔和悬浮区熔两种工艺，前者主要用于锗提纯及生长锗单晶，单晶硅的生长则主要采用悬浮区熔法，生长过程中不使用坩埚，污染少，纯度较高，含氧量和含碳量低，但存在结构性缺陷。

直拉法拉晶的流程（见图4-10）包括：

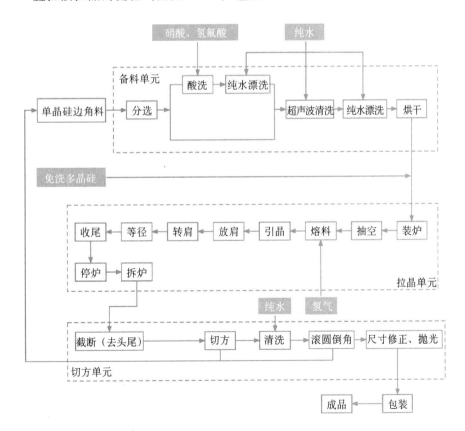

图4-10 单晶硅拉晶生产工序流程

（1）装料。装料前对单晶炉内部局部污垢处采用纯水擦拭，对石英坩埚进行吹扫处理后将配好的多晶硅原料及杂质放入石英坩埚内（杂质的种类有硼、磷、锑、砷等，依电阻的 N 或 P 型而定），关闭炉室（主室、副室），给炉室抽真空并通入氩气进行检漏。

（2）融化。打开石墨加热器电源，加热至熔化温度（1420℃）以上，将多晶硅原料熔化。

（3）引晶。当硅熔体的温度稳定之后，将籽晶慢慢浸入硅熔体中。由于籽晶与硅熔体场接触时的热应力，会使籽晶产生位错，这些位错必须利用缩颈生长使之消失掉。缩颈生长是将籽晶快速向上提升，使长成籽晶的直径缩小到一定大小，由于位错线与生长轴成一个交角，只要缩颈够长，位错便能长出晶体表面，产生零位错的晶体。

（4）放肩生长。长完细颈之后，须降低温度与拉速，使晶体的直径渐渐增大到所需的大小。

（5）等径生长。长完细颈和肩部之后，借着拉速与温度的不断调整，可使晶棒直径维持在正负 2 毫米之间，这段直径固定的部分即称为等径部分。单晶硅片取自于等径部分。

（6）尾部生长。在长完等径部分之后，如果立刻将晶棒与液面分开，热应力将使晶棒出现位错与滑移线。故必须将晶棒的直径慢慢缩小，直到成一尖点而与液面分开。这一过程称之为尾部生长。长完的晶棒被升至上炉室冷却一段时间后取出，即完成一次生长周期。

（7）拆炉冷却。拉晶 7—8 次结束后，待炉温冷却，单晶棒从单晶炉中取出，获得符合规格的单晶硅棒（见图 4 - 11），再将炉内坩埚及余料拆下并对单晶炉进行清扫处理，拆炉过程产生一定的固体废物，包括废弃石英坩埚、废弃石墨热场。

（8）单晶硅棒测试。待单晶硅棒自然冷却至室温后，使用少子寿命仪器、红外探伤仪及硅棒电阻率测试仪取样测试其碳氧含量及电阻率等。

（9）截断。将单晶硅棒固定在截断机的工件台上，根据工艺要求在水的润滑和冷却下通过截断机切割单晶硅棒，去掉硅棒头尾。

（10）开方、磨平。将截断后的硅棒固定在开方机上，用金刚线开方机将硅棒进行切割，截断完毕后用平磨机将硅锭表面进行磨平加工，保证硅锭各面平滑，最终成为方棒（见图 4 - 12）。

图 4-11 出炉的成品单晶硅圆棒 　　图 4-12 切方后的单晶硅方棒

（11）清洗、干燥。清洗切好的单晶方棒，除去表面残留的硅粉及杂质，电烘干去除硅片表面残留水分。

（12）检验、包装。对方棒进行质量检验，检验指标为方棒尺寸、表面质量等，合格的成品单晶方棒送至包装车间进行包装装箱。

直拉法可以连续多次加料。该过程主要通过单晶炉主室、副室交替开闭来实现连续拉晶，每炉可拉晶 7—8 次（每个月 3 炉），主室位于下部，副室位于上部，两室之间设有密封隔板，可实现连通和分隔。具体工作过程为：主室内拉晶完成后，打开主副室的隔板，将硅棒提升至副室，然后关闭隔板，将主副室密闭分隔，此时打开副室出料口，取出单晶硅棒，该过程可保证主室内的氩气保护氛围不变；硅棒取出后，由人工给副室加注原料，加料后关闭副室料口，然后抽真空并通入氩气进行检漏，检漏合格后，打开主副室隔板，将副室内原料降至主室内并关闭隔板进行拉晶。如此可循环 7—8 次，再开炉清扫。

（二）单晶硅生产的原辅料、能源

单晶硅生产过程消耗的原材料和辅料包括：

（1）多晶硅即硅料。多晶硅工厂出厂的块状多晶硅通常是洁净的免洗多晶硅。2021 年，单晶硅拉棒耗硅量为 1.066 千克/千克，下降空间已经接近极限。

（2）石英坩埚。现代拉单晶的石英坩埚一般采用电弧法生产，半透明状，是拉制大直径单晶硅的基础材料（见图 4-13）。这种坩埚外层是气

图 4-13 拉晶用石英坩埚

泡复合层，均匀辐射加热器所提供的辐射热源；内层是气泡空乏层，降低与溶液接触区域的气泡密度，提高单晶棒品质。

（3）石墨热场。直拉单晶炉的热系统即石墨热场，用于对硅料加热融化，由石墨化碳纤维材料组成。

（4）氢氟酸、硝酸、盐酸。用于对单晶硅边角料等入炉材料进行酸洗，去除金属等杂质。

（5）金刚线。用于对出炉的晶棒进行切方。

（6）絮凝剂、助凝剂、石灰、氯化钙等。用于污水处理。

（7）电力。加热拉晶炉融化多晶硅使用电力。2021年，拉棒平均电耗为26.2kWh/kg-Si，不到多晶硅生产流程电耗的一半，还有一定的降耗空间。

二、单晶硅切片

单晶硅片生产流程（见图4-14）包括：

（1）粘胶：硅棒在恒温恒湿粘胶房内粘胶平台上粘胶。

（2）切片：采用金刚线切割技术，将粘在工件板上的硅棒用夹紧装置夹住放入线切机内，采用湿式切割，切割过程在密闭条件下进行。利用一根金刚线缠绕两个导轮所形成的"金刚线网"（导轮上刻有精密的线槽），硅棒两侧的喷嘴将切削液混合稀溶液均匀地喷洒在线网上，金刚线上的金刚石颗粒将紧压在硅棒的表面进行研磨，硅棒同时慢速地往下移动推过"金刚线网"，经过切割加工，使硅棒一刀一次被切割成许多相同厚度的硅片。

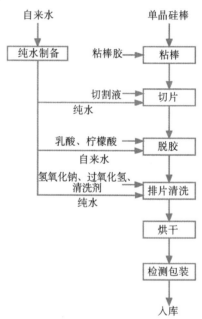

图4-14 单晶硅片切片流程

（3）脱胶：脱胶工序利用热水对从线切机出来的硅片进行预清洗，去除硅片上黏附的粘胶、切削液和硅粉。

（4）清洗：脱胶后自动插片进行超声波清洗并烘干，超声波清洗机使用清洗剂清洗，再次去除硅片表面的硅粉、切割液等脏污，然后用纯水漂洗。

（5）检测入库：清洗完成后的硅片经过烘干、检测合格后包装入库。切片所涉及的辅料主要包括金刚线和切割液，构成切片的主要成本。电力消耗也占有一定比重。切片过程用水量较大，用途包括切片、脱胶、清洗等所有环节的生产设备、辅助设备、污水处理设备等。2021 年，切片环节耗水量为910 吨/百万片。其他辅料消耗量较少。

近年来，由于金刚线直径一直在下降，切出的硅片也越来越薄。中国光伏行业协会数据显示，2021 年单晶硅片平均厚度，p 型为 170 微米左右，用于 TOPCon[①] 电池的 n 型硅片为 165 微米，用于 HJT[②] 电池的硅片约为 150 微米，用于 IBC 电池[③]的硅片约 130 微米，用于 MWT[④] 电池的硅片约 140 微米。随着金刚线直径降低以及硅片厚度下降，等径方棒/方锭每公斤出片量也在增加。2021 年，p 型 166 毫米尺寸每公斤单晶方棒出片量约为 64 片，182 毫米尺寸每公斤单晶方棒出片量约为 53 片，210 毫米尺寸每公斤单晶方棒出片量约为 40 片。

三、硅片产量

中国光伏行业协会提供的数据显示，作为世界第一产量大国，2021 年中国硅片产量约为 227 吉瓦，同比增长 40.6%。其中，CR5 企业产量占国内硅片总产量的 84%，且产量均超过 10 吉瓦，高度集中；硅片出口 22.6 吉瓦，占总产量 10%。2010—2022 年全国硅片产量如图 4 – 15 所示。

根据中国光伏行业协会数据，2021 年单晶硅片市场占比约 94.5%，其中，p 型单晶硅片市场占比 90.4%，n 型单晶硅片约 4.1%。随着下游对单晶产品的需求增大，单晶硅片市场占比也将进一步增大，且 n 型单晶硅片占比将持续提升。硅片尺寸上，大尺寸硅片因为出电池片效率更高而占比迅速提高，其中，210 毫米的硅片更是快速增长，原先的主流规格 182 毫米硅片占比稳中有降，182 毫米和 210 毫米尺寸合计占比由 2020 年的 4.5% 大幅提高 10 倍至 45%，低于 182 毫米规格的硅片在快速退出市场，包括 156.75 毫米、157 毫米、158.75 毫米、166 毫米等规格。2021—2030 年不同尺寸硅片市场

---

① TOPCon 即隧穿氧化层钝化接触（Tunnel Oxide Passivate Contact）电池。
② HJT 电池即具有本征非晶层的异质结（Heterojunction with Intrinsic Thin Layer）电池。
③ IBC 电池即交指式背接触（Interdigitated Back Contact）电池。
④ MWT 电池即金属穿透电极技术（Metal Wrap Through）电池。

占比变化趋势如图 4－16 所示。

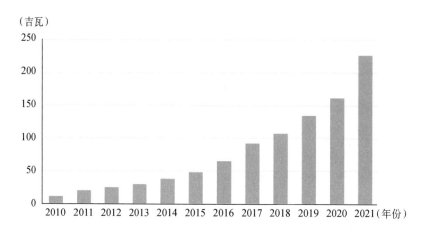

图 4－15　2010—2022 年全国硅片产量

数据来源：中国光伏行业协会。

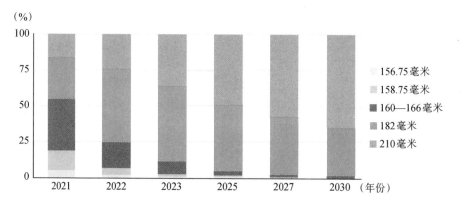

图 4－16　2021—2030 年不同尺寸硅片市场占比变化趋势

数据来源：中国光伏行业协会。

四、单晶硅片成本构成

　　从拉晶到切片，硅片的主要成本要素是多晶硅料、电力、坩埚、石墨热场、切割液等（见表 4－1）。由于近年来光伏市场起伏较大，硅料价格波动幅度特别大，辅料价格波动也比较大，只有电力和人工成本相对比较固定，因此表 4－1 的数据仅能作为参考。

表 4 - 1 硅片的相对成本结构

工序	内容	成本占比（％）	工序	内容	成本占比（％）
	硅料	55.01		金刚线	2.36
	坩埚	6.41		切割液	6.43
	石墨热场	5.30	切片	切片环节电力	4.55
	拉棒环节电力	7.31		切片环节人工	0.59
	氩气	2.16		切片环节折旧	2.42
	拉棒环节人工	0.22		切片占比小计	16.35
拉晶	拉棒环节折旧	2.33			
	拉棒环节其他制造费用	1.83			
	开方线	0.88			
	方棒环节折旧	0.73			
	方棒环节其他制造费用	1.47			
	拉晶占比小计	28.64			

数据来源：华经产业研究院。

第四节 电池片制造

一、电池片制造流程（见图 4 - 17）

（一）单晶制绒

金刚线切割后的单晶硅片表面存在损伤层，在去除损伤层的同时，要使硅片表面形成金字塔状绒面，以降低入射光的反射率。

（二）扩散

对硅片进行掺杂扩散，在基体材料上生成不同导电类型的扩散层，以形成 P - N 结的发射极。这是光伏电池生产制造中较为关键的工序，离子扩散层的浓度及均匀性将直接影响电池的光电转换效率。

（三）PSG 清洗（全自动去磷硅玻璃酸洗）

扩散过程中硅片正反面都形成 N 型层，且表面具有磷硅玻璃，因此，通过 PSG 清洗腐蚀去除背面 N 型层、正面的磷硅玻璃，对硅片进行烘干。

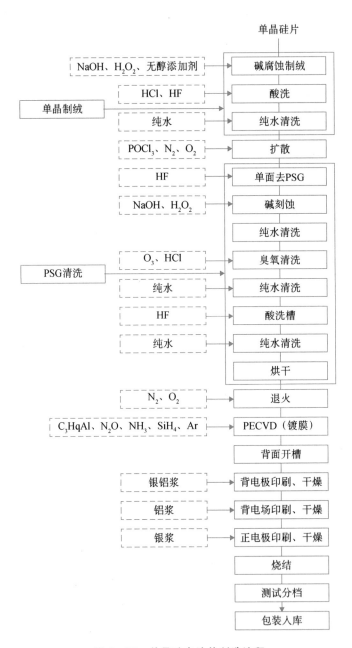

图 4 – 17　单晶硅电池片制造流程

（四）退火

PSG 清洗后的硅片表面磷的浓度偏高，退火可将未激活的磷进一步激活，降低磷的表面浓度，提升电池的转换效率。在 800℃—850℃下通氧气自然降温冷却，通入氮气降温。在退火的过程中通入适量的氧气，可在硅片表面形成一层致密的氧化层，改善电池的抗诱导电势差衰减（PID）性能。

（五）镀膜

在硅片表面覆盖一层减反射膜，可以减少对光的反射。以氩气为保护气体，以硅烷和氨气为气源，通过射频电极制备具有抗反射作用的 SiNx 薄膜，并镀上 AlOx 膜，同时对硅片表面进行钝化处理。

（六）激光开槽

采用激光开槽的方式在硅片的背面划出点或线，将局部的 AlOx 膜去除，从而在该局部区域内形成铝背场并将电流引出，形成电池的正极。

（七）丝网印刷

丝网印刷主要工序包括正向电极、背电极印刷、烘干，铝背场印刷、烘干。在有光照时，光伏电池 P－N 结两侧形成的正、负电荷积累产生光生电动势。电极就是与 P－N 结两端形成紧密欧姆接触的导电材料，习惯上把制作在电池光照面上的电极称为上电极，通常是栅线形状，以收集光生电流。电极引出电池中的电流。

（八）烧结

将印刷好的电池在 300℃—800℃ 高温下快速烧结，使正面的银浆穿透 SiNx 膜，与发射区形成欧姆接触，背面的铝浆穿透磷扩散层，与 P 型衬底产生欧姆接触，并形成一个背电场，增加电池的电流密度。

（九）分类检测

电池制作完成后，通过测试仪器测量其性能参数，包括最佳工作电压、最佳工作电流、最大功率（也称峰值功率）、转换效率、开路电压、短路电流等。

二、电池片产量和产品结构

根据中国光伏行业协会数据，2021 年，全国电池片产量约为 198 吉瓦，同比增长 46.9%。其中，CR5 企业产量占国内电池片总产量的 53.9%，前 6 家企业产量超过 10 吉瓦。2021 年，电池片出口 10.3 吉瓦。从 2010 年以来，电池片的产量增长了 20 多倍，年均增长率超过了 30%，并且还在继续大幅增长，以满足国内外旺盛的需求。2010—2022 年全国电池片产量如图 4－18 所示。

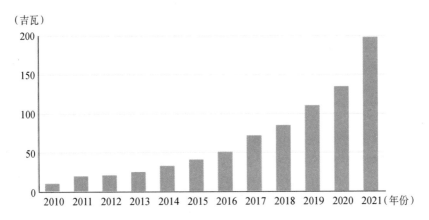

图 4-18 2010—2022 年全国电池片产量

数据来源：中国光伏行业协会。

发射极钝化和背面接触电池（PERC）作为我国电池片生产技术的重要突破，转换效率稳定且比较高，属于成熟产品，存量产能大。中国光伏行业协会数据显示，PERC 电池市场占比为 91.2%，而 2015 年之前占据 90% 市场份额的常规电池片（BSF 电池）因为转换效率问题，市场占比下降至 2021 年的 5%。2021 年，新建的生产线仍然以 PERC 为主。N 型电池（主要包括异质结 HJT 电池和 TOPCon 电池）成本相对较高，量产规模仍较少，目前市场占比约为 3%。

平均转换效率方面，常规多晶硅电池约 19.5%，采用 PERC 技术的多晶硅电池片为 21.0%，单晶硅 PERC 电池为 23.1%，N 型 TOPCon 电池为 24%，异质结电池为 24.2%，IBC 电池为 24.1%，各种更高转换效率的新技术路线的电池比例均在提升，N 型电池将成为主要发展方向之一[1]。

三、电池片的成本结构

电池片的生产成本由硅片、辅料、设备折旧、电力、人工和其他组成。硅片是电池的主要成本，占比一般在 50%—60% 之间，不同技术的电池片硅片成本占比的差异，主要是辅料的占比差异所导致的。生产工序的多少和设备的自动化程度，决定着人工成本、电力成本和设备折旧成本的占比。PERC 电池的硅片成本占比较高，辅料占比相对较少。

---

① 参见：中国光伏行业协会。

表 4 - 2 列举了当前三种不同技术的电池的成本结构。其成本结构的变化，不仅与技术路线和技术变化相关，也与波动性较大的原材料价格有关，主要是硅片的价格波动。

表 4 - 2　　　　　　　　各种电池片的成本结构

	PERC 电池	HJT 电池	TOPCon 电池
辅料	15%	31%	16%
电力	6%	4%	6%
人工	5%	1%	2%
折旧	6%	9%	7%
辅助设备及其他	7%	5%	9%
硅片	61%	50%	60%
合计	100%	100%	100%

数据来源：光伏市场研究综合数据。

与硅片相似，电池片生产环节的电力消耗已经不再是主要成本，电力消耗的绝对量也不大。2021 年，P 型和 N 型电池的电耗分别为 5.4 万千瓦时/MWp 和 6.3 万千瓦时/MWp。未来随着生产装备技术提升、系统优化能力提高，电耗还会有较大下降空间。在电池片生产过程中，清洗等环节需要使用较多的纯水，2021 年，这两类电池的水耗分别为 390 吨/MWp 和 634 吨/MWp，同样存在较大的下降空间[1]。

第五节　光伏组件装配

一、组件装配流程

光伏组件由一定数量的光伏电池片通过导线串、并联连接并加以封装而成，是光伏发电系统的核心组成部分。

电池片如果不进行封装，在安装前的运输、安装和使用中极易破碎。由于单片光伏电池输出电压较低，必须将一定数量的单片电池采用串、并联的

---

[1]　参见：中国光伏行业协会。

方式密封成电池组件，以提高输出电压和电流。电池片封装成组件后，还可以避免电池电极和互连线的脱落以及环境腐蚀，也方便了户外安装。因此，电池片封装质量决定了电池组件的使用寿命及可靠性。

电池组件是由电池片、超白布纹钢化玻璃、光伏胶膜（EVA）、透明聚氟乙烯复合膜（TPT）背板和铝合金边框组成。

组件的生产流程（见图4-19）包括：

（一）电池片分选

为了保证每个电池组件所用电池片的电性能一致性良好，在组件制造时，要对电池片性能进行分选，剔除缺角、裂纹等不良品，将电性能近似的电池片串联在同一块组件中，为了组件外观美观，通常在组件制造时对电池片的色差也要进行分选。

（二）焊接

分选好的电池片置于自动串焊机内，自动串焊机将单片电池片连接成串，串内片与片之间用镀锡铜带连接，连接成串的电池片经传送带传送至叠层工序的排版机。

（三）叠层、铺设背景板

在玻璃上铺设一层光伏胶膜（EVA），传输至自动排版机内，将电池串按正负电极相邻的方式排列成排，并摆放到玻璃上，其中最下层为玻璃，其次为EVA、电池串，然后传输至人工叠层位置，用汇流铜带将电池串锡铜带的正负电极焊接在一起，在电池片板的正面依次覆盖EVA和聚氟乙烯复合膜（TPT）等，并在反面引出末端正负极。

（四）层压前外观检查及电子发光检测（EL, Electron Luminescence）

将组件升到一定高度，透过光线对叠层后的组件进行外观检查，重点查找组件内异物、电池片破片等缺陷。从待层压组件引出线接通电流，半导体发光，通过相机拍照，可以发现肉眼看不到的组件内部，特别是电池片的缺陷。

（五）层压

将铺设好的光伏组件放在层压机内，通过抽真空并加热至70℃—80℃，使其中的EVA/POE膜熔化，熔化的胶膜在流动中充满玻璃、电池片和TPT背板膜之间的间隙，同时排出间隙中的气泡，将组件紧密黏合在一起，然后电加热至140℃—150℃并加压，最后降温、固化后取出。

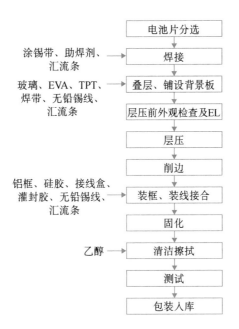

图 4 – 19　光伏组件的生产流程

（六）削边

将层压完成的层压件由削边机进行削边处理，除去玻璃外边多余的 EVA、背板边角料。

（七）装边框和接线盒

给层压后检验合格的组件安装铝合金边框，以延长电池的使用寿命。边框与组件的缝隙用硅胶密封。将接线盒安装在组件背面的引出线处。将电池组件引出的汇流条正负极引线用锡丝与接线盒中相应的引线柱焊接在一起。

（八）组件正反面清洁

人工对组件用酒精进行表面擦拭，以去除手印、灰尘等。

（九）测试

在标准测试条件下对组件功率、电流、电压等参数进行测试。

（十）包装入库

采用包装材料将检验完成后合格的组件成品进行包装并入库。

二、组件产量

根据中国光伏行业协会统计，2021 年，全国组件产量达到 182 吉瓦，占全球产量的 82.4%；组件出口 98.5 吉瓦，占比达到 54%。CR5 企业产量占国内组件总产量的 63.4%，各家产量均超过 10 吉瓦。当年国内组件安装量为 53 吉瓦，占全球的 40%。图 4-20 为 2010—2021 年国内组件产量。

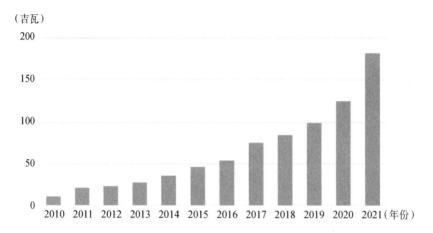

（吉瓦）

图 4-20　2010—2021 年国内组件产量

数据来源：中国光伏行业协会。

三、组件的成本结构

电池片成本是光伏组件的核心成本，也是光伏组件降本的主要途径。根据中国光伏行业协会和华经产业研究院数据，近年来电池片成本大约占组件成本的 60%。封装材料中的铝边框是第二大成本，约占 10%。电池片与玻璃、背板通过光伏胶膜粘接，胶膜可以隔绝空气并保护电池片不受腐蚀，其成本占比约为 8%。光伏玻璃是含铁量低、透光率高、耐高温、耐氧化、耐腐蚀的特种超白玻璃，是组件最外层的透光封装面板，主要起透光和保护作用，成本占比约为 7%。背板是组件背部的封装材料，保护光伏组件免受光、湿、热等外部环境的侵蚀，成本占比约为 5%。焊带用于收集电池片转化的电流，是组件中的核心电气连接部件；接线盒的作用主要是将组件内产生的电流传输到外部线路，它们的成本占比大约都是 2.5%。

组件生产的能源消耗不大，2021 年组件生产电耗为 1.41 万千瓦时/兆瓦[①]。

---

① 参见：中国光伏行业协会。

第六节　光伏电站的建设与运维

一、光伏电站及其建设费用的构成

按照发电功率划分，光伏电站分为大型地面电站和小型分布式光伏电站，后者功率通常在 20 兆瓦以下。分布式光伏具有安装灵活、投入少、方便就近消纳的优点，有利于解决我国发电与负荷不一致的问题，同时大幅降低传输损失，减少对大电网的依赖，并缓解电网的投资压力。目前，国内分布式光伏主要分布在山东、河北、河南、浙江等省份，相对集中。根据中国光伏行业协会统计，2021 年，国内大型地面电站占比为 46.6%，分布式电站占比为 53.4%，分布式占比首超集中式，其中户用光伏占到分布式市场的 73.8%，分布式和户用系统的比例还有增长趋势。国家政策推动了分布式光伏的建设，整县推进及其他工商业分布式和户用光伏建设将继续支撑分布式光伏发电市场。但随着西北荒漠、戈壁、沙漠大型风光基地开工建设全面铺开，集中式电站也将迎来又一轮建设高潮。"十四五"时期将形成集中式与分布式并举的发展格局。

电站属于资本密集型产业。建设光伏电站需要租用土地或屋顶，费用包括土地租金或屋顶租金，以及与土地相关的补偿费用。除了光伏组件以外，设备还包括支架、逆变器、线缆、一次设备（箱变、主变、开关柜、升压站）、二次设备（监控、通信）等。建安费用主要为人工费用、土石方工程费用及钢筋水泥费用等，土建工程包括固定支架的钢筋水泥结构和防锈钢架，以及电站管理用房、站区场地、生活设施。电网接入设施包括电表、断路器、高压开关、避雷器、电流互感器、组合电器、自动化调度、送出线路等。管理费用包括前期管理、勘察、设计以及招投标等费用。

光伏系统的成本结构中，各个成本因素并不稳定，特别是电池组件的价格因为市场原因波动较大，组件约占一半左右，其次是建筑安装工程的投资成本。根据中国光伏行业协会提供的数据，2021 年，我国地面光伏系统的初始全投资成本为 4.1 元/瓦左右，费用比例中，组件约占 45%、土地约占 3%、建安约占 15%、电网接入约占 6%、一次设备约占 10%、二次设备约占

1.5%、支架约占7%、电缆约占5%、逆变器约占3%、管理费用约占6%。

二、光伏电站建设的选址

光伏电站的选址需要对太阳能资源、地形地貌、土地性质、水文地质、接入系统、交通运输和社会经济环境等因素综合比较后确定。

（一）太阳能资源

太阳能资源的丰富程度对于电站建成后的经济效益具有决定性的影响。我国根据各地区太阳能资源总量将全国划为Ⅰ、Ⅱ、Ⅲ类资源分区。Ⅰ类资源地区太阳能资源总量相对较高，主要集中在西北地区，年辐射总量1,500—2,000千瓦时/平方米，电价补贴相对较低；中部广阔地带为Ⅱ类资源地区，年辐射总量1,000—2,050千瓦时/平方米；Ⅲ类资源地区主要在东南沿海地区，太阳能资源总量相对较低，年辐射总量1,000—1,600千瓦时/平方米，电价补贴相对较高。

（二）阳光接受条件

选址前要搜集和分析站址附近的长期太阳能资源资料，如果是屋顶分布式电站，还需要对站址的遮挡物情况进行调查，尽量选择开阔无遮挡的地区。空气悬浮物，如灰尘和工业污染物，也应尽可能避开。站址宜选择在地势平坦、北高南低、东西向坡度的地区，避免选择在林木较多、地上线路较多的地区，靠近主要道路布置时，应考虑光伏组件光线反射对道路行车安全的影响。

（三）地质和水文条件

选址要考虑地质条件，地基需坚实而不坚硬，避开施工难度大的岩石和流沙区域，避开危岩、泥石流、岩溶发育、滑坡的地段和地震断裂带等地质灾害易发区。站址的地下水情况、土壤和地下水的腐蚀情况也要进行调查。电站周边要有水源，保障施工期用水，以及后期运维期间清洗电池组件和设备之用。

（四）接入系统

光伏电站选址必须考虑送出工程。周边必须具备相应等级与容量的变电站，尽可能以较短的距离、合适的电压等级接入附近的变电站。

（五）进场条件

在站址选择时，应充分利用现有的道路，以降低进站道路的成本，以利后期的运营、维护和生活，还需要考虑项目大型设备（如逆变器、变压器）的进场条件。

新建光伏电站选址前应对该区域可利用面积进行评估，拟定总体建设规模。总体上要求足够大的可利用面积，能达到一定的总装机容量。电站总布置应结合地形及地貌，避免搬迁。电站生产管理区和生活区分隔，做到既能安全生产，又方便人员生活。

三、支架系统建设

支架系统建设要考虑满足地基承载力、基础抗倾覆、抗拔、抗滑移等要求，保证上部结构稳定，主要采用钢混独立基础、钢混条形基础、预应力水泥管桩基础等。钢混基础主要运用在"农光互补"等地质条件相对较好的地方，现浇型基础施工难度小，基础平面定位及基础顶层标高容易控制，抗倾覆、抗滑移性较好，整体效果好，电站建成后总体视觉感官好，可保证最佳倾角的精确度，但施工工程量大、周期长。预应力水泥管桩基础主要运用在"渔光互补"、沿海滩涂等地质条件相对恶劣的地方，工程量较小，周期短，施工难度较大。地下水盐碱性较高和空气盐分较高的海岸线附近地区还要考虑基础防腐。

光伏电站主要采用最佳倾角固定式和自动跟踪式两种支架系统。固定式安装支架成本相对较低，安装难度小，支架系统维护投入少，占地面积相对较小。自动跟踪式成本较高，跟踪电机易损坏，运行不稳定，湿度较大的场所维护、维修量较大，系统阵列之间间距较大，占地多。

四、电站的运营维护

电站运维是光伏发电系统运行维护的简称，是以系统安全为基础，通过预防性维护、周期性维护以及定期的设备性能测试等手段对电站进行管理，以保障整个电站光伏发电系统的安全、稳定、高效运行，从而保证投资者的收益回报，也是电站交易、再融资的基础。

（一）光伏阵列维护

光伏阵列设计寿命在25年至30年之间，其维护工作主要包括组件维护、支架维护和阵列清洁三个方面。

对光伏组件的定期检查包括电池片不应有破损、隐裂、热斑，组件不应有气泡、EVA 脱层、水汽、明显色变，组件边框不应有变形，玻璃不应有破损，光伏背板不应有划伤、开胶、鼓包、气泡等，接线盒塑料不应出现变形、扭曲、开裂、老化及烧毁等，导线连接应牢靠，导线不应出现破损等。还要定期对光伏组件、汇流箱进行电性能测试。组件、电缆和汇流箱出现问题时需及时更换。

（二）支架维护

检查方阵支架间的连接是否牢固，支架与接地系统的连接是否可靠，边框和支架应结合良好。光伏方阵整体不应有变形、错位、松动，受力构件、连接构件和连接螺栓不应损坏、松动、生锈，焊缝不应开焊，金属材料的防腐层应完整，不应有剥落、锈蚀现象。采取预制基座安装的光伏方阵，预制基座应保持平稳、整齐，不得移动。阵列支架等电位连接线应连接良好，不应有松动、锈蚀现象。光伏阵列应可靠接地。

（三）阵列清洁

光伏组件在露天环境下使用一定时间后会蒙尘，灰尘不仅会阻挡光伏组件吸收太阳能，也阻碍热量传导，降低转换效率甚至烧坏电池板，需要加强现场日常清洁工作，保持组件表面清洁。

清洁方式分普通清洁、冲洗清洁和雨天清洁三种。实际发电量低于理论发电量的 95% 时，进行普通清洁；低于 85% 时，进行冲洗清洁。普通清洁使用干燥的小扫把或抹布将组件表面的附着物如干燥浮灰、树叶等扫掉，对附着的硬物进行安全刮擦。附着的硬物难以刮擦清洁时，使用柔性毛刷和清水进行冲洗清洁。清洗时应选在没有阳光的时间或早晚进行。阴雨天进行清洗可以节约成本，效果更好。雨季一般不需要人工清洁，在非雨季适当进行清洁。降尘量较大的地区可以增加清洁的次数，降雪量大的地区应及时将厚重积雪去除。

（四）其他维护

汇流箱、逆变器、线缆、变压器、蓄电池、入网外送设施等，以及监测系统也需要进行定期的检查维护，在损坏的情况下及时维修和更换。

除防雷击之外，光伏电站在秋冬季节还需注意预防组件下方杂草和农作物枯萎后可能出现的火灾，有必要及时清除枯草和农作物秸秆。

五、运维成本和专业化运维

运维成本是电站和光伏发电企业主要的日常开支。据中国光伏行业协会数据，2021 年，分布式光伏系统运维成本为 0.051 元/瓦/年，集中式地面电站为 0.045 元/瓦/年。

　　电站运维目前逐步实现了模块化、外包管理，组件、系统组成部分和零部件的更换通常进行外包。国内光伏市场经过多年的发展，存量电站规模巨大。相较于大型电站的设备完备、商业模式成熟，中小型电站以及分布式电站特别是户用电站具有分散性、小容量、管理困难等特点，自行管理成本较高。未来的电站运维应该走专业化、托管、外包的路径，既提高电站运营效率，又能降低运维成本。

第五章　风电技术

第一节　风电技术的起源与发展

一、风能利用的历史

风是地球上的一种自然现象，它是由太阳辐射热引起的。太阳照射到地球表面，地球表面各处受热不同，产生温差和空气密度差，从而引起大气的对流运动形成风。

风能是空气流动具有的能量，其功率大小取决于空气密度、风速和空气流动经过的截面积，风能功率与风速的立方成正比。空气密度因素往往容易被忽视。在高海拔地区尽管风速可能较大，但由于空气密度低，风能功率要低于低海拔地区，比如青藏高原的空气密度平均只有海面上三分之二，尽管风速较高，但风能资源只能算是一般。目前，风电向海上扩展的趋势，也有这个原因。

据估计，到达地球的太阳能中虽然只有大约2%转化为风能，但其总量仍是十分可观的。全球的风能约为2.74×10^9兆瓦，其中可利用的风能为2×10^7兆瓦，比地球上可开发利用的水能总量还要大10倍[①]。

人类利用风能的历史可以追溯到公元前。最早利用风能的形式大致有三

---

① 参见：中国科学院等离子体物理研究所（http://www.ipp.ac.cn/kxcb/nytd/201210/t20121016_100676.html）。

种，即利用风能航行，古埃及人在船上安装风帆，利用风在尼罗河上航行；利用风能提水灌溉（江河湖水）和饮用（干旱缺水地区的井水），中国古代使用风车提水并一直使用到 20 世纪 70 年代末期；利用风能加工谷物（干旱缺水地区为主），公元前 2 世纪，波斯人利用风车碾磨谷物。

公元前数世纪，中国人就利用风力提水灌溉、磨面、舂米，用风帆推动船舶前进。宋代是中国风车的全盛时代，当时流行垂直轴风车。14 世纪以后，荷兰人大规模利用风车排水造地。

人类利用风能数千年来，风能技术发展缓慢，没有引起人们足够的重视，由于蒸汽机的出现，风车几乎退出了工业化国家的舞台，直到发电机和电动机产生后，风能才转化为可以规模化应用的电能。

二、风力发电的历史

1887 年，苏格兰电气工程师詹姆斯·布莱斯（James Blyth）在自家院子中建造了世界上第一台风力发电机（见图 5 − 1），这台风机通过向蓄电池充电再为小屋提供照明电力。这台风电机组采用三脚架、垂直轴设计，风轴长 10 米，风臂长 4 米，用帆布充当风帆，通过绳索和飞轮连接发电机。

图 5 − 1 詹姆斯·布莱斯（James Blyth）的风机

同年，美国发明家查尔斯·F·布拉什（Charles F. Brush）在家庭农场上安装了一台重达 4 吨的风力发电机（见图 5 − 2），叶轮直径达到了 17 米，采用 144 片木片做成叶片，组成向日葵形状，其发出的电流，也是向铅酸蓄电池充电再给家庭电灯供电。这个发电机的功率仅有 12 千瓦，发电量可供几个家庭使用。这台风机运行了 20 年。布拉什之后将其电力公司与爱迪生的通用电气（GE）公司合并。

图 5 – 2 查尔斯·F·布拉什（Charles F. Brush）的风机

1897 年，丹麦物理学家普尔拉库尔（Poul la Cour）在一所中学建造了两台风机（见图 5 – 3），其中一台四个叶片，另外一台六个叶片，这改变了布拉什的向日葵叶轮形状，是一次成功的转折，以后的风电叶片都只有几片叶片，这是现代风力发电的模板。比较后发现，叶片较少但转速较快的风机效率高于叶片较多但转速较慢的风机。

图 5 – 3 普尔拉库尔（Poul la Cour）的风机

普尔拉库尔发电机的发电功率为 25 千瓦，电力没有直接用于照明，而是用来电解水制氢供学校照明使用。

气动理论及相关技术的发展促进和推动风电技术的进一步发展和理论的成熟，欧美的科学家对风力发电机的研究也进一步深入。

1931 年，德国建立了第一个大型风电机组，功率达到 100 千瓦。1941 年，世界首个兆瓦级风电机组在美国佛蒙特被接入当地电网，机组重约 240 吨，两个叶片，风轮直径 53 米，塔高 35 米，额定功率达到 1.25 兆瓦。

1950 年，德国人率先采用玻璃纤维复合材料制造叶片，大大降低了机组的重量，提高了发电效率，是里程碑式的革命，为风机的功率提升打开了空间。同年，约翰内斯·尤尔（Johannes Juul）在丹麦的维斯特·埃格斯堡安装了第一台交流风力发电机。1956 年，他又发明了叶片紧急制动装置。1956 年至 1957 年，约翰内斯·尤尔在丹麦南部海岸安装了一台 200 千瓦的风机，这台风机是现代风机的标准配置——三叶片、上风向、电动机械偏航和异步发电机，是现代风力发电机设计的先驱，在无须维护的情况下，运行了 11 年。

石油危机促进了风电产业的发展，风电技术在 20 世纪 70 至 90 年代得到了极大的提升，其中很多技术从飞机制造和大型军工技术突破后延伸至风力发电。风能作为一种无污染、可再生的新能源有着巨大的发展潜力，特别是对沿海岛屿、交通不便的边远山区、地广人稀的草原牧场，以及远离电网和近期内电网还难以达到的农村、边疆，作为解决生产和生活能源的一种可靠途径，有着十分重要的意义，因此被社会广泛接受，很多国家将其列为国家层面上的产业进行推广和扶持。即使在发达国家，风能作为一种高效清洁的新能源也日益受到重视。

1970 年，美国国家航空航天局（NASA）着手研发多个大型商用风电机组。20 世纪 80 年代，大型风力发电机的商业化应用逐渐展开，并首先出现在北欧，同时，各种不同概念的风机相继面世，出现了形式多样的产品。1980 年，由 20 台风电机组组成的世界首个风电场在美国建成。1991 年，英国首个由 10 台风电机组组成的陆上风电场建成，可以为 2,700 户居民供电。2003 年，英国首个由 20 台 2 兆瓦的风电机组组成的海上风电场建成。随着市场的应用和竞争，水平轴三叶片风力发电机在竞争中逐渐胜出，成为商业应用的主流，并涌现出维斯塔斯、西门子、通用等世界级的风电巨头。

第二节　风力发电设备的组成

风电机组由风轮系统、传动系统、支撑系统、控制系统等部分构成（见图 5 - 4）。其中，控制系统对前面的三个系统分别起作用。

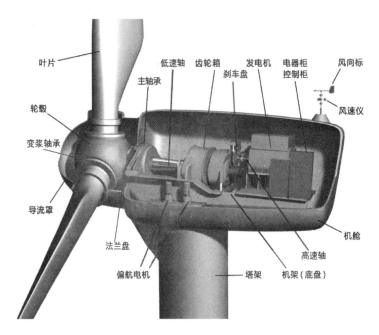

图 5 - 4　风电机组示意图

一、风轮系统

风轮是集风装置，它的作用是把流动空气具有的动能转变为风轮旋转的机械能。风轮系统包括叶片、轮毂和导流罩装置，变桨型叶片还配置了可自动控制的变桨控制机构。

（一）叶片

叶片是风机机组的核心部件，也是机组技术含量最高的部件，现代风机的叶片成本约占机组总成本的 15%—20% （见图 5 - 5）。风电机组的系统寿命超过 20 年，叶片是唯一暴露在外的主要部件，不仅要承受空气动力、重力和离心力，还要适应空气环境，如阳光暴晒、高寒高热、空气的腐蚀性化学成分、沙尘等恶劣环境。叶片制造要求质量轻、强度高、抗疲劳、耐腐蚀、成本低、易运输和安装、方便维修，还要尽可能降低成本。早期的叶片由帆布、木片、钢、铝合金等制成，其缺点或强度太低而不耐用，或太重而影响效率。近代的风轮采用了 20 世纪初德国空气动力学的成果，通过了风洞试验，从而取得了良好的效果。现代风叶采用的主流材料是玻璃纤维，碳纤维的应用比例也在逐步提高，环保型的绿色叶片还在研究开发之中。

图 5 - 5　风电叶片

　　叶片可以分为实心叶片和空心叶片，早期的叶片多为实心叶片，现在的小型风机还采用实心叶片，外部为玻璃钢壳体，内部填充轻质材料。大中型机组的叶片一般采用空心结构以减轻叶片质量，并且节约原材料以降低成本，其结构为硬质泡沫夹芯结构的中心主梁，加上复合材料制成的蒙皮外壳。

　　与光伏通过占用平面面积发电不同，风电占用的是空间垂直面积，叶片越长，风轮旋转时扫过的面积越大，功率就越高，因此，叶片有越来越长的趋势，这就对叶片的材质提出了越来越高的要求，既要质量轻，又要强度高。叶片维修和更换成本高，必须尽可能降低其故障率、损坏率，以提高其可靠性。

　　我们平常看到的风机基本上是三个叶片，但不是所有的风机都是三个叶片，叶片的数目由很多因素决定，其中包括空气动力效率、复杂度、成本、噪音、美学要求等。一般来说，叶片越多，转速越低。叶片较少的风机噪音比较大。如果叶片太多，它们之间会相互作用而降低系统效率。从美学角度上看，三叶片的风电机看上去较为平衡和美观。目前，三叶片风机是大型风机的主流。

（二）轮毂

风电轮毂是风电设备关键部件之一（见图5-6）。轮毂是连接叶片与主轴的零件，叶片直接安装在轮毂上面，轮毂的作用是承受风力作用在叶片上的推力扭矩、弯矩及陀螺力矩，然后将风轮的力和力矩传递到机构中去。

轮毂结构特殊、形状复杂、体积大（单件重量约10吨）、加工难度大、加工质量风险特别高。轮毂必须具备强度高、可靠性好、疲劳寿命长、吸振性强等特性，以满足-40℃至-20℃的使用工况。轮毂最为重要的隐性精度为三轴对中或称为四线交一点，该中心点是风机机组转子及叶片的旋转中心，直接影响到机组的正常运行和使用寿命。轮毂常见的材质为铸态低温高冲击韧性球铁。

图5-6 轮毂

（三）变桨控制机构

叶片安装在轮毂上，风力时大时小，当风力超过机组设计的额定风力时，发电机的输入功率过大可能造成机组损坏。为此，在设计叶片时，要考虑降低叶片转速的要求，称为"失速"。有两种解决问题的方法：一种是叶片形态的设计，当风速过大时，叶片自身的形态特征会消耗一部分风速，使叶片转速降低，这种被称为"定桨距（失速型）机组"，其与轮毂的连接是固定的，当风速变化时，桨叶的迎风角度不能随之变化。这种机组结构简单、性能可靠，但风能的利用效率较低，叶片制造材料要求高、成本较高。另一种方式是改变叶片的固定性，叶片可以绕叶片中心轴旋转，使叶片攻角可在一定范围内（一般0度—90度）调节变化，在风速较低时，可以使叶片处于最佳角度受风以提高转速；当风力过高时，调节叶片攻角以减少受力、降低转速，这种机组被称为"变桨距（失速型）机组"。

变桨系统是大型风电机组控制和保护的重要执行装置，对机组安全、稳定、高效运行具有十分重要的作用。

电动变桨以电动机为工作动力，通过伺服驱动器控制电动机带动减速机的输出半轴齿轮旋转，输出半轴齿轮与桨叶根部回转支承内侧的齿轮啮合，带动桨叶进行变桨。每个叶片上安装一个变桨轴承，轴承连接叶片和轮毂，变桨机构安装在轮毂上，通过控制连接在变桨轴承的机构转动叶片，三个桨叶可以独立变桨距（见图5-7）。驱动器是变桨系统最为核心的部件。

图5-7　变桨机构

（四）导流罩

风机导流罩也称为轮毂罩、轮毂帽等，是指风机轮毂的外保护罩，由于在风机迎风状态下，气流会依照导流罩的流线型均匀分流，故称导流罩（见图5-8）。导流罩采用轻质复合材料制作，绝大部分风机的导流罩是玻璃钢材料制作，也有铝合金导流罩。导流罩固定在轮毂上，可以避免风沙和雨水进入轮毂，减轻轮毂风压，且外形美观。

图5-8　导流罩

二、传动系统

传动系统包括主轴、齿轮箱、高速轴、发电机、变流器，它们都安装在机舱罩内。

（一）主轴和主轴轴承

主轴又被称为低速轴或风轮轴（区别于连接齿轮箱和发电机的高速轴）。风电主轴作为风电机组部件，主要承担着把来自风力发电机轮毂的扭矩传递到齿轮箱或发电机的功能，还有支撑风轮的作用。轮毂通过风电机组的主轴与齿轮箱连接在一起（直驱发电机组没有齿轮箱），主轴通过法兰盘与轮毂连接。主轴靠近轮毂的一头装有主轴轴承，主轴轴承对主轴起支撑作用。主轴轴承安装在轴承基座上，载荷由机舱承载（见图5-9）。现有风电机组的主轴多采用整锻方法制造，材料一般为高强合金钢，锻造、热处理后加工成最终尺寸。

图5-9 主轴与主轴承

（二）齿轮箱

风轮的转速很低，每分钟仅有十几到上百转，远远达不到发电机发电所要求的转速，为了实现低转速的风轮与高转速的发电机匹配，必须通过齿轮箱齿轮的增速作用来输出高转速（每分钟1,500转以上）才能驱动发电机发电，因此也将齿轮箱称为增速箱（见图5-10）。齿轮箱的级数决定了齿轮箱的增速比，配备3级和4级齿轮箱的机组称为高速机组，配备1级和2级齿轮箱的机组称为中速机组，没有齿轮箱的机组称为低速机组或直驱机组。

大中型风电机组一般都采用齿轮箱作为增速装置。根据机组的总体布置要求，有时将与风轮轮毂直接相连的主轴与齿轮箱合为一体，也有将主轴与齿轮箱分别布置，其间利用胀紧套装置或联轴节连接的结构。

图 5 – 10　齿轮箱

　　齿轮箱安装在机舱罩内，要求尽可能体积小、质量轻、噪声小、承载能力大、寿命长。为了增加机组的制动能力，常常在齿轮箱的输入端或输出端设置制动装置，配合叶尖制动（定桨距风轮）或变桨距制动装置共同对机组传动系统进行联合制动，在风速超过机组额定的安全速度时，制动装置启动，风轮停止转动。

　　齿轮箱的成本随着机组功率的提高而增加。在额定功率 5 兆瓦的机组中，齿轮箱的成本已经高于发电机的成本，而在 10 兆瓦以上的机组中，齿轮箱的成本大幅度提高，乃至达到发电机成本的 4 倍。不仅如此，齿轮箱属于磨损较大的部件，容易损坏，维修保养成本也比较高。由此，在技术路线上产生了直驱式发电机，省去齿轮箱，主轴直接连接到发电机。

　　（三）发电机

　　尽管发电机成本占比不是最大，技术也较为成熟，但它是风电机组的"心脏"部件（见图 5 – 11）。发电机的功能是将风轮系统传递过来的机械能转化为电能。发电机组的技术方案决定了整个机组的技术方向。

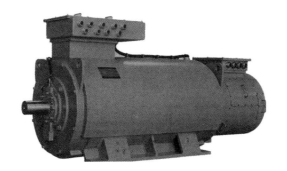

图 5 – 11　发电机

发电机按有无齿轮箱可以分为双馈式发电机和直驱式发电机两种主流发电机，此外还有一种较新型的、结合了这两种发电机特征的半直驱式发电机。

双馈式机组是在叶轮与发电机之间有齿轮箱，叶轮的低转速通过低速轴输入齿轮箱，经过提速后再通过高速轴传导到发电机，避免了叶轮直接与发电机连接而增加对发电机的冲击，降低了发电机的故障率。双馈式发电机达到并网转速后，变流器将发电机的定子电能并入电网，当发电机转速超过同步转速时，转子也处于发电状态，通过变流器向电网输电，所以称为"双馈"。因为齿轮箱的存在，对能量有一定的损耗，并且齿轮箱需要的维修保养成本也较高。

直驱式机组没有齿轮箱，叶轮直接带动发电机转子旋转。直驱式发电机输出的交流电频率和电流随风速变化而变化，需要通过整流、滤波成为较平稳的直流电，然后再调压，再经过逆变器成为符合电网要求的恒频交流电并入电网。因为没有齿轮箱，结构简单、可靠性强，降低了风机机械故障率，具有效率高、维护成本低等优点，缺点是电机体积大、质量重、造价高，电控系统体积大、价格高。

半直驱机组是双馈机组和直驱机组的折中，采用一级行星齿轮实行单级变速，体积比直驱发电机小。

三、支撑系统

支撑系统包括偏航装置、塔架和基础三部分。

（一）偏航装置

从风的来向角度看，风轮的位置可以在塔架的后方（下风向）和前方（上风向），下风向的叶片可以自动对准风的来向，当风向转变时，叶轮会自动旋转调节，从而免除了调向装置，但由于一部分空气是吹过塔架后再吹向叶轮的，塔架不但会阻挡一部分风力形成"塔影效应"，降低吹向叶片的风力风速，还会干扰流过叶片的气流，降低机组发电效率。因此，现代风机基本上采用了上风向叶轮，但上风向的叶轮无法自行调节方向对准风向，为了让机组达到最佳风能利用效率，机组的风轮工作旋转面要始终与主风向垂直，这就要对风轮方向进行调节，这一系统被称为偏航系统（见图 5-12）。

偏航系统由偏航控制机构和偏航驱动机构组成，偏航控制机构包括风向标、控制器、偏航传感器。偏航驱动机构包括驱动装置、偏航轴承、偏航制

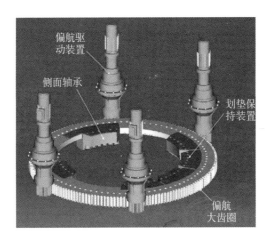

图 5 - 12 偏航装置

动器。在风机的机舱后部安装有风速计和风向标，风向标发挥风向检测功能。当风向变化时，风向标检测到叶片垂直平面与风向的角度差，控制系统向机械传动装置发出指令，转动机舱角度，使叶片正对来风风向。偏航轴承安装在塔架和机舱架之间。

（二）塔架

塔架的作用是支撑风轮系统和机舱，使风轮获得充足的风力驱动发电机发电，也就是说，塔架一方面要能够承载机组的垂直载荷和水平的风力冲击力，又要尽可能把风轮送到更高的高度，因为离地面越高，风力越大，发电效率越高。在风力发电机组中，塔架的重量占风力发电机组总重的二分之一左右，其成本占风力发电机组制造成本的 15% 左右，因此，塔架既要有足够的强度，又要尽可能质量轻、用材省，以降低塔架自身的成本，同时也可以降低塔架基础载荷与成本。

塔架主要分为桁架型（见图 5 - 13）和塔筒型（见图 5 - 14）。前者与电力输送钢架相似，是由结构钢组装而成，成本较低，但维修不方便，也不安全，多用于中小型机组。后者是圆筒型，是大型风电机组常用的形式，也称为塔筒，地面部分有门可供进出，并且安装了控制和检测系统，内部有从地面延伸到机舱的钢结构阶梯或电梯可供维修保养人员上下，上下塔架安全可靠，还可以对电缆线起保护作用。

塔筒结构材料主要有钢结构、混凝土结构和钢筋混凝土结构三种。钢筋混凝土塔筒在早期风力发电机组中被大量应用，后来由于风力发电机组大批

图 5 – 13　桁架型塔架

图 5 – 14　塔筒型塔架

量生产，钢结构塔筒取代了钢筋混凝土结构塔筒。近年来，随着风力发电机组容量的增加，塔筒的体积增大，运输困难，又有以钢筋混凝土塔筒取代钢结构塔筒的趋势。

（三）基础

风电机组基础结构的主要作用是固定和支撑风机塔筒，风电基础的全部质量最终是由基础结构来承载的。基础可以分为陆地基础和海上基础两大类。

陆地基础主要有重力式扩展基础、肋梁基础、岩石锚杆基础、桩基础等。

圆形扩展基础（见图 5 – 15）是将上部结构传来的荷载通过向侧边扩展成一定底面积，使作用在基底的压应力满足承载力要求的基础。这种基础施工简单，适应的地基环境广泛，结构安全性高，但是不适用土层不均匀的地基，底面积、开挖回填工程量、钢筋和混凝土用量、基础工程量及占地面积较大，对环境有较大的破坏，造价较高。

图 5 – 15　圆形扩展基础

肋梁基础（见图 5 – 16）上部承台采用井格式构造的扩展基础，也是圆形扩展基础的一种，能适应变形能力较差的地基。采用的钢筋混凝土少于前者，节省造价。基础占地面积大、整体刚度较小，受力比较复杂，基础放射状主梁受力很大，配筋多而密集，其与台柱的纵向钢筋交叉，较扩展基础而言施工难度大、周期长。对回填土的回填质量、压实系数等要求更高，增加施工难度。

岩石锚杆基础（见图5-17）是一种以细石混凝土或高强无收缩灌浆料和锚筋注入钻凿成型的岩孔内的锚桩基础，用于基岩埋藏较浅、岩层直接出露、开挖困难、岩体风化程度低、岩质较硬、基岩较完整的岩石地基。这种基础的优点是直径较小，占地面积较小；基础埋深，有利于降低基础的混凝土及钢筋用量，减少基础开挖及回填量，降低造价。缺点是对岩石的完整性、硬度等要求较高，施工工艺较复杂，基础安全性低，工程风险较大。

图5-16 肋梁基础

图5-17 岩石锚杆基础

桩基础靠体积庞大的混凝土和重力来固定风机的位置，由桩身和连接于桩顶的承台共同组成，用以承受和传递上部荷载。适用于地基软弱、地下水位很高等环境。优点是承载力高，能适用表层有厚度较大的低承载力、大变形土层的地基；基础承台埋深较浅，有利于减少不均匀沉降。缺点是桩和承台工程量较大，造价较高、施工工期长；施工难度较大，打桩过程中容易出现断桩、斜桩等问题，降低基础安全性；受运输及起重设备限制，单节长度一般都不大，需要接桩。桩基础结构也是海上风电场常用的一种基础结构。

海上基础的桩基础结构分为单桩、多桩、导管架基础和浮式基础等。

单桩基础（见图5-18）由大直径钢管组成，是目前应用最多的风力发电机组基础。该基础结构适用于水深小于30米的水域。单桩钢管基础的优点是无须海床准备、安装简便；缺点是运输困难，并且由于直径较大，需要特殊的打桩船进行海上作业。在浅水地区和滩涂上采用这种基础有利于节约成本。

多桩基础由中心柱和多根插入海床一定深度的圆柱钢管和斜撑结构组成。钢管桩通过特殊灌浆或桩模与上部结构相连，可以采用垂直或倾斜管套，中

图 5 - 18　海上单桩基础

心柱提供风机塔架的基本支撑，类似于单桩基础。这种基础由单塔架结构简化演变而来，同时又增强了周围结构的刚度和强度。

　　导管架基础（见图 5 - 19）需在陆地预制导管架，拖运到海上安放就位，然后顺着导管打桩，最后在桩与导管之间的环形空隙里灌入水泥浆，使桩与导管连成一体固定于海底。该基础结构适用于 30 米—60 米的中水域，较单桩基础结构更为坚固和多用，但成本较高。图 5 - 20 为最深的导管架机组风电场——苏格兰 Beatrice 海上风电场。

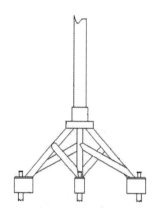

图 5 - 19　导管架基础示意图

图 5 - 20　最深的导管架机组风电场
——苏格兰 Beatrice 海上风电场

　　漂浮式基础（见图 5 - 21）是由海上采油平台基础发展而来。离海岸越远，风力越大，发电效率越高，但在水深超过 100 米的海域建设风电场，采

用一般基础成本过高。浮动平台允许在海上几乎
任何地方建设风电场，可最大限度地利用海上风
能潜力，是未来的主要发展方向。目前，此类海
上风电的浮式基础有多种类型，典型的有 Spar
式（单一支柱竖立结构）、半潜式和张力腿式。
浮式基础利用锚固系统将浮体结构锚定于海床，
并作为安装风电机组的基础平台，特别适用于水
深超过 50 米的海域，具有成本较低、运输方便
的优点。

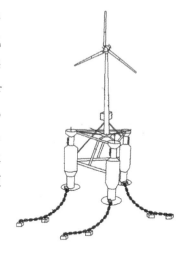

图 5 – 21　漂浮式基础示意图

四、垂直轴发电机组

以上我们所介绍的是水平轴发电机组的组
成，其实最早出现的风机组是垂直轴机组（见图 5 – 22）。

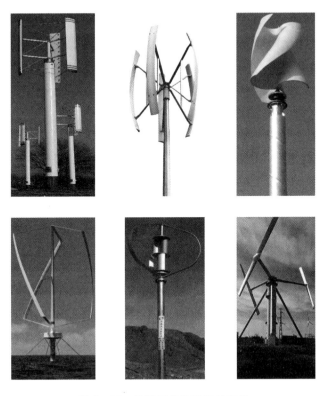

图 5 – 22　各种形状的垂直轴风机

水平轴指的是发电机组的传动轴平行于地面，目前常见的机组都是水平轴机组。而垂直轴机组的传动轴是垂直于地面的，一般安装在塔架里面，没有机舱。

水平轴风机通过偏航装置调节风机受风方向，在风向改变时调整叶轮的迎风方向，不仅浪费了风能，同时风机与支撑该电机的法兰之间还要安装传动轴承，增加了故障率，也提高了成本。垂直轴的风力发电机是万向受风的垂直式结构，不管任何方向的来风，均保持同一方向转动，更好地利用了风能。垂直轴风机不需要偏航系统，刹车装置、齿轮箱、发电机等大部分部件都可以安装在地面，重心较低，所以结构更稳定，维修也方便，建造成本和维修成本低。垂直轴的发电机一般采用无铁芯的永磁盘式电机或外转子电机，启动力矩小，微风就能启动，同等风速条件下垂直轴发电效率比水平轴要高，在低风速的城市或中国南方等区域也能有较高的效率。中国空气动力研究与发展中心曾作过相关风洞实验，实测的风能利用率水平轴风机在 23%—29%，而垂直轴在 40% 以上。图 5-23 为海上垂直轴风机风电场。

图 5-23 海上垂直轴风机风电场

垂直轴机组的缺点是，运行过程中，叶片在不同方位角产生的载荷波动较大，使主轴不完全绕中心轴线转动，降低了运行的结构稳定性。在中小型风电机组中，垂直轴风机占有一定的比重。行业内一直认为垂直轴风机相比水平轴风机度电成本高，无法在商业化大型风场中使用。

2021 年，英国牛津布鲁克斯大学的一项研究表明，在大型海上风电场中，垂直轴风机比水平轴风机效率更高。

一般来说，前排风机能利用 50% 左右的风能，而后排风机只能利用 25% 到 30%。垂直轴风机排布可以更加紧密，从而提高发电效率，降低度电成本。这项研究首次证实，在实际海上风电场规模的情况下，使用成对的垂直轴风机可能胜过当前主流的水平轴风机。研究人员认为，在海上使用垂直轴风机将有效解决目前利用水平轴风机布置的风场中前排风机对后排风机造成的尾流影响。

尽管大型机组普遍使用水平轴风机，但风电行业内从未放弃过对垂直轴风机的研究，其中比较知名的公司有法国德西尼布（Technip）公司的漂浮式垂直轴风机 Vertwind，以及法国电力集团（EDF）联合内努帕（Nenuphar）公司开发的海上漂浮式风机，但至今都没有商业化。而瑞典海洋旋涡（Sea Twirl）公司研发的 Sea Twirl S2 单柱式基础搭配垂直轴漂浮式风机是其中最接近商业化的一款风机。垂直轴风电机组未来也可能是风电的一个发展方向。

第三节　风电场建设与运维

一、风电场选址的基本要求

1986 年，中国从丹麦引进的 3 台 Vestas 55 千瓦力发电机组安装在山东荣成马兰风电场，这是我国最早的风电场。同年，丹麦政府捐资 320 万美元在新疆达坂城安装了 1 台丹麦 Micon 100 千瓦风力发电机组，1989 年又安装了 13 台丹麦 Bonus 150 千瓦风力发电机组，达坂城成为中国第一个大型风电场，图 5 - 24 为现在的达坂城风电场。1989 年，在内蒙古朱日和安装了 5 台美国 Windpower 100 千瓦风力发电机组。根据中国风能协会统计，到 2021 年，我国风电装机总量达到了 338 吉瓦，占全球的 40%，分布在约 2,500 个风电场。

风电场选址即风电场场址选择，是在一个较大的地区内，通过对若干场址的风能资源、并网条件、交通运输、地质条件、地形地貌、环境影响和社会经济等多方面因素考察后，选择出风能资源丰富、最有利用价值的小区域的过程，并最终为风电场项目的立项和开展后续工作提供理论依据，是企业能否通过开发风电场获取经济利益的关键因素之一。

图 5－24　现在的达坂城风电场

风电场场址选择是否合理将直接决定场内风力发电机组的发电量，进而对整个风电场的经济效益产生重要影响，需要考虑风能资源、经济效益、电网结构、交通运输、地形地貌等多方面的因素。风电场选址可分为宏观选址和微观选址两个阶段。宏观选址在前期规划阶段进行，需要结合当地的气象资料和测风数据进行风能资源评估，同时考虑电网、交通、地质等条件。微观选址在设计阶段进行，根据风电场风资源分布图，同时结合各项限制条件确认风电机组的优化布局。

二、陆上风电场选址

陆上风电场要选择在风能资源丰富、质量好的区域，年平均风速一般应大于 6 米/秒，风功率密度要大于 300 瓦/平方米，可利用小时数高于 5,000 小时/年。风电场风向应较为稳定，尽量有稳定的盛行风向，风速变化小，垂直切变小，湍流强度小，灾害性天气少。风电场应靠近电网（一般应小于 20 千米），满足联网要求并且减少线损和送出成本。小型风电项目要尽量靠近 10千伏—35 千伏电网，大型风电项目要尽量靠近 110 千伏—220 千伏电网，电网应有足够的容量。

地形方面，单一地形更有利于风机无干扰运行，应尽量避免复杂地形和粗糙的地表面或高大的建筑物。地形复杂不利于设备的运输、安装和管理，装机规模也受到限制，难以实现规模开发，场内交通道路投资相对也大。

地质方面，要考虑所选定场地的土质情况，如是否适合深度挖掘（塌方、出水等）、房屋建设施工、风力发电机组施工等，要有能详细反映该地区水文地质条件的资料并依照工程建设标准进行评定。风电机组基础位置持力层的岩层或土层应厚度较大、变化较小、土质均匀、承载力能满足风电机组基础的要求，最好是承载力强的基岩、密实的壤土或黏土等，并要求地下水位低，地震烈度小。

地理位置上，要远离强地震带、火山频繁爆发区、洪涝灾害区，以及具有考古意义及特殊使用价值的地区，应收集候选场址处有关基本农田、压覆矿产、军事设施、文物保护、风景名胜以及其他社会经济等方面的资料。选址应远离人口密集区，以减小风电场对人类生活等方面的影响（如运行噪声及叶片飞出伤人等），应使居民区的噪声小于 45 分贝，单台风力发电机组应远离居住区至少 200 米，大型风电场应远离居住区至少 500 米。

交通运输方面，风能资源丰富的地区一般都在比较偏远的地区，如山脊、戈壁滩、草原、海滩和海岛等，大多数场址需要拓宽现有道路并新修部分道路以满足设备的运输，应尽量选择那些离已有公路较近、对外交通方便的场址，以利于减少道路的投资和施工安装条件，港口、公路、铁路等应满足风电机组、施工机械和其他设备、物料的进场要求。

环境保护方面，噪声对留鸟的影响较大，应避开鸟类的迁徙路径、候鸟和其他动物的停留地或繁殖区。

三、海上风电场选址

海上风能资源丰富，海上风电场规模和发电量比陆上风电大很多，且不占用土地资源，单从这几个角度看，海上风电发展条件比陆上要优越。但是，海上风电场的建设条件远比陆上风电场复杂，影响海上风电场选址的因素与陆地上有很大的不同。近海风电场一般水深达到 10 米—20 米，距岸线 10 千米—15 千米，从空间上看，地域大，选址余地大。实际上，海上风电场的建设受到诸多因素的影响和制约。

第一，风资源。我国最佳海风资源区在台湾海峡，平均风速达到 8 米/秒以上，功率密度达到 700 瓦/平方米，其他海风资源较好的地区依次为广东、上海、江浙、山东、河北、辽宁等。海上风电场在风资源上的不利因素主要是台风，强台风不仅损害叶片、机舱，还包括结构部件，如塔筒和基础，对发电设备影响很大。

第二，地质条件。海底覆盖层深浅不一，基岩差异较大，灰岩、板岩、泥岩、泥质粉砂岩等混杂。海床土体通常处于饱和含水状态，土体软弱，不利于基础承载。海底地形地质勘查及处理的成本高，增加了基础设计和海上施工的难度。海上风电风塔基础是海上风电成本的重要因素之一，选择地质条件好的海域建设风电场不仅有利于施工，而且还能减少成本，并规避地质灾害。一般而言，细沙覆盖的海床条件比颗粒较大的沉积物海床更适合风电场的建设。

第三，海水及其深度。冬季风电场海域有大量海冰，浮冰块对桩基有冲撞作用，而且浮冰块阻塞效应也会使船舶抵达发电机组困难。海水中的盐分对浸没海水中的桩基具有腐蚀作用，海面空气中的盐雾对机组也有很强的腐蚀作用，需要对基础和机组进行防腐处理。海水越深，基础建设施工难度越大，成本越高。

第四，海浪和潮汐流。海浪具有大量的动能和压力，对结构产生较大的重复荷载，对结构的寿命有严重的影响。大浪妨碍建设施工，增加施工成本，增加发电机组基础和结构的水平荷载，在风电场运行期间影响安全进入或工作，增加了运营成本。我国海洋海浪的大小依次为南海、东海、黄海和渤海。潮汐流造成的水平荷载、泥沙的冲刷对海上风电场的建造、运营和维护产生影响。潮汐流影响最大的区域在浙江北部（钱塘江出海口区域）。风电场建设会引起平均流速的变化，导致工程区附近潮流场的变化，从而引起工程区海域冲淤环境的变化，特别是对风电场桩基周围泥沙冲刷的影响，形成冲刷坑，不利于桩基的稳定。

选址过程中，不能忽略海域使用上的限制和制约，有时会和其他行业、其他用途产生冲突。渤海和东海有丰富的油气储量，随着对石油天然气需求的不断增长，海上石油和天然气的勘探和开采活动将日益增多，这样会限制海上风电的开发。沿海各个区域都有重要的航道，风电场不能占据航道，特别是繁忙的航道和锚定站点、避风港区，在一些不繁忙的航道上也要考虑风电机组的分布，要为行船留出足够的距离，避免船舶与风电机组的碰撞，造成船舶和风电机组的损坏。海上风电场的建设将影响部分渔民的养殖活动。海底电缆沟的开挖和风机基础的打桩会导致悬浮泥沙的扩散、部分区域的水污染、部分浮游植物的死亡以及对海洋生态系统的影响。

此外，风机的电磁辐射也会使海洋生物和鱼类迷失方向。

第六章　风电市场的发展

第一节　国际风电市场的发展

与光伏产品从军用领域开始不同，风电产品基本是从民用领域开始的。从市场驱动力来说，光伏是技术驱动为主，政策驱动为辅——在政策"点火"之后，光伏产品制造业通过规模经济效应迅速降低平均生产成本，再叠加技术的进步不断提高转换效率，从而快速降低应用成本（发电成本），这是光伏市场发展的内在机理。风电则不同，它是政策驱动为主，技术驱动为辅。与光伏制造成本和发电成本大幅下降不同，风电的技术进步较为缓慢，主要集中在叶片的材料技术上，缺少革命性技术，因此成本下降比较慢。所以，一般认为，光伏属于半导体产业，遵循半导体产业的发展规律，技术迭代速度快；风电属于机械制造业，技术更新慢。光伏的主要原材料是硅，风电的主要原材料是钢铁，无论是制造成本，还是发电成本，乃至于安装成本和维护成本，风电都要比光伏高。这也决定了它的发展需要更多的政策支持（补贴）。从全球来看，截止到2021年底，风电装机总量达到824.87吉瓦，光伏装机总量达到841.09吉瓦，光伏对风电累计装机量的赶超出现在2021年。

一、全球风电的发展过程

自1978年以来，全球风电发展主要经历了如下三个阶段：

（一）起步期（1978—2008年）

1978年，全球风力发电量31太瓦时，到2008年为221太瓦时，20年增长 7.4 倍。1996 年，全球风电累计装机量 6.1 吉瓦，到 2008 年达到 115.6 吉瓦，增长 18 倍，当年光伏累计装机总量仅有 14.7 吉瓦，风电把光伏远远抛在身后。2001—2009 年，海上风电市场开始起步，荷兰、英国、德国、比利时等欧洲国家陆续开拓海上风电市场，但受制于海上风电技术积累不足、度电成本较高，新增海上风电装机仅占新增风电装机的 1% 左右。2008 年，海上风电发电量占全部发电量的比例首次突破 1%，达到 1.08%[①]。

（二）调整期（2009—2013 年）

在全球金融危机冲击下，装机增速放缓。根据"以数据看世界"统计，2013 年末，全球累计装机量达到 299.8 吉瓦，是 2008 年末的 2.59 倍；当年发电量 635 太瓦时，是 2008 年的 2.87 倍。2013 年末，风电发电量占比达到 2.71%。欧洲国家持续发展海上风电，中国开始进入海上风电市场，全球新增海上风电份额提升至 2% 左右。在欧洲深陷债务危机和美国经济黯淡的背景下，全球风电制造业进入调整期，维斯塔斯在内的多家跨国风机制造商纷纷裁员。中国作为风电制造业的主要市场，在调整能源结构、大力发展可再生能源的前提下，宏观经济继续保持稳定，提振了全行业的信心。

（三）高增长期（2014 年至今）

风电技术提升加速，度电成本优势凸显。在成本下降和财政补贴的推动下，风电装机再次进入快车道。根据"以数据看世界"统计，2021 年末累计装机量达到 824.9 吉瓦，为 2013 年末的 2.75 倍。2021 年发电量占比已经达到 6.54%。全球海上风电装机容量稳步提升，2021 年末达到 56 吉瓦，欧洲海上风电技术逐步完善，比较发达的丹麦、英国、德国等国家，在能源、审批、财政等方面，出台了一整套政策体系支持海上风电发展。目前，已经有 10 多个国家拥有海上风电，包括丹麦、英国、瑞典、德国、爱尔兰、荷兰、中国、日本和比利时等，欧洲成为海上风电最大主力，其中，英国海上风力发电装机容量 11 吉瓦，占全球 20% 份额。根据中国风能协会统计，中国海上风电后来居上、快速发展，新增海上风电份额提升至 8%，截至 2021 年，中国海上风电装机容量达到 26.4 吉瓦，占全球海上风电份额的 46.3%。2000—2021 年全球风电和光伏累计装机量如图 6 - 1 所示。

---

① 参见："以数据看世界"（Our World in Data）。

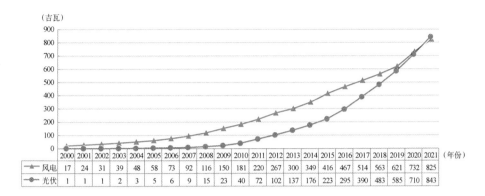

（吉瓦）

	2000	2001	2002	2003	2004	2005	2006	2007	2008	2009	2010	2011	2012	2013	2014	2015	2016	2017	2018	2019	2020	2021	（年份）
风电	17	24	31	39	48	58	73	92	116	150	181	220	267	300	349	416	467	514	563	621	732	825	
光伏	1	1	1	2	3	5	6	9	15	23	40	72	102	137	176	223	295	390	483	585	710	843	

图 6 - 1　2000—2021 年全球风电和光伏累计装机量

数据来源："以数据看世界"（Our World in Data）。

根据全球风能理事会数据，2021 年全球新增风电装机容量 93.6 吉瓦，其中陆上风电新增装机容量 72 吉瓦，海上风电新增装机容量 21.6 吉瓦。截至 2021 年末，全球风电累计装机容量达到 824.9 吉瓦，当年发电量 1,861 太瓦时。2000—2021 年全球风电和光伏发电量及占比如图 6 - 2 所示。

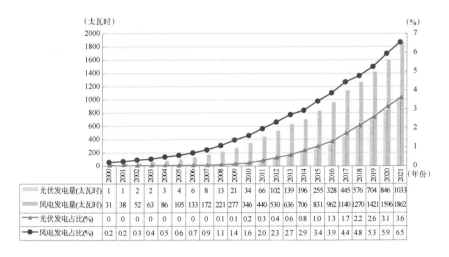

（太瓦时）（%）

	2000	2001	2002	2003	2004	2005	2006	2007	2008	2009	2010	2011	2012	2013	2014	2015	2016	2017	2018	2019	2020	2021	（年份）
光伏发电量（太瓦时）	1	1	2	2	3	4	6	8	13	21	34	66	102	139	196	255	328	445	576	704	846	1033	
风电发电量（太瓦时）	31	38	52	63	86	105	133	172	221	277	346	440	530	636	706	831	962	1140	1270	1421	1596	1862	
光伏发电占比（%）	0	0	0	0	0	0	0	0	0	0.1	0.1	0.3	0.4	0.6	0.6	1.0	1.3	1.7	2.2	2.6	3.1	3.6	
风电发电占比（%）	0.2	0.2	0.3	0.4	0.5	0.6	0.7	0.9	1.1	1.4	1.6	2.0	2.3	2.7	2.9	3.4	3.9	4.4	4.8	5.3	5.9	6.5	

图 6 - 2　2000—2021 年全球风电和光伏发电量及占比

数据来源："以数据看世界"（Our World in Data）。

二、美国市场

美国风力发电起步较早。1940 年，北达科他州的佩蒂伯恩安装了 5 台风机，首次向市政供电。1941 年，世界首个兆瓦级风电机组在佛蒙特接入当地电网。

1980 年，新罕布什尔州安装了世界上第一个由 20 台 30 千瓦风机组成的风电场。
20 世纪 80 年代中期，美国政府与工商业界合作推进技术进步，启动大型商用风
电。同一时期，加利福尼亚州为风力发电提供税收减免，鼓励将风力发电用于
公用事业电力。图 6 - 3 为 2000—2021 年美国风电装机量、风电发电量及占比。

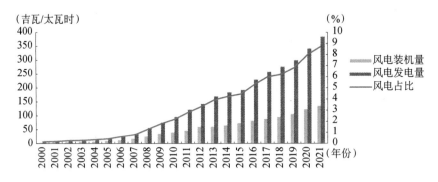

图 6 - 3 2000—2021 年美国风电装机量、风电发电量及占比

数据来源：美国能源信息管理局（eia. gov/renewable/）、全球风能理事会（GWEC）。

美国风电累计装机规模仅次于中国。根据美国风能协会数据，2019 年，
风电超过水电成为美国最大的可再生能源。风电已经是美国第四大电源。
2021 年末，美国风电累计机量为 134 吉瓦，2021 年发电量 383 吉瓦时，占美
国发电量的 8.7%，相当于为 4,300 万美国家庭提供风能电力。美国的风力发
电遍布各州，20 个州有超过 5% 的发电量来自风能；14 个州的风力发电量达
到 10% 以上，包括科罗拉多州、爱达荷州、艾奥瓦州、堪萨斯州、缅因州、
明尼苏达州、北达科他州、俄克拉荷马州、俄勒冈州、南达科他州、佛蒙特
州、内布拉斯加州、新墨西哥州和得克萨斯州。其中，艾奥瓦州、南达科他
州、北达科他州、俄克拉荷马州和堪萨斯州有超过 20% 的发电量来自风能。
艾奥瓦州在 2020 年成为美国第一个超 50% 的电力来自风电的州。美国传统能
源州也在积极发展风电。得克萨斯州是美国著名的石油和天然气生产州，截
至 2020 年底，该州也成为风电装机容量最多的州，达到 33 吉瓦。

美国风电发展较快的地区主要在内陆的中部、中西部以及西北部，得克
萨斯州的风电场发展最快，而有着大量风能资源的大西洋、太平洋和墨西哥湾
沿岸的海上风电场很少。美国海上风电起步相对较晚，第一个海上风电场于
2016 年完成建设。拜登总统在上任第一星期就发布了行政命令，要求加快海上
风电建设，开发大西洋沿岸、墨西哥湾和太平洋水域的风电资源，方案要求到

2030 年美国海上风电装机容量增加 30 吉瓦，到 2050 年累计增加 110 吉瓦。

三、欧洲市场

欧洲是可再生能源和风电开发的主要市场，这得益于其社会对绿色发展秉持的理念。欧盟层面也长期支持风能的发展，将其视作应对气候变化、维护能源安全的关键。多年来，鼓励和促进风电发展一直在欧盟能源气候政策中占据突出位置，从重视风能等可再生能源的"维护能源安全潜力"，逐渐上升到将其视作构建新型能源体系的重要支柱。欧盟还通过制定和修订其可再生能源市场指令等，为风能制定国家发展和能源消费目标、投融资补贴政策等以促进发展。

1982 年，丹麦制订了可再生能源发展计划。1988 年，德国提出了风能开发的支持计划。1991 年，丹麦风机企业维斯塔斯建成全球第一台海上风机。1997 年，欧盟提出大力发展风电的计划，到 2010 年风电装机达到 40 吉瓦，并要求成员国制订本国的发展目标和计划。在德国和丹麦的带动下，2000 年欧洲风电装机量占全球总装机量的 70% 以上。2001 年，德国制定了《可再生能源法》，成为欧洲与全球在电力市场扶植和补贴可再生能源立法方面的先驱。欧洲风能协会数据显示，到 2005 年，欧洲风电装机总量已经达到 40.7 吉瓦（其中，陆上风电 40 吉瓦），提前 5 年实现了目标。在全球排名前十位的装机国中，欧盟就占了 7 个。2007 年，欧盟再次提出了新的发展目标，计划到 2010 年实现 80 吉瓦的总装机量。2010 年，欧盟装机达到了 85 吉瓦，又一次超额实现了目标。该计划还提出了远期目标，到 2020 年，装机总量达到 180 吉瓦，发电量占比 12%；2030 年装机总量达到 300 吉瓦，发电量占比达到 20%。

在政策推动下，欧盟风电市场快速发展。根据欧洲风能协会统计，2007 年，风能取代石油成为第五大装机；2013 年累计装机 120 吉瓦，取代核能成为第四大装机；2015 年累计装机 140 吉瓦，取代水电成为第三大装机；2016 年累计装机 155 吉瓦，取代煤电成为仅次于天然气的第二大装机。2016 年，欧盟新增风电装机比例达到 51%，超过其他电力装机来源之和；当年风力发电量接近 300 太瓦时，占欧盟电力需求的 10.4%。

2019 年 12 月，欧盟委员会发布新的一揽子政策框架《欧洲绿色协定》后，欧盟逐步将绿色化与数字化并列为构建未来经济竞争力的两大驱动力，风能也被视作推进未来低碳绿色产业发展的重要力量。在欧盟最具发展优势的海上风电领域，欧盟委员会于 2020 年 11 月提出了《为了气候中和未来发掘离岸可再生能源潜力的欧洲战略》政策文件，提出至 2030 年，将欧盟离岸风力发电装机量从 2020 年的 12 吉瓦增至 60 吉瓦。

在能源转型和俄乌冲突导致欧洲天然气和电力危机的背景下，欧盟是风电装机容量增长最为迅猛的地区之一。根据欧洲风能协会统计，2021 年，欧洲风电新增装机容量为 17.4 吉瓦，创下历史新高，同比增长 18%。2021 年，欧洲累计装机总量 236 吉瓦，欧盟累计装机总量 188.9 吉瓦，欧盟装机占欧洲的 80%。欧洲累计装机总量中，88% 是陆地风电，海上风电占 12%，欧盟 27 国拥有欧洲所有海上风电容量的 55%。德国累计装机 64 吉瓦，占 27%，继续拥有欧洲最大的装机容量。紧随其后的分别是西班牙 28 吉瓦，占 12%；英国 27 吉瓦，占 11%；法国 19 吉瓦，占 8%；瑞典 12 吉瓦，占 5%。这五国占到欧洲装机量的 64%。另有 7 个国家（意大利、土耳其、荷兰、波兰、丹麦、葡萄牙和比利时）装机量超过 5 吉瓦，6 个国家（爱尔兰、希腊、挪威、芬兰、奥地利和罗马尼亚）的装机容量超过 3 吉瓦。图 6 - 4 为 2009—2021 年欧洲风电累计装机量。

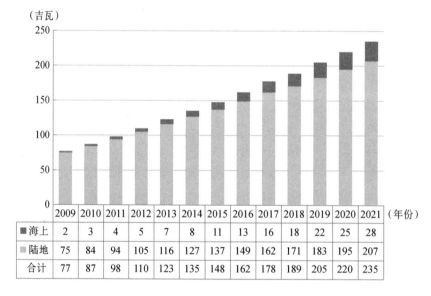

图 6 - 4　2009—2021 年欧洲风电累计装机量

数据来源：欧洲风能协会（EWEC）。

根据欧洲风能协会统计，2021 年欧洲风电发电量为 437 太瓦时，占电力需求的 15%，其中 12.2% 来自陆地风电，2.8% 来自海上风电。丹麦的风电占比最高，为 44%，紧随其后的是爱尔兰 31%、葡萄牙 26%、西班牙 26%、德国 24%、英国 23%。另有 15 国占比超过了 10%。

与此同时，风电成为欧洲国家重要的新兴产业。据欧洲风能协会统计，风电每年为欧盟 GDP 贡献 370 亿欧元，组装风机和制造相关零部件厂商达 248 家。随着风电制造成本因技术进步而持续降低，欧盟各国已经不再需要通过补贴来扶持风电产业。德国早在 2017 年就启动了无补贴的风电项目，荷兰在 2021 年更是开启了全球首个海上风电"负补贴"竞标。

在此发展势头下，各方均看好未来欧洲风电市场的前景。欧洲风能协会预测，预计到 2030 年，欧盟风电总装机容量将从 2020 年的 210 吉瓦增至 350 吉瓦，发电量有望占总电力需求的 24%。欧洲在未来 5 年内可新增约 105 吉瓦的风电装机容量，其中海上风电将占 30%。欧盟委员会认为，欧盟有望实现通过风能提供 50% 电力的目标。

第二节　国内风电市场的发展

一、我国风电市场的开发

我国风力发电始于 20 世纪 50 年代后期，用于解决海岛及偏远地区供电难问题，主要是离网小型风电机组的建设。20 世纪 70 年代末期，我国开始研究并网风电，通过引入国外风电机组建设示范电场，1986 年 5 月，首个示范性风电场马兰风力发电场在山东荣成建成并网发电（见图 6-5）。

图 6-5　山东荣成马兰风电场（1986 年）

从第一个风电场建成至今，我国风电产业发展大致可以分为以下七个阶段：

（一）早期示范阶段（1986—1993 年）

利用丹麦、德国、西班牙政府赠款及贷款，建设小型示范风电场，政府的扶持主要在资金方面，如投资风电场项目及支持风电机组研制。欧洲风电大国利用本国贷款和赠款的条件，将其风机在中国市场进行试验运行。同时，国家"七五""八五"设立的国产风机攻关项目也取得了初步成果。

（二）产业化探索阶段（1994—2003 年）

在第一阶段取得的成果的基础上，各级政府相继出台了各种优惠的鼓励政策，建立了强制性收购、还本付息电价和成本分摊制度。原国家经贸委1999 年出台的《关于进一步促进风力发电发展的若干意见的通知》要求各级电力行政主管部门应支持并协调风力发电上网及销售工作，电网管理部门应允许风电场就近上网，坚持全社会公平负担的原则，电网管理部门收购风电电量，应以物价部门批准的上网电价全部收购，其电价高于电网平均电价的部分在全省（区、市）电网范围内均摊。该通知同时要求，风电场建设要严格控制工程造价，降低风电价格，合理利润以全部投资的内部收益率不超过10%测算。在政策支持下，风电场建设投融资开始发展。科技部通过科技攻关和国家"863"高科技项目促进风电技术的发展，原经贸委、计委分别通过"双加工程"、国债项目、"乘风计划"等促进风电的持续发展。但随着1998年电力体制向竞争性市场方向改革，风电政策一时不明确，发展又趋缓慢。

（三）产业化发展阶段（2004—2007 年）

在 2003 年以前，我国风电成本和价格高，装机规模有限，风电设备严重依赖进口。为促进国内风电产业的发展，2003 年国家发改委发布了《风电特许权项目前期工作管理办法》，提出企业通过公开招投标方式取得投资风电项目的特许权。中标的特许权人与政府签订特许权协议，该协议对电价、运营期限、期满移交等事项进行约定。中标的特许权人作为风电项目的投资者，承担项目建设和运营的商业风险。为此，国家发改委组织开展了大型风电特许权示范项目。通过实施风电特许权招标来确定风电场投资商、开发商和上网电价，建立了稳定的费用分摊制度，并且下放 5 万千瓦以下风电项目审批权，要求国内风电项目国产化率不小于 70%等优惠政策，扶持和鼓励国内风电制造业的发展，迅速提高了风电开发规模和本土设备制造能力，使国内风电市场的发展进入一个高速发展的阶段。2006 年，新增装机 1.288 吉瓦，比 2005 年底之前的总和（1.25 吉瓦）还多，同比增长 154%[1]。

（四）大规模发展阶段（2008—2010 年）

在风电特许权招标的基础上，颁布了陆地风电上网标杆电价政策。国家发改委于 2009 年 7 月发布了《关于完善风力发电上网电价政策的通知》，按风力资源从优到劣划分的Ⅰ、Ⅱ、Ⅲ、Ⅳ类风力资源区的具体地域，标杆电价分别为 0.51 元/千瓦时、0.54 元/千瓦时、0.58 元/千瓦时和 0.61 元/千瓦时，规定该上网价标准自 2009 年 8 月 1 日起实行。2009 年 8 月 1 日之前核准的风电项目，上网电价仍按原有规定执行。其间，我国提出建设 8 个千万千瓦（10 吉瓦）级风电基地，启动建设海上风电示范项目。2010 年，我国首个海上风电项目上海"东海大桥海上风电场"投产（见图 6-6），上网电价 0.978 元/千瓦时。与此同时，根据规模化发展需要，修订了《可再生能源法》，制定了实施可再生能源发电全额保障性收购制度，风电相关的政策和法律法规进一步完善，风电整机制造能力大幅提升，是前所未有的高速发展期。中国风能协会数据显示，2010 年新增装机 18.9 吉瓦，累计装机 44.7 吉瓦。

图 6-6　上海东海大桥风电场（2010 年）

（五）调整阶段（2011—2013 年）

经过几年的高速发展后，我国风电行业问题开始凸显。一是行业恶性竞争加剧，风电机组质量无法有效保障，机组脱网事故频发，设备制造产能过剩，越来越多的企业出现亏损，不少企业退出风电行业，市场也逐渐意识到

---

[1]　参见："以数据看世界"（Our World in Data）。

风电设备制造不能简单追求"低价优势"，应充分重视产品质量，并提高服务能力。二是电网建设滞后，我国"三北"地区风力资源丰富，装机容量大，但地区消纳能力有限，缺乏具体的风电送出和风电消纳方案，外送通道不足，使弃风现象严重，大规模风电送出和消纳的矛盾日益突出。仅2010年上半年，就有三分之一的风机在空转，弃风27.76亿千瓦时[1]。2011年8月，为加强风能资源开发管理，规范风电项目建设，国家能源局发布了《风电开发建设管理暂行办法》，各省（区、市）风电场工程年度开发计划内的项目经国务院能源主管部门备案后，方可享受国家可再生能源发展基金的电价补贴；电网企业依据国务院能源主管部门备案的各省（区、市）风电场工程建设规划、年度开发计划，落实风电场工程配套电力送出工程。此后，国家能源局先后发布了多批风电项目核准计划。

（六）稳步增长阶段（2014—2018年）

经过前期的"洗牌"，风电产业过热的现象得到一定的遏制，发展模式从重规模、重速度到重效益、重质量。"十三五"期间，我国风电产业逐步实行配额制与绿色证书政策，并发布了国家五年风电发展的方向和基本目标，明确了风电发展规模将进入持续稳定的发展模式。2014年6月，国家发改委发布《关于海上风电上网电价政策的通知》，对海上风电上网电价做出明确规定，对非招标的海上风电项目，区分潮间带风电和近海风电两种类型确定上网电价。2017年以前（不含2017年）投运的近海风电项目上网电价为0.85元/千瓦时，潮间带风电项目上网电价为0.75元/千瓦时。文件还鼓励通过特许权招标等市场竞争方式确定海上风电项目开发业主和上网电价，通过特许权招标确定业主的海上风电项目，其上网电价按照中标价格执行。自此，2014年后我国海上风电进入标杆电价时期，0.85元/千瓦时的电价也成为我国海上风电沿用时间最长的电价政策。海上风电项目建设周期长、开发成本高，这也表现出当时国家对海上风电的支持。而且，我国海上风电产业在2014年尚处于发展初期，已投产装机容量仅有0.4吉瓦左右，尚不需要国家从可再生能源电价附加中拿出更多资金来支持电价补贴。2016年12月，国家发改委发布《关于调整光伏发电陆上风电标杆上网电价的通知》，2018年1月1日之后新核准建设的陆上风电标杆上网电价按四类资源区调整为0.40

---

① 国家电监会《风电、光伏发电情况监管报告2011》。

元/千瓦时、0.45 元/千瓦时、0.49 元/千瓦时、0.57 元/千瓦时。2018 年，新增装机 21 吉瓦，累计装机达到 210 吉瓦①。

（七）平价时代（2019 年至今）

2019 年 5 月，国家发改委发布《关于完善风电上网电价政策的通知》，将陆上、海上风电标杆上网电价改为指导价，所有核准和竞价上网的陆上、海上风电价格均不得高于指导价。2019 年，四类资源区符合规划、纳入财政补贴年度规模管理的新核准陆上风电指导价分别调整为 0.34 元/千瓦时、0.39 元/千瓦时、0.43 元/千瓦时、0.52 元/千瓦时；2020 年，指导价分别调整为 0.29 元/千瓦时、0.34 元/千瓦时、0.38 元/千瓦时、0.47 元/千瓦时。指导价低于当地燃煤机组标杆上网电价（含脱硫、脱硝、除尘电价）的地区，以燃煤机组标杆上网电价作为指导价。参与分布式市场化交易的分散式风电上网电价由发电企业与电力用户直接协商形成，不享受国家补贴。不参与分布式市场化交易的分散式风电项目，执行项目所在资源区指导价。2018 年底之前核准的陆上风电项目，2020 年底前仍未完成并网的，国家不再补贴；2019 年 1 月 1 日至 2020 年底前核准的陆上风电项目，2021 年底前仍未完成并网的，国家不再补贴。自 2021 年 1 月 1 日开始，新核准的陆上风电项目全面实现平价上网，国家不再补贴。2019 年，符合规划、纳入财政补贴年度规模管理的新核准近海风电指导价调整为 0.8 元/千瓦时，2020 年调整为 0.75 元/千瓦时。新核准潮间带风电项目通过竞争方式确定上网电价。对 2018 年底前已核准的海上风电项目，如在 2021 年底前全部机组完成并网的，执行核准时的上网电价；2022 年及以后全部机组完成并网的，执行并网年份的指导价。2019 年，国内首个海上风电竞价项目"上海奉贤海上风电项目"竞配成功，该项目位于上海市杭州湾北部海域，总规划装机容量 0.4 吉瓦，上海电力与上海绿色环保能源有限公司组成的联合体最终以 0.7388 元/千瓦时的电价获得项目开发权。截至 2019 年 12 月底，从全国各省市已公布的海上风电竞争配置结果来看，上海奉贤海上风电项目仍然是当时最低的海上风电上网电价。从 2020 年开始，行业进入轰轰烈烈的"保电价"抢装阶段，这也让 0.7388元/千瓦时的价格在此后的两年中都颇具标志性意义。2021 年下半年，中广核汕尾甲子一项目、华润电力苍南 1 号等平价海上风电项目的开工，标志着我

---

① 参见：中国风能协会。

国海上风电进入了平价过渡时期。2022 年 4 月 2 日，上海市发改委公布了"金山海上风电一期项目"竞争性配置结果，该项目容量为 300 兆瓦，最终确定中国长江三峡集团有限公司、上海绿色环保能源有限公司、中海油融风能源有限公司联合体为项目业主，项目上网电价为 0.302 元/千瓦时，创历史新低。

二、我国风电市场的现状

目前，我国已经成为全球风力发电规模最大、增长最快的市场。根据国家能源局统计，2021 年，我国新增装机容量再创新高，全国风电新增并网装机 47.57 吉瓦，其中，陆上风电新增装机容量 30.67 吉瓦，占全部新增装机容量的 64.5%；海上新增装机容量 16.9 吉瓦，占全部新增装机容量的 35.5%。根据全球风能理事会统计，2021 年全球新增装机 93.6 吉瓦，我国占 50.9%，其中，陆上风电占全球 42.3%，海上风电占全球 80%。从累计装机量来看，截至 2021 年，我国风电累计装机超过 17 万台，容量超 328 吉瓦，占全球累计装机量的 39.2%，连续多年保持高速增长。陆上风电累计装机容量 302 吉瓦，占全球陆上总装机量 38.7%；海上风电累计装机容量 26.4 吉瓦，占全球海上总装机量 46.3%，我国均已成为累计装机量第一大国家。无论是新增装机容量，还是累计装机容量，我国都已成为全球规模最大的风电市场。2009—2021 年中国风电累计装机量及全球占比、发电量及国内占比如图 6-7 所示。

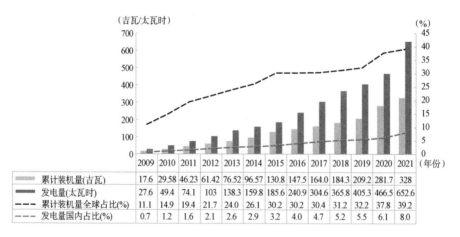

	2009	2010	2011	2012	2013	2014	2015	2016	2017	2018	2019	2020	2021
累计装机量(吉瓦)	17.6	29.58	46.23	61.42	76.52	96.57	130.8	147.5	164.0	184.3	209.2	281.7	328
发电量(太瓦时)	27.6	49.4	74.1	103	138.3	159.8	185.6	240.9	304.6	365.8	405.3	466.5	652.6
累计装机量全球占比(%)	11.1	14.9	19.4	21.7	24.0	26.1	30.2	30.2	30.4	31.2	32.2	37.8	39.2
发电量国内占比(%)	0.7	1.2	1.6	2.1	2.6	2.9	3.2	4.0	4.7	5.2	5.5	6.1	8.0

图 6-7 2009—2021 年中国风电累计装机量及全球占比、发电量及国内占比

数据来源：中国电力企业联合会、全球风能理事会（GWEC）。

国内装机的区域分布具有明显的差异，因风资源不同形成了三个区域。截至 2021 年，有 5 个省（市、自治区）的累计装机量超过 20 吉瓦，分别是内蒙古、河北、新疆、江苏、山西，主要集中于"三北"地区；有 7 个省（市、自治区）累计装机量超过 10 吉瓦，分别为山东、河南、甘肃、宁夏、广东、辽宁、陕西，主要集中在黄河流域；长江以南地区风资源薄弱，装机量也较少。江苏和广东的海上风电发展较快，福建和浙江作为沿海地区缺少滩涂等浅海资源，海上风电发展较为缓慢。近年来，随着低风速风电技术不断取得突破，加上更大直径风轮和更高塔筒的风电机组，极大提升了中、东、南部地区风电项目开发的潜力。受此推动，中、东、南部地区新增风电装机容量在全国所占份额显著提高。据中国风能协会统计，在 2021 年我国风电新增装机容量中，中东南部地区占 55%，"三北"地区占 45%，其中，中南地区占 25.8%、华东地区占 23.9%、华北地区占 18.4%、西北地区占 16.2%、东北地区占 10.6%、西南地区占 5.1%。

近年来，我国风电发电量占总发电量的比重逐年上升，据国家能源局数据，2021 年，全年风电发电量达到 6,526 亿千瓦时，同比增长 40.5%，占全部发电量的比例达到 8.04%，是 2011 年的 5 倍。尽管我国每年风电新增装机容量和累计装机容量均多年保持世界第一的水平，但由于全社会用电基数高，与发达国家相比仍有较大差距。根据欧洲风能协会数据，风电占比最高的丹麦达到了 50%，爱尔兰、德国、英国、葡萄牙、瑞典都超过了 20%。长期来看，我国的风电装机规模仍有较大的增长空间。

我国风电发展初期主要集中在"三北"地区，消纳空间较小，国家电网建设又滞后于风电开发速度，对风电外送条件影响较大，导致弃风严重。自"十三五"规划实施以来，国家对特高压电网等基础设施持续建设投入，截至目前，国网已累计建成"八交十直"特高压工程，集中于西电东送，大大提高了风电消纳能力，弃风问题已经得到基本解决。根据国家能源局数据，2021 年风电平均利用小时数 2246 小时，风电平均利用率 96.9%，同比提升 0.4 个百分点，弃风率已连续 5 年保持下降趋势，甘肃、新疆作为风电主力区域，风电利用率已经达到 95.9% 和 92.7%。2010—2021 年风电平均利用小时数、弃风量、弃风率如图 6-8 所示。

由于技术水平的提高，特别是大功率机组、长叶片、超高塔筒的应用及智能化水平的提高，驱动我国风电机组实现发电效率提升以及成本下降。依

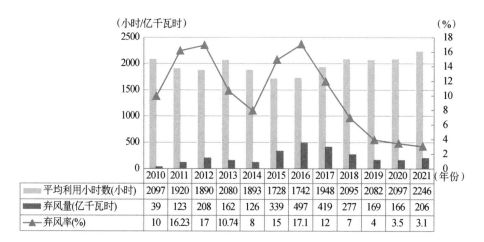

图 6-8　2010—2021 年风电平均利用小时数、弃风量、弃风率

数据来源：国家能源局。

托于先进控制技术和材料科学的进步，过去 10 年风电机组的风轮直径不断突破，增加到原来的 2 倍，最新的风轮叶片直径已经突破 200 米，同样风况条件下的发电量增加到 3 倍左右。此外，运输、吊装、运维设备和船舶进一步专业化，也大大提高了海上风电机组建设效率，降低了成本。据中国风能协会的测算，2010—2021 年，我国陆上风电度电成本下降 66%，与传统化石能源发电成本基本持平，甚至更具市场竞争力，海上风电度电成本的降幅接近 56%，有望在未来 3 年内全面实现平价上网。当前，西北部风能资源好的地区度电成本约为 0.3 元，5 年后有望降至 0.15 元；中、东、南部地区约为 0.4 元左右，5 年内有望降至 0.2 元；近海风电在 5 年内有望降至 0.4 元—0.5 元，远海风电在 8 年左右有望降至 0.4 元—0.5 元。

第三节　中国风电产品的国际市场开拓

一、风电国际市场开拓的进程

风电走过的市场之路与光伏极为相似。从 20 世纪 80 年代开始接受国外捐赠的风机，到自主开发产品成为全球第一装机大国，再到占有国际市场大部分份额，30 年来风电行业的国际市场开拓取得了与光伏一样大的成就。

2007 年，华仪风能向智利出口了 3 台总功率 0.78 兆瓦风电机组，当年国内风机企业出口总和为 2.54 兆瓦。2008—2010 年，整机厂商陆续向其他国家出口，但是出口量都非常小。2011 年起，我国风电机组开始真正实现批量出口，在整机出口方面，根据中国风能协会统计，截至 2012 年，我国共向 19 个国家和地区出口了 407 台风电机组，累计容量为 700 兆瓦。2013 年，出口量达到顶峰，容量达 692 兆瓦。此后出口量呈现滑坡，2014 年下滑到 368 兆瓦，2015 年下滑到 274 兆瓦，2016 年止跌回升，出口量达到 590 兆瓦。

自 2010 年以来，中国一直是世界最大的风电市场，2010 年累计装机量约占全球六分之一。2016 年，中国风电累计、新增装机容量均居全球第一，累计装机量约是位居第二名的美国的 2 倍，新增装机量约是美国的 4 倍。在全球风电市场上，中国可谓遥遥领先。但是与全球领先的国内市场相比，中国风机制造企业国际化程度并不高。根据中国机电产品进出口商会统计，截至 2016 年，我国风电出口容量累计仅有 2.5 吉瓦，这与全国风电累计装机总量达到 149 吉瓦相比，几乎可以忽略不计。2017 年出口量达 641 兆瓦，2018 年出口量再次出现下滑。2018 年，中国新增装机容量 21 吉瓦，出口风机容量仅为新增装机的 1.8%。2018 年出口量大幅下滑与目的地国家风电产业政策紧密相关。美国风能协会统计数据显示，2018 年美国新增陆上风电装机规模 7.58 吉瓦，新增规模仅次于中国，为全球第二。受到美国对华关税影响，以及美国在风电领域出台的保护政策，风电选址涉及军事等因素，出口美国机组容量的减少是造成 2018 年出口量大幅下降的直接原因。

由于风电的核心技术在国外，在过去较长的时间里，中国风机企业一直处于模仿、学习阶段，国内市场是主战场，海外市场的拓展十分缓慢，这和光伏的"三头在外"有很大区别。整机厂商开拓海外市场并不是仅仅卖出风机，更关键的是完成风电项目建设，这意味着企业不仅需要熟悉各国的政策法规环境，还需要参与融资、认证、物流、施工安装等其他诸多环节，形成一套完整的配套体系作为支撑，除了准入门槛高，国外风电项目单体规模较小，也增加了国内整机商布局海外市场的难度。

风电机组属于大型机电装备，结构复杂、涉及专业面广、失效后果严重，作为最终用户的业主往往难以对机组质量进行专业评价，而整机厂商与业主之间又存在一定的信息不对称，因此在风电开发利用较早的国家最先形成了第三方检测和认证的惯例。按照国际电工委员会（IEC）和相关国家标准，风电机组必须通过型式认证，型式认证是着眼于风电机组整机的设计、结构、工艺、生产、质量、性能、一致性等方面的评估和审查，目的在于确保风电机组根据设计条件、相关标准及其他技术要求进行设计输入、设计输出和验证，并由有资质和能力的整机制造商生产制造，确保风电机组按照设计要求和条件进行安装、测试、运行、维护，最终为风电机组投入市场提供技术保障。以丹麦、德国为主的风电产业发达的欧洲认证过程极为严格，每个厂商的新机型在新市场都需要认证，认证的周期在 2—4 年，将中国的风机阻隔在了门外，成为中国风机无法大规模进入欧洲的主要阻碍之一。从设计认证到型式认证，中国的发展已经比欧洲晚了大约 10 年时间。2014 年 9 月，国家能源局发布《关于规范风电设备市场秩序有关要求的通知》，明确提出风电行业要"加强检测认证确保风电设备质量"。文件规定，接入公共电网的风电机组及其风轮叶片、齿轮箱、发电机、变流器、控制器和轴承等关键零部件必须进行型式认证。2015 年，中国风电才开始全面进行型式认证，目前北京鉴衡认证中心（CGC）是国内主要的认证机构。国际方面，IEC 于 2014 年成立了全球可再生能源认证体系（IECRE），下设风能、光伏、海洋能三个委员会，其宗旨是开发高质量的国际标准，建立和运作全球统一的可再生能源认证制度，推动认证结果在全球范围内的广泛采信，实现一张证书全球通行。2019年 7 月，CGC 叶片测试实验室正式通过评审，成为国内第一家获得 IECRE 认可的本土风电叶片测试机构，至此，CGC 取得了 IECRE 全部风电测试与认证资质，可依据 IECRE 要求提供风电设备检测认证一站式服务。

根据中国风能协会统计，2018 年，4 家风电整机制造企业对澳大利亚、埃塞俄比亚、阿根廷、哈萨克斯坦、土耳其、泰国及印度等 8 个国家出口风电机组，容量仅为 376 兆瓦，较 2017 年下降幅度达 41%；功率均小于 4 兆瓦，其中出口泰国、哈萨克斯坦、印度等国风电机组功率多以 1.5 兆瓦、2.5兆瓦机组为主。截至 2018 年底，我国风电机组累计出口到 34 个国家，累计出口量仅为 3.6 吉瓦，反映出我国风电整机制造企业的国际竞争力仍然不强。从出口目的地来看，大多为"一带一路"沿线国家。在累计出口容量方面，出口澳大利亚的风电机组容量增速明显，2018 年出口澳大利亚风电机组容量为 153 兆瓦。其中，美国、澳大利亚、巴基斯坦为我国风电整机出口容量前三大市场，美国累计 552 兆瓦，占比 15.3%；澳大利亚累计 513 兆瓦，占比14.3%；巴基斯坦累计 427 兆瓦，占比 11.9%。此后，我国风电整机加速走入"一带一路"沿线国家市场。不过，廉价的煤炭仍然是新兴经济体以及"一带一路"沿线国家的首选能源。例如，印度能源结构中化石能源占比高达80%以上，阿根廷则高达87%①。部分新兴经济体尚未做出能源转型承诺，这对中国风机的世界市场开拓存在着较大的影响。

二、2019 年以来的变化

2019 年以前，中国风机整机企业每年出口的整机容量均未超过 1 吉瓦，2019 年是一个转折点，根据中国风能协会统计，当年出口整机容量 1.606 吉瓦，是 2018 年的 4 倍多。2020 年，尽管受到上半年疫情的影响，仍然出口了1.188 吉瓦；截至 2020 年底，中国风电机组累计整机出口到美国、英国、法国、澳大利亚等 38 个国家和地区，遍布全球六大洲，出口台数共计 2,728台，累计容量达到 6.374 吉瓦。而 2021 年，我国向海外出口风电机组 886 台，容量为 3.268 吉瓦，同比增长 175.2%。中国风机制造商历来只能在欧洲获取零散的小型项目，但在 2020—2021 年向欧洲出口了超过 0.4 吉瓦的设备，2021 年还实现了首次出口海上风电机组 72 台，容量为 0.3248 吉瓦。截至 2021 年底，我国风电机组出口的国家和地区数量扩大到 42 个，累计容量达到 9.642 吉瓦。2007—2021 年中国风机出口量如表 6-1 所示。作为全球最大的风电装备制造基地，中国发电机、轮毂、机架、叶片、齿轮箱、轴承等零部件产量占全球 60%—70%，风电机组的产量占全球的三分之二以上。

表 6-1　　　　　　　　2007—2021 年中国风机出口量　　　　　单位：兆瓦

年份\项目	2007	2008	2009	2010	2011	2012	2013	2014	2015	2016	2017	2018	2019	2020	2021
出口量	2.54	14.5	28.75	11.05	213.1	430.5	692.4	368.8	275	529	641	376	1,605	1,188	3,268
累计出口量	2.54	17.04	45.79	56.84	269.9	700.4	1,393	1,761	2,036	2,564	3,205	3,581	5,186	6,374	9,642

数据来源：CWEC。

中国风电产业的快速发展得益于稳定的政策体系，通过提供清晰的市场预期与关键的支撑措施，拉动市场投资，推动技术进步，使中国风电产业得

① 《风电制造"走出去"面临新挑战》，《中国能源报》，2019 年 4 月 18 日。

以平稳有序发展。另外，覆盖全产业链的企业创新，成为行业发展的核心驱动力，中国风电企业在技术上迅速完成"引进—消化—吸收—再创新"的跨越，构建起具有国际竞争力的完善产业体系。中国风电整机商近年来在国际市场排名中不断创出新高，多家企业跻身世界前十，但这一业绩取得的背后却是严重依赖国内市场。市场单一是中国风电整机商多年来的短板。在海外，中国风电整机商为数不多的业绩仍以发展中国家为主。在拉丁美洲和亚洲其他地区的市场份额正在以较快的速度增长。在这些市场，风电制造"走出去"主要通过海外自建风场或是通过为当地提供项目建设资金的形式进行设备输出，而依靠自身品牌影响力获得的中标极少。大部分中国风电企业出口的风电设备仍用于由其他中资背景公司进行开发、融资或建设的项目，尤其是在东南亚、中东欧、南美洲地区的项目。

根据中国风能协会统计，2021 年，中国向亚太地区其他市场出口的风机数量猛增至 729 台，总装机容量为 2.56 吉瓦。而在 2009 年，中国首次向亚洲市场出口是向印度交付 13 台总装机容量为 19 兆瓦的风机。现在，越南已经成为中国整机在亚洲地区的主要出口市场。越南正处于风电抢装期，目标到 2030 年陆上风电装机达 14 吉瓦—24 吉瓦，海上风电装机达 7 吉瓦—8 吉瓦。2023 年底前，越南陆上和海上风电项目分别可获得 8.5 美分/千瓦时和 9.8 美分/千瓦时的补贴。2021 年，中国出口到越南的风机容量达到了 2.36 吉瓦，同比增长 25 倍，其中包括了 72 台总容量 0.3248 吉瓦的海上风机。越南取代澳大利亚成为中国风电机组新增和累计出口最多的国家，新增和累计出口量占比分别达 72.1% 和 25.4%。中国风电对发展中国家的出口量快速增长也得益于融资模式，许多风电场项目的投资得到了中国国家开发银行等机构的融资支持。在部分新兴市场或发展中国家，中国整机企业可以解决当地开发商的融资需求，这成为中国整机在海外市场的一大卖点。2021 年，中国能建在越南建设了当地最大的越南金瓯 1 号 350 兆瓦海上风电项目，以及 VPL30 兆瓦海上风电项目；陆上建设了越南德农 300 兆瓦风电项目、平顺二期 90 兆瓦风电项目、雅蓓 2×49.5 兆瓦风电项目，以及嘉莱风电葱龙乡 155 兆瓦风电项目等。同期，中国电建承接了越南平大 310 兆瓦海上风电运输项目、乐和二期 130 兆瓦风电项目、朔庄 2 号 30 兆瓦海上风电项目 EPC 总承包、槟榔 80 兆瓦海上风电项目 EPC 和 20 年运维项目等。中国能建、中国电建等 EPC 企业及央企开发商加快推动"一带一路"工程建设，带动了风电整机商一起出海。

在发达国家市场，中国风机企业也在取得积极进展。2021 年，中国风机厂商进入了意大利海上风电市场，塔兰托港风电项目共有 10 台风机，总功率为 30 兆瓦，是意大利以及地中海地区首个海上风电项目，也是中国整机商首次进军欧洲的海上风电。该厂商还将为一个欧洲漂浮式项目提供 11 兆瓦半直驱海上风电机组。当年 12 月，中国厂商取得日本清水海上风电项目合同，提供总容量 9 兆瓦的 3 台 3.0 兆瓦防台风机，中国电建也首次进入日本市场，中标了该项目的塔筒制作。中国厂商也与英国签署了建厂谅解备忘录，将在当地投资建设风机、叶片生产基地，准备进入其发达的海上风电市场。亚洲方面，中国厂商与韩国最大风电整机制造商、风力发电企业尤尼森（Unison）公司签署了战略合作协议，将在韩国建设风电中心，推动研发适用于韩国市场的固定式和漂浮式海上机型。

中国厂商通常向国外市场提供比竞争对手容量更小的海上风电机组，但正在不断推出更大容量的型号。中国风电产业在技术方面领跑全球，不仅具备大兆瓦级风电整机自主研发能力，且已形成完整风电装备制造产业链，制造企业整体实力与竞争力大幅提升。一方面，在大容量机组上不断推陈出新，在长叶片、高塔架应用等方面处于国际领先水平；另一方面，新技术应用不断涌现，例如，数字化技术被广泛应用于测风选址、叶片变桨控制、故障预测及诊断分析等，使风电产品设计、风电场运营管理更加智能、高效。目前，中国风电产业覆盖技术研发、开发建设、设备供应、检测认证、配套服务等方面，一条国际业务链已基本成型。在 2021 年全球排名前十五的风电整机制造商中，中国企业占据十席，其中，金风科技和远景能源分列第二、第四。一大批中国企业加快开拓国际市场，越来越多的国家向我国风电企业打开大门，风电成为我国少数具有国际竞争力的高新技术产业之一。

尽管中国风机企业的海外市场有所增长，但市场份额在发达地区仍然较小，例如，包括西欧、美国、日本在内的一线发达国家，其销售增长受到业绩、质保和技术水平等因素的限制。尽管中国企业国际竞争力在增强，但相比维斯塔斯、通用电气等跨国巨头，中国风电整机企业仍缺乏全球市场的拓展能力。中国风机成本较低是主要的优势，但成熟海外市场的投资方对风机的认证和质量要求更高，它们更关注风机的技术、质量和全生命周期的回报率，而价格敏感度低。尽管从 2019 年以来风机出口量在增长，但中国风电整机商仍未能在海外市场上占据主导地位，且很多项目是搭中国能建、中国电建等央企开发商的项目便车跟随一起出海，只有小部分为独立接触当地开发商并投标拿单，独立出海的能力仍不足。

由于风机体积巨大，叶片和塔筒运输需要特殊的船舶和码头，因此，长距离运输风机设备存在成本劣势，这导致风机更适合在需求市场附近进行生产。中国风机的优势主要来自成本，而中国企业在发达国家生产风机将失去这一主要优势，除非大部分零部件仍然来自中国国内生产基地。另外，作为新能源的主力产业之一，西方发达国家已经失去了光伏产业；风机生产主要表现为材料和机械制造，这是西方发达国家历来的优势所在，维持这一领域的优势和就业，对于它们有着重要的意义。因此，风机市场更具有地域特征，中国企业要进一步拓展这个市场的难度相当大，特别是拓展发达国家的市场难度更大。要拓展这个市场，必不可少的步骤就是海外生产和海外销售，这对中国企业来说具有很大的挑战性，远非像光伏那样只要把组件卖掉就万事大吉。

在中国风机零部件和整机出口中，有很大一部分来自国际风机企业的贡献。美国和欧洲的设备制造商现在通过其在中国的产能共同为全球所有地区提供服务。西门子歌美飒2020财年在中国生产了2.3吉瓦设备，其中大部分销往国外市场。2021年，西门子歌美飒宣布将停止在中国销售风机，其中国工厂的产能将只供应国外市场。通用电气和维斯塔斯也将其在中国制造基地生产的产品出口到非洲、亚洲、澳大利亚和欧洲。中国制造基地也是外资企业开拓国际市场的重要支撑。以维斯塔斯为例，中国制造基地年交付量占其总交付量的一半以上。美国和欧洲设备制造商也向中国制造商采购大量的零部件以降低成本。但在中国市场，它们的市场份额已经日益衰减，早期为中国风电市场做出重大贡献的维斯塔斯、GE、西门子歌美飒等外企，2021年在中国的安装量减少了一半，全球最大风电整机商维斯塔斯在中国的市场份额仅为1.2%，排名第12位[①]。

___
① 参见：中国风能协会。

第七章　风电产业

第一节　风电产业链的构成

风电产业链（见图 7-1）包括零部件制造、整机制造、施工安装、投资运营、维护五个环节，其中，零部件制造、整机制造和投资运营是重点环节。

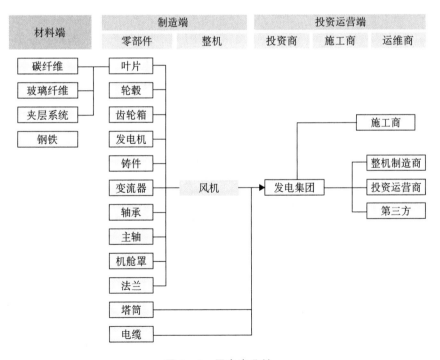

图 7-1　风电产业链

风电产业链上的主体包括零部件制造商、整机制造商、投资运营商、施工商、运维商等。

在风电产业链上，投资运营商起着核心作用。在风电项目核准制下，各省年度核准规模由地方政府在国家依据总量控制制定的建设规划及年度开发指导规模内进行确定，分布式风电项目可以不受年度建设指标管理。风电场项目通过招标确定，投资商通过招投标获得风电场经营权。地方政府拥有项目审批核准权，运营商在取得省级投资主管部门、环境保护部门等多个部门的项目核准批复文件后，才可以开工建设风电场。开工前，投资运营商向整机商招标确定机组，并对塔筒和电缆分别进行招标，也要对施工安装机构进行招标。风电场的后期运维，也是由投资运营商决定是自身进行维护还是招标第三方进行维护。

风电场投资额相对较高，国内投资运营商大多为大型国有企业，主体主要是大型发电集团。风电发展的初期和中期，国家政策要求它们从市场上购买风电，或自建风电场，以满足清洁能源的动态比例要求。这些发电集团有的是央企，有的是地方国有企业。根据中国风能协会统计，截至2021年底，主要大型央企集团风电累计装机容量占全国累计总量的63%。国电集团、华能集团、国电投、大唐集团、华电集团、中广核等是国内主要的投资运营商。

与陆上风电相比，海上风电的投资运营商更加集中，具备技术优势、资金优势和资源优势的大型央企在海上风电开发中占有主导地位。随着海上风电技术的逐步成熟，拥有地方资源优势的地方能源集团也逐步加快海上风电的开发步伐，利用当地的资源优势占据少部分份额。三峡能源、福能股份、中闽能源、龙源电力、广东粤电能源集团在海上风电投资运营方面也在加快步伐。

风机主要零部件包括叶片、塔架、齿轮箱、发电机、主轴及轴承、铸件等。风电的上游原材料包括玻纤、碳纤维、环氧树脂（用于叶片生产）、钢材、铜、永磁材料（用于发电机制造），制造塔架、塔筒的原材料主要是钢材和水泥等。

整机制造商不仅是机组系统的集成者，有些整机商也生产发电机、叶片等关键部件。风机的供应链较为扁平，整机企业负责风机的研发设计及组装，并根据自身的需求情况与配套合作的零部件供应商签订年度框架采购协议。风机属于非标产品，要根据投资运营商的具体需求进行定制，不同整机企业在风机设计方案以及零部件供应链上存在差异性。风机整机厂商将零部件整合成风电机组，出售给投资运营商。

风电的安装一般由专业的施工承包企业进行。陆上风电的安装技术含量较低，一般建筑施工企业就能承担。海上风电的施工和安装要求较高，要配备专用的船舶和安装平台，这也构成了新的产业需求。

运维方面，风电的运维专业性要求高于光伏，光伏的运维已经模块化，一般是通过检测查找系统和零部件问题，然后进行更换。风电由于机组架设在高空，海上风电还要通过船舶将维护人员送到海上，风电设备构成体系较为复杂，维修更换难度较大。整机制造商一般能提供两年以上的质保，在质保期内由整机商负责维护。过了质保期，投资运营商用自己的专业队伍自行维护，或委托给专业第三方进行维护。

第二节　国际风电产业

一、整机制造

全球风电整机制造行业比较分散，根据全球风能理事会（GWEC）数据，2021 年全球风电 CR5 市场份额占比合计为 53%，三家传统的国外巨头丹麦维斯塔斯、德国 – 西班牙西门子歌美飒、美国通用电气可再生能源的市场占比分别为 15.3%、8.7%、8.4%，国内两家企业金风科技和远景能源分别占比 12.1%、8.5%。2021 年全球主要风电整机制造商市场份额如图 7 – 2 所示。

（一）维斯塔斯（Vestas）

维斯塔斯可以说是现代风电的鼻祖，其总部位于丹麦。维斯塔斯的历史可以追溯到 1898 年，丹麦 22 岁的汉斯·瑟伦·汉森在农业小镇莱姆买下了当地的铁匠作坊，1928 年，汉森开始与其子佩德用这家名为"丹麦斯塔尔温多工业公司"（Dansk Staalvindue Industri）专门为工业建筑制造钢窗框。"二战"结束时，佩德·汉森和包括他父亲在内的几位同事成立了维斯特伊斯克·斯塔尔特克尼公司（VEstjysk STaalteknik a/S），简称维斯塔斯（Vestas），开始制造搅拌机和厨房秤等家用电器。1945—1970 年，维斯塔斯生产过牛奶罐冷却器、液压起重机。1971 年，维斯塔斯吸收了两名黑人铁匠卡尔·埃里

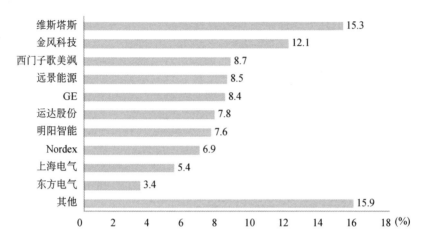

图 7 - 2　2021 年全球主要风电整机制造商市场份额

资料来源：全球风能理事会（GWEC）。

克·约尔根森和亨利克·斯蒂斯达尔正在研发的三叶片风力发电机的成果。1979 年，维斯塔斯出售并安装了其第一台风机，叶片直径 10 米，容量为 30 千瓦。

1980 年，维斯塔斯公司开始大规模生产风机，并向美国出口玻纤叶片风机。1985 年，维斯塔斯推出变桨距叶片风机。经历了 1986 年的财务危机后，公司的大部分股份被出售，成立了一家新公司——维斯塔斯风能系统公司（VestasWind Systems a/S），专注于风能领域。叶片重量的减轻和发电效率的提高，为维斯塔斯赢得了大量的订单，1990 年获得了美国加州风电场 342 台风力发电机的创纪录订单，并开始向其他国家扩张市场。1995 年，维斯塔斯进军海上风电领域，在丹麦建造了海上风力发电场"图诺旋钮"（Tunoe-Knob），这是世界上最早的海上风电场之一，单机容量达到 0.5 兆瓦；1996 年，单机容量达到 1.65 兆瓦，叶片长度 32 米。此后，进军风机运输和安装领域。1999 年，单机容量达到 2 兆瓦，并且可以适应低风速条件。2000 年，维斯塔斯收到了史上最大的风机订单，为西班牙提供 1,800 台风机，这时维斯塔斯的全球市场占有率达到 26%。2001 年，世界上最大的海上风电场——丹麦的角礁项目采用了维斯塔斯的 80 台风机，但因质量问题，这批 V80 型风机被召回维修。2003 年，维斯塔斯推出 V90 型系列风机，最大容量达到 3 兆瓦。2004 年，维斯塔斯与另一家丹麦风机公司尼格麦康（NEGMicon）合并，成为世界最大的风电主机厂商，合并后的全球市场份额达到了 32%。2012

年，维斯塔斯在全球 73 个国家累计安装了 50 吉瓦风机。2015 年，维斯塔斯收购了逆风解决方案公司（Up Wind Solutions）和安伟伦公司（Availon），切入风电运维市场，继续其扩张步伐；2019 年，收购乌托普斯洞察公司（Utopus Insights），开发能源分析平台，向高附加值业务扩展，同年累计安装风机容量达到 100 吉瓦。2021 年 2 月，维斯塔斯推出了全球最大容量的 15 兆瓦风机，叶片长达 115.5 米。现在，维斯塔斯的产品系列已经涵盖了 1.8 兆瓦—15 兆瓦容量、适应各种风速的陆上和海上风机，产品销往全球，并在丹麦、德国、印度、意大利、苏格兰、英格兰、西班牙、中国、瑞典、挪威及澳大利亚等国拥有工厂，成为全球最大的风机生产和服务企业，在全球超过 88 个国家布局了 157 吉瓦以上的风电容量，市场占有率达到 17%[①]。

维斯塔斯 2006 年在中国天津成立叶片工厂，目前在天津、内蒙古和江苏拥有工厂，其中发电机厂、机舱/轮轴厂、叶片厂均在天津。根据维斯塔斯公布的数据，截至 2020 年，维斯塔斯在中国累计安装了 8.4 吉瓦的风机。

（二）西门子歌美飒（Siemens Gamesa）

西门子歌美飒是西门子新能源合并歌美飒公司而建立的，总部位于西班牙维兹卡雅。1976 年，歌美飒以冶金辅助集团（Grupo Auxiliar Metalúrgico）的名义注册成立，致力于工业项目和技术管理。1980 年，柏诺思能源（Bonus Energy，后来被西门子股份公司 Siemens AG 收购）在丹麦布兰德成立。1981 年，柏诺思能源建造了第一台容量 22 千瓦、叶片直径 10 米的风机，并于第二年向美国市场出口了第一台风机。1986 年，歌美飒开始在航空航天领域开展业务。1991 年，柏诺思能源在丹麦温讷比建造了世界上第一座海上风力发电厂，总容量为 4.95 兆瓦。1994 年，歌美飒进入风能领域，第二年在西班牙埃尔皮顿（El Perdón）的山上建设了第一座风力发电场。1999 年，歌美飒的风机累计安装量达到 1 吉瓦。2002 年，歌美飒收购了齿轮箱公司艾启萨（Echesa）、发电机公司坎特雷（Cantarey）、变流器公司埃讷特伦（Enertrón）；同年，柏诺思能源在丹麦奥尔堡的工厂开始制造叶片。2003 年，歌美飒进入新市场，包括德国、意大利、印度、越南、埃及、日本、韩国、中国台湾地区和摩洛哥。

2004 年，西门子收购了柏诺思能源。当时，柏诺思能源在 20 个国家（地

---

① 参见：维斯塔斯公司网站。

区）拥有 3,321 兆瓦的装机容量，市场份额约为 9%。通过收购柏诺思能源，西门子进入了风能行业。2006 年，歌美飒出售了其航空部门，专注于可再生能源业务。2007 年，歌美飒与丹尼尔·阿隆索（Daniel Alonso）集团结成联盟，共同生产塔筒。2007 年，西门子风电公司在美国爱荷华州麦迪逊堡开设新的风机叶片工厂。2008 年，歌美飒在印度开设了第一家工厂。2009 年，西门子风电公司与东能源公司（DONG Energy，现为奥斯特，Oersted）签署了总容量 1,800 兆瓦的有史以来最大的海上风机供应合同。2010 年，歌美飒在巴西建立了工厂。2011 年，西门子风电公司在波罗的海建造了德国第一座商业海上风力发电厂，该发电厂由 21 台风机组成，每台风机的容量为 2.3 兆瓦。2013 年，西门子风电公司从中美洲能源公司获得了有史以来最大的陆上风机订单，共 448 台风机，总容量为 1,050 兆瓦。

2017 年 4 月，陆上风机业务较强的西门子风电和海上风机业务较强的歌美飒完成了风电业务的合并，公司名称为西门子歌美飒，全球总部位于西班牙萨穆迪奥（Zamudio），陆上风电业务总部设在西班牙，海上风电业务总部设在德国汉堡和丹麦瓦埃勒。西门子风电通过吸收歌美飒大大巩固了在可再生能源领域的市场地位。同年，合并后的西门子歌美飒实现新增装机量 8.8 吉瓦，与维斯塔斯并列全球第一。2022 年初，西门子歌美飒陆上风电装机容量突破 100 吉瓦。2022 年，西门子能源（Siemens Energy）宣布自愿现金收购要约，完全收购西门子歌美飒剩余股份。交易完成后，西门子歌美飒从西班牙证券交易所退市，成为西门子能源的全资子公司。

西门子歌美飒在中国的历史可以追溯到 1988 年，浙江省大陈岛安装了被西门子收购之前的柏诺思能源生产的一台风电机组"Bonus55kW"。2005 年，歌美飒在天津设立风机整机制造工厂；2010 年，西门子在上海投产叶片和机舱制造工厂。截至 2021 年，西门子歌美飒在中国安装了超过 4,600 台陆上风电机组，累计装机容量 6.3 吉瓦。此外，还通过与上海电气的合作实现支持海上累计装机容量超过 6 吉瓦。2021 年，西门子歌美飒宣布不再向中国市场出售风机，在华工厂扮演其全球制造枢纽角色。

（三）通用电气可再生能源（GE Renewable Energy）

通用电气风电业务隶属于通用电气可再生能源公司，是通用电气旗下的新能源专业子公司。通用电气的可再生能源布局集中在风电领域，其业务主要是收购而来。

2002 年，安然公司破产后，通用电气通过收购其风电业务打入了风电市场。此后，通用电气通过收购其他公司的风电业务不断发展，不仅在美国风机市场一直占据主导地位，也闯入了全球前列。2010 年，在全球风机制造商新增装机容量排名中，仅次于丹麦维斯塔斯和中国华锐风电，排名第三位。通用电气的主要市场在美国，占据了美国大部分风电市场。在陆上风电领域，通用电气拥有较强的实力。在历年全球风电整机制造商排名榜单中，通用电气始终排名前五。2012 年，通用电气风电甚至超过维斯塔斯名列第一。

2015 年，为了角逐海上风电市场，通用电气瞄准了已经拥有大兆瓦风机及海上风电业务的阿尔斯通。2015 年，通用电气收购阿尔斯通电力及电网业务，顺利获得其在海上风电领域的整机制造能力，并成功接手阿尔斯通的组装基地和全球订单，将业务扩展到欧洲和巴西。截至 2016 年，通用电气在 35 个国家安装了 30,000 多台风机，累计装机量达 50 吉瓦。2017 年，通用电气收购了总部位于丹麦的全球最大独立风机叶片制造商艾尔姆（LM），当年推出了全球最长的 88.4 米风机叶片。2021 年，通用电气在美国新墨西哥州获得了单体最大的陆上风电项目，总容量达 1.05 吉瓦，包括 377 台风电机组，单机容量为 2.3 兆瓦—2.5 兆瓦。几乎同时，通用电气又与风电业主创能集团（Invenergy）公司签署了为美国中北部风电中心提供 1.48 吉瓦的风电机组合同，项目包括三个风电场。通用电气的这一系列大容量订单不仅增强了美国可再生能源的总装机容量，也大幅度增强了通用电气在风电市场上的地位，通用电气可再生能源已连续三年被美国清洁能源协会评为美国顶级风电整机制造商。在全美已安装的陆上风机中，通用电气的风机占全部新增装机容量的 53%，另外有 31% 的在建项目也选择了通用电气。现在，通用电气可再生能源公司是世界领先的整机供应商之一，在全球安装了 49,000 多台风力发电机组。

2006 年，通用电气在中国沈阳建立了第一个风机制造工厂，负责提供在中国市场销售的所有风机。2006 年推出了国内首台 1.5 兆瓦风机，当时亚洲最大的风场——中国江苏如东风场就采用了 100 台该厂生产的风机。2008 年，通用电气在中国风电市场的销售份额已达 20%。2015 年，通用电气向华能电力大理龙泉风电场提供了 55 台单机容量 2.75 兆瓦的机组，总装机容量为 151 兆瓦。通用电气还在上海设立了研发中心，这是该公司四个全球性研发中心之一。通用电气在河南濮阳建设了通用电气亚洲低风速风电设备生产基地，设计并生产专门适用于我国中、东、南部市场独特低风速风况的超高柔性塔低风速机组。2019 年，通用电气在广东揭阳市设立通用电气海上风电机组总装基地，制造其 12 兆瓦海上风电机组。自 2004 年进入中国市场以来，通用电气在中国的装机超过 1,300 台，容量超过 1.9 吉瓦。

（四）恩德（Nordex）

德国恩德公司于 1986 年成立于丹麦的吉维（Give），成立以来公司一直以生产风力发电机为主，位于世界大型风机制造商的前列。1987 年，公司制造了世界上最大的 0.25 兆瓦级风机。1995 年，恩德生产了世界上第一台兆瓦级风机。2000 年，恩德生产了当时世界上容量最大的 2.5 兆瓦风机。同年，公司将总部迁至德国汉堡，并在德国、丹麦、印度、中国、西班牙等地设有研发机构和生产基地。2016 年，恩德收购了阿西恩纳风能公司（Acciona Windpower），成为全球最大的风机制造商之一。

恩德公司自 1995 年开始在中国的业务。1998 年，在西安建立了合资企业进行风机的组装。2003 年，在青岛华威风电场安装了 15 台风机，总容量为 16.35 兆瓦。2006 年底，在银川成立了 1.5 兆瓦风机机舱组装线。2007 年，恩德在东营设立了一个叶片厂。

二、主要零部件产业

（一）塔筒

塔筒采用钢材和混凝土加工制造，体积大、质量重，运输成本高，这决定了这个行业的一个主要特点是以区域市场为主。而且，尽管塔筒在风电建设总成本中比例较高，但不是一个技术壁垒高的行业，因而厂商较为分散，行业集中度较低。

正因为如此，全球范围内塔筒制造商很多，CR5 大约为 30%。大部分第三方塔筒企业主要集中在欧洲、北美、亚洲三个区域。全球最大的制造商是韩国的山重机械（CS Wind）。美国主要的风机塔筒企业包括布劳德风力（Broadwind）、阿卡萨（Arcosa）、温特瓦（Ventower）等，其中阿卡萨规模最大。欧洲塔筒企业包括瓦蒙特（Valmont）、格里（GRI）、温达尔（Windar）等，数量相对较多，并且很多企业规模较小。

（二）叶片

叶片在风电机组中是最重要的部件，结构设计会直接影响到风电机组的发电效率、安全性、使用寿命等，其设计涉及空气动力学、流体力学等专业领域知识及经验，需要相关经验积累。目前，风电叶片主流的材料是玻纤和环氧树脂。碳纤维因其成本高、生产工艺复杂，主要应用在海上风电的大型机组。叶片大型化趋势提高了风电叶片行业的竞争壁垒。叶片长度的不断增加带来了自重增重的问题，对叶片材料、气动结构设计、制作工艺等要求进一步提升。

全球风电叶片是寡头竞争格局。据华经产业研究院数据，产能前十大厂商分别为泰鹏聚能（TPI 复合材料）、通用可再生能源（收购了 LM 的产能）、维斯塔斯、中材科技、时代新材、艾朗风电、西门子歌美飒、中复连众、中科宇能、泰科思技术（Tecsis Technology），年产能均大于 5,000 兆瓦。前十大厂商中国外厂商和国内厂商各五家，产能占比分别约为 57% 和 43%。其中，排名第二的 GE 可再生能源、第三的维斯塔斯、第七的西门子歌美飒是整机制造商，其余均为独立制造商，整机制造商和独立制造商各自占比分别约为 34% 和 66%。十大厂商中的国内厂商都是独立制造商。由此可见，国际整机商倾向于收购独立叶片制造商。截至 2020 年底，全球共有 15 家整机厂仍然有叶片产能。在全球前十大风电整机厂中，除了金风科技和运达股份，都有叶片制造产能。出于专业化和成本考虑，第三方模式越来越占主流地位。

风电叶片总体供大于求，特别是低容量风机的叶片显著过剩。风电叶片供需平衡存在地区性、产品结构性差异。欧洲地区的叶片产能过剩，整机商的自产叶片产能基本可以覆盖本地区的需求，第三方叶片厂商的市场空间较小。北美地区维斯塔斯和西门子歌美飒的自产叶片产能可以满足该地区约 35% 的需求。亚太地区的产能远超需求，行业竞争激烈。

（三）齿轮箱

风轮的转速很低，通常需要依靠齿轮箱来增加转速，但是故障率较高，若风机齿轮箱出现质量问题，更换维修涉及吊装和运输，工程浩大、成本较高，更换维修成本甚至高于齿轮箱本身的价值。风机有三种技术路线，其中齿轮箱是双馈风机的核心部件，而直驱风机不使用齿轮箱，故障率更低。风电齿轮箱成品以锻钢件原材料和球墨铸铁件原材料为主，其零部件还会使用到其他原材料。风电齿轮箱适用于陆上、沿海等各种工况环境，尤其适用于低风速风场。齿轮箱的内部结构如图 7-3 所示。

图 7 - 3　齿轮箱的内部结构

　　风电齿轮箱是风力发电机组中技术含量最高的大部件之一，技术壁垒较高，因此，全球市场集中度特别高。全球三大风电齿轮箱制造商分别为中国高速传动（南高齿）、采埃孚和永能捷，市场份额近似，合计占有 60% 以上的份额，而前五位厂商的市场份额达到 80% 以上。2021 年全球整机及主要零部件制造商市场份额如表 7 - 1 所示。

表 7 - 1　　　　　2021 年全球整机及主要零部件制造商市场份额

	整机	叶片	塔筒	齿轮箱	主轴	轴承
全球市场份额	Vestas 16.24%	LM（GE）20%	Valmont 7.39%	南高齿 24%	金雷股份 24.98%	舍弗勒 29%
	金风科技 12.86%	TPI 15%	海力风电 5.35%	采埃孚 22%	通裕重工 23.32%	SKF 24%
	西门子歌美飒 9.23%	中材科技 13%	天顺风能 5.25%	永能捷 22%		NTN 12%
	远景能源 9.04%	时代新材 10%	Arcosa 4.69%			KOYO 9%
	GE 8.87%	艾朗科技 7%	大金重工 4.42%			Timken 9%
全球 CR5	56.24%	65%	27.29%	>80%	>50%	83%

　　数据来源：全球风能理事会 GWEC。

第三节　中国的风电产业

一、整机行业

中国整机行业集中度较高，据中国风能协会统计，2021 年国内整机厂商约有 17 家，CR5 厂商约占 70%，如图 7 – 4 所示。

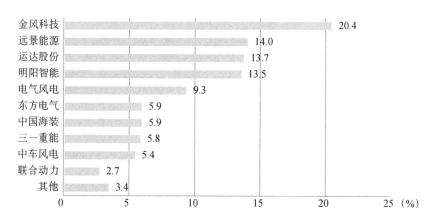

图 7 – 4　2021 年国内风电整机制造商市场份额

数据来源：中国风能协会（CWEA）。

国内前五大厂商是金风科技、远景能源、运达股份、明阳智能、电气风电，其中金风科技也是陆上风电的最大制造商。海风方面，电气风电的市场份额最大，约有 40% 的占比。

近年来，国内主要整机厂的地位稳固，市场集中度稳步上升。由于国内市场结构的特殊性，国内整机厂商的下游客户是大型发电集团，整机商议价能力相对较弱，因此风电整机盈利相对零部件环节偏低。

国内制造商的海外业务占比少。金风科技和明阳智能有产品出口，金风科技的产品已经出口到土耳其、南非、巴西、越南等国。明阳智能海上业务较强，在意大利塔兰托港的第一个欧洲项目已经并网发电，产品也打入了日本市场，并且已经通过收购和合资进入欧洲、韩国市场。

2021 年整机及主要零部件制造商市场份额如表 7 – 2 所示。

表 7 - 2　　　　　　　　2021 年整机及主要零部件制造商市场份额

环节	整机	叶片	塔筒	齿轮箱	主轴	轴承
国内市场份额	金风科技 20.4%	中材科技 30%	海力风电 9.21%	南高齿	金雷股份 24.58%	新强联
	远景能源 14.6%	时代新材 20%	天顺风能 8.74%	德力佳	通裕重工 23%	洛轴
	明阳智能 12.4%	中复连众 15%	大金重工 7.35%	重庆齿轮		瓦轴
	运达股份 12.1%	艾朗科技 4.3%	泰胜风能 6.50%	大连重工		天马
	电气风电 9.9%	天顺风能 4%	天能重工 5.96%	杭齿前进		
国内 CR5	69.40%	73%	37.76%		>40%	

数据来源：中国风能协会（CWEA）。

二、主要零部件

（一）塔筒

受技术含量低、生产工艺简单、进入门槛低和运费成本等因素的共同影响，塔筒行业是风电主要零部件中行业集中度最低的，国内塔筒行业的市场集中度和全球市场基本一致，CR4 都在 30% 左右。随着海上风电装机比例的提高，以及陆上低风速风电的扩展，塔筒将随着单机功率增加、叶片加长而对技术要求不断提高，塔筒行业的集中度将有一定的提升，但仍然较为分散。

据中国风能协会统计，国内规模较大的塔筒厂商包括海力风电、天顺风能、大金重工、泰胜风能、天能重工，其国内市场份额见表 7 - 2。天顺风能和大金重工产能集中于东部沿海，针对的是海上风电和海外市场，需要大型专用码头进行配套。天顺风能是陆风塔筒的主要厂商，大金重工则是海上风电的主要厂商。天能重工和泰胜风能的产能分散于全国。

（二）叶片

中国是全球最大的整机制造中心，也是最大的叶片制造中心。叶片国产化率较高，且集中度相对较高。根据中国风能协会统计，2021 年，全国叶片 CR3 占比 46%，CR5 占比超 64%，整机厂自供比例约 23%。

中国有五家整机制造商，同时也生产叶片，分别为联合动力、明阳智能、东方电气、远景能源和三一电气，产能都不大，合计约有 10 吉瓦。国内独立第三方制造商较多，规模也较大，合计约有 53 吉瓦，分别为中材科技、株洲新时代、中复集团、中科新宇、洛阳双瑞、吉林重通成飞、天顺风能、上海玻钢院。中材科技是最大的叶片生产企业，约占国内 20% 的市场份额。中复集团与中材科技同为中材集团旗下企业，两家公司合计产能占国内 30%[①]。国内整机制造商、独立制造商叶片产能国内、国际排名如表 7 - 3 所示。

表 7 - 3　　国内整机制造商、独立制造商叶片产能国内、国际排名

整机制造商	国内排名	国际排名	独立制造商	国内排名	国际排名
明阳智能	1	3	中材科技	1	3
三一电气	2	6	株洲新时代	2	4
东方电气	3	8	中复集团	3	6
联合动力	4	9	中科新宇	4	7
远景能源	5	10	洛阳双瑞	5	9
			吉林重通成飞	6	10
			天顺风能	7	12
			上海玻钢院	8	13

数据来源：中国风能协会（CWEA）。

拥有海上风电叶片生产能力的企业较少，主要集中在中国。国外厂商中只有维斯塔斯、西门子歌美飒以及通用电气有海风叶片产品。国内上述独立制造商都有海上风电叶片生产能力。

（三）齿轮箱

齿轮箱不仅在机组中费用占比较高，也是故障率较高的零部件，必须质量可靠、稳定。风电机组齿轮箱轴承特别是高速端轴承制造，过去一直由国外企业垄断。

齿轮箱的性能、质量对于风机的影响极大，整机厂倾向于自主研发齿轮箱的结构，再外采齿轮、轴承等配件进行自主装配。因此，虽然齿轮箱行业集中度高，但专业齿轮箱制造商在产业链中并没有优势，最大的齿轮箱制造商中国高速传动（南高齿集团）的毛利率在风电零部件中反而最低。由于国

————————————

① 参见：华经产业研究院。

内风电齿轮箱产能过剩，市场竞争激烈。

瓦轴集团在国内率先自主研发了风电齿轮箱全系列轴承，填补了国内空白并主导制定了风电机组齿轮箱轴承国家标准。南高齿集团目前是全球最大的齿轮箱制造商，拥有主齿轮箱和偏航齿轮箱产品，产品系列覆盖1.5兆瓦—11兆瓦，不仅有产品出口，还在境外建立了生产厂。

除南高齿之外，国内还有重庆齿轮箱、杭州前进、德力佳、湖南南方宇航、中车等十多家规模化的风电齿轮箱制造商，主要集中在6兆瓦以下产品，市场份额较小。

（四）轴承

风电发电机用轴承包括偏航轴承、变桨轴承、主轴轴承、变速箱轴承、发电机轴承。每台风力发电机组用偏航轴承1套、变桨轴承3套、发电机轴承3套、主轴轴承2套，共计9套。轴承在发电机组中属于核心零部件，特别是主轴承，需要承担整个风机的巨大震动冲击，在海上风电机组中还需要具有防腐防潮功能，对寿命同样存在要求，所以其技术复杂度较高，存在比较高的技术壁垒。

我国轴承行业大而不强，国内高端轴承产品主要依赖进口市场，出口轴承多为中低端产品。风电轴承是国产化程度最低的风电零部件，轴承市场被海外厂商高度垄断，德国舍弗勒（Schaeffler）、瑞典斯凯孚（SKF）、日本恩梯恩（NTN）、日本光洋精工（KOYO）、美国蒂姆肯（Timken）这五家轴承集团占据了全球83%的市场份额，国内企业市场份额不到10%，并且主要集中于中低端市场[①]。根据中国轴承工业协会统计，截至2020年，我国风电主轴承、齿轮箱轴承国产化率分别仅为33%、0.58%，高端市场仍然主要是国外厂商占领。我国风电轴承行业龙头瓦轴、洛轴都是国有企业，民营企业中的新强联实力较强。

三、运维行业

风电运维的专业性高于光伏，后期运维费用也高于光伏。目前，风电场运维主要依靠现场工作人员进行检查及预判机组故障，从而排除安全隐患。受限于风电场选址往往较偏僻等因素影响，运维成本相对较高。风电的运维

---

① 参见：泛能源大数据与战略研究中心（http：//eebd. qibebt. ac. cn/index）。

格局是，风电设备在安装调试运行后，设备制造商或其指定的运维服务商提供二年或以上的质保服务。出质保期后，业主自行运维或委托第三方运维。因此，风电运维市场主体包括风电整机厂、风电业主及第三方运维企业。

随着风电行业的快速发展，风电场逐渐出现大量出质保期的设备需要维修、设备运行环境需要升级等情况，催生了风电运维专业化服务行业的出现。2022 年，国内从事运维的企业多达 2,200 多家。从我国风电运维企业格局看，风电业主、风电制造商运维仍占据主要市场份额，另外，随着质保期外市场需求的增长，风电场开发商出于成本等因素考虑，第三方市场份额将不断扩大。

运维成本占度电成本的比重在 10%—30%。由于风机成本的绝对值下降空间趋小，对于度电成本的下降来说，运维成本的下降已比风机成本的下降影响更大。

第四节　风电的投资成本与发电成本

一、风电的投资成本构成

风电的投资包括设备购置费、建筑安装费、接入费等项目。

因为建设条件和设备的差异，陆上风电和海上风电的成本结构有较大差异，因此需要分开计算。

根据华经产业研究院数据，单就风机本身而言，叶片约占 23%—25%，齿轮箱约占 13%，发电机约占 8%—9%，铸件（轮毂、底座、定子主轴、行星架等）约占 6%，变流器约占 5%，这些约占机组成本的 50%—55%。陆上风机成本在风电发电的系统整体中约占 50%—60%，塔筒约占 15%，两者合计约占 65%—75%。土建工程约占 10%，安装费用约占 6%，接入费用约占 5%，其他约占 4%。海上风电的风机成本和塔筒成本通常合并计算，合计约占 45%，比陆上风电的占比低很多。与此同时，海上风电的桩基础和海缆成本占较大比重，分别约占 25% 和 20%，其他费用约占 8%。从单位成本看，海上风电的装机成本约为陆上风电的 3 倍，除了设备要求、建筑施工环境不同以外，还因为陆上风电的施工比较成熟，成本相对较低，而海上风电正在兴起，各方面均不太成熟，因而成本还比较高。以 2020 年为例，陆上风电每千瓦的成本约为 5,000 元—6,500 元，而海上风电则要达到 15,000 元—17,000 元。

二、风电发电成本

根据国际可再生能源署（IRENA）公布的 2020 年全球平准化度电成本（LCOE）数据，海上风电、陆上风电、光伏度电成本在 2010 年至 2020 年间分别下降了 48%、56%、85%。根据各国市场成熟度、资源可用性、项目特征、当地融资条件和劳动力成本，各国风电和光伏度电成本有所不同。截至 2020 年，海上风电、陆上风电、光伏的度电成本约在 0.54 元/千瓦时、0.25 元/千瓦时、0.37 元/千瓦时。中国陆上风电平均度电成本位于世界前列，2020 年为 0.24 元/千瓦时。最低的是巴西在 2022 年已经达到 0.13 元/千瓦时—0.14 元/千瓦时。与此相比，智利的跟踪式光伏发电项目是 0.15 元/千瓦时，丹麦海上风电场的 LCOE 则为 0.40 元/千瓦时。

根据中国风能协会预测，风电的发电成本还有一定的下降空间。到 2025 年，中国陆上风电在高、中、低风速地区将分别达到 0.1 元/千瓦时、0.2 元/千瓦时和 0.3 元/千瓦时；近海风电和远海风电将分别达到 0.4 元/千瓦时和 0.5 元/千瓦时。

第八章　生物质能与其他新能源的开发应用

第一节　生物质能的开发应用

一、生物质能及其作用

生物质是地球上广泛存在的物质，它包括所有动物、植物和微生物，以及由这些有生命物质派生、排泄和代谢的许多有机质。各种生物质都具有一定的能量。生物质能（Biomass Energy）本质上是太阳能以化学能形式贮存在生物质中的，以生物质为载体、由生物质产生的能量。生物质能直接或间接地来源于绿色植物的光合作用，每年经光合作用产生的物质 1,730 亿吨，地球上的植物进行光合作用所产生的能量，占太阳照射到地球总辐射量的 0.2%。这个比例虽不大，但绝对值很惊人，它是目前人类能源消费总量的 40 倍，但目前的利用率还不到 3%。植物通过光合作用吸收碳，可转化为常规的固态、液态及气态燃料，它是唯一一种可再生的碳源。碳在燃烧过程中被排放到大气中，这使生物质能源成为一种接近零排放的燃料，即"零碳"燃料。所谓"零碳"，是指生物质能源在利用后产生的二氧化碳，如果被植物进行光合作用而吸收，同时产生氧气，可以实现循环和平衡，不额外增加碳的排放。

生物质能源是能源转型中脱碳的重要支柱。生物质能源的使用环境和行业具有灵活性，包括从家庭和工厂中燃烧的固体生物能源和气体生物能源，到汽车、船舶和飞机中使用的液体生物燃料。此外，它通常可以利用现有的基础设施，例如，生物甲烷可以使用现有的天然气管道和最终用户设备，而许多液体生物燃料可以使用现有的加油站网络，只需稍作改动即可用于车辆加注。

现代生物能源是可再生能源的一个重要来源，近年来，用于电力和交通生物燃料的生物能源增长迅速，但供暖仍然是生物质能源的最大用途。

二、生物质能的来源

（一）植物资源

植物资源包括林业生物质能资源和农业生物质能资源。林业生物质资源包括木柴、树枝、树叶和木屑等，以及木材采运和加工过程中的树皮、锯末、木屑、碎料等，还包括林业副产品的废弃物，如果壳和果核等。农业生物质能资源是指农业作物（包括能源作物，如用于生产燃料乙醇的玉米）；农业生产过程中的废弃物，如秸秆（玉米秸、高粱秸、麦秸、稻草、豆秸和棉秆等）、藤蔓；农业加工业的废弃物，如稻壳、甘蔗渣等。

（二）畜禽粪便

畜禽排泄物的总称。它是其他形态生物质（主要是粮食、农作物秸秆和牧草等）的转化形式，包括畜禽排出的粪便、尿及其与垫草的混合物。牲畜的粪便经干燥可直接燃烧供应热能。若将粪便经过厌氧处理，可产生甲烷和肥料。

（三）沼气

沼气是有机物质在厌氧条件下，经过微生物的发酵作用而生成的一种混合气体，主要成分是甲烷（CH_4）。人类发现、利用沼气有悠久的历史。由于这种气体产生于沼泽地，故俗称"沼气"。现代沼气主要是人畜粪便、秸秆、污水等各种有机物在密闭的沼气池内，在厌氧条件下经微生物分解发酵转化而来。在农村地区，沼气被用于照明和做饭。在垃圾填埋场，自然状态下发酵产生的甲烷被收集起来用于发电。

（四）城市垃圾

城市固体垃圾主要是由城镇居民生活垃圾，商业、服务业垃圾和少量建筑业垃圾等固体废物构成。主要成分包括纸屑（占40%）、纺织废料（占20%）和废弃食物（占20%）等。将城市垃圾直接燃烧可产生热能，或是经过热分解处理制成燃料使用。

（五）城市污水

生活污水主要由城镇居民生活、商业和服务业的各种排水组成，如冷却水、洗浴排水、盥洗排水、洗衣排水、厨房排水、粪便污水等。工业有机废水主要是酒精、酿酒、制糖、食品、制药、造纸及屠宰等行业生产过程中排出的废水以及下水道污泥，都富含有机物。

2019 年，全球生物质能供应量为 56.51 艾焦。85% 的供应来自固体生物质源。液体生物燃料占 8%，工业废弃物占 2%，城市废弃物占 2%—3%，生物气体 2%（见图 8 - 1）。表 8 - 1 为 2019 年各大洲生物质能来源/利用形式。

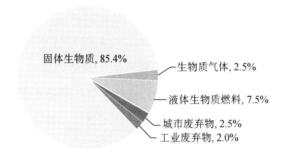

图 8 - 1　2019 年全球生物质能供应的来源/利用形式比例

数据来源：世界生物质能协会（WBA）。

表 8 - 1　　　　　　　　2019 年各大洲生物质能来源/利用形式　　　　　单位：艾焦

地区 \ 来源/利用形式	城市废弃物	工业废弃物	固体生物质	生物质气体	液体生物质燃料	合计
非洲	—	—	16.00	—	—	16.00
美洲	0.29	0.07	8.05	0.19	3.00	11.60
亚洲	0.20	0.55	19.30	0.50	0.62	21.17
欧洲	0.92	0.52	4.70	0.72	0.63	7.49
大洋洲	—	—	0.22	0.02	0.01	0.25
合计	1.41	1.14	48.27	1.43	4.26	56.51

数据来源：世界生物质能协会（WBA）。

三、现代生物质能源的转化利用

使用生物质做饭和取暖，使用低效的明火或简单的炉灶等，属于传统生物质能的利用，它对人类健康和环境产生负面影响。现代生物质能源是指通过热化学转换和生物转换、可以清洁应用的生物质能源形式，主要包括沼气利用、生物燃料、发电等。

（一）沼气的现代化利用

1781 年，法国科学家穆拉发明人工沼气发生器，实现人工干预产生沼气。

目前，全世界约有农村家用沼气池530万个，其中中国约占92%[①]。农村沼气池的主要填料是猪粪、秸秆、污泥和水等。随着农村沼气使用的日益推广和大型厌氧工程技术的进步，90年代以来，世界范围内的一些大型沼气工程有了迅速发展，沼气的利用进入了现代化阶段。

（二）生物质汽化和液化

将固体生物质转化为气体燃料，称为生物质汽化。其基本原理是含碳物质在不充分氧化（燃烧）的情况下，会产生出可燃的一氧化碳气体，即煤气。生物质液化是将固体生物质转化为燃料，包括间接液化和直接液化两种。间接液化是指通过微生物作用或化学合成方法生成液体燃料，如乙醇（酒精）、甲醇；直接液化则是采用机械方法，用压榨或提取等工艺获得可燃烧的油品，如棉籽油等植物油，经提炼成为可替代柴油的燃料。

（三）生物质热裂解

生物质热裂解是将木屑等废弃物的生物质转化为高品质的易储存、易运输、能量密度高且使用方便的代用液体燃料（生物油），其品质接近于柴油或汽油等常规燃料，还可以从中提取具有商业价值的化工产品。在缺氧的条件下，生物质原料被快速加热到较高反应温度，大分子发生分解产生小分子气体和可凝性挥发分以及少量焦炭产物。可凝性挥发分被快速冷却成可流动的液体，称之为生物油或焦油。相比于常规的化石燃料，生物油所含的硫、氮等有害成分极其微小。

（四）生物质发电

生物质发电是以生物质及其加工转化成的固体、液体、气体为燃料的热力发电。生物质直接燃烧发电是最简单也最直接的方法，但是由于生物燃料密度较低，其燃料效率和发热量都不如化石燃料，因此通常应用于有大量工、农、林业生物废弃物需要处理的场所，并且大多与化石燃料混合或互补燃烧。在发达国家，生物质燃烧发电占可再生能源（不含水电）发电量的70%。我国生物质发电也具有一定的规模，主要集中在南方地区，许多糖厂利用甘蔗渣发电。城市垃圾和沼气都可以通过燃烧的方式来发电。

四、利用生物质能的意义

发展生物质能意义重大，它对于环境保护、减碳和乡村振兴战略都有着

---

① 刀永思：《农村能源沼气池的使命探索》，《科技研究》2021年第4期。

重要的影响。目前，生物质能在我国可再生能源消费总量中占比不到 10%。

生物质能中来自城乡生产生活中废弃垃圾的比重较高，对这些废弃物进行无害化、减量化处理和资源化利用，是从源头根治废弃物"五乱"（乱堆、乱扔、乱排、乱烧、乱埋）的主要途径，也是我国生态文明建设的重要内容。

生物质能取暖成本最接近燃煤，在生物质富集地区，生物质能取暖成本甚至低于用煤成本。同时，农村地区还可就地取材，利用秸秆、畜禽粪污和有机生活垃圾，以产业化项目为依托，通过厌氧发酵生产沼气及生物天然气，解决农村生产生活中气源不足和用气成本高昂问题，也有助于减少二氧化硫、氮氧化物排放。

有机废弃物（秸秆、畜禽粪污、厨余果蔬垃圾等）厌氧发酵后的沼渣、沼液是天然优质有机肥，沼渣沼液返田后，还能增加土地养分，改善土壤结构，增强土壤的固水、固氮、固碳能力。废弃物有效利用有利于改善农村生产生活环境，形成新时代农村绿色低碳循环可持续发展模式，促进社会主义新农村和新型城镇化建设，为实现我国农业现代化不断注入绿色动能。

五、生物质能的利用状况

（一）全球生物质能利用状况

根据国际可再生能源理事会统计，2021 年，现代生物质能在全球能源消费中的比重仅为 0.7%，在可再生能源装机量中的比重一直在 5% 左右。从 2011 年以来，生物质能的开发利用比较缓慢。2011—2020 年全球生物质能发电累计装机量和发电量如图 8 - 2 所示。

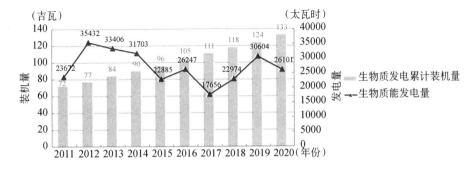

图 8 - 2　2011—2020 年全球生物质能发电累计装机量和发电量

数据来源：国际可再生能源理事会（IRENA）。

由于生物质能能量密度低，分布分散，因而利用生物质能的运输成本、生产成本高，导致其发展不及太阳能和风能。与太阳能和风能已经可以平价上网不同的是，生物质能利用还需要补贴，仅 2021 年中国中央财政的补贴就达到 25 亿元。这也导致它的发展受限。

（二）中国生物质能利用状况

我国主要生物质资源年生产量约 35 亿吨，实现能源化利用的量约 5 亿吨①。根据国家能源局统计数据，截至 2021 年底，全国可再生能源发电累计装机容量 1,063 吉瓦。其中，生物质发电累计并网装机 37.98 吉瓦，占全国总发电装机容量的 1.6%；生物质发电量 1,637 亿千瓦时，占全部发电量的 2%，占可再生能源发电量的 6.6%。垃圾焚烧是生物质能发电的大头，约占 52%，第二位的是农林生物质发电，约占 45%，沼气约占 3%。2012—2021 年中国生物质能发电累计装机量和发电量如图 8 – 3 所示。

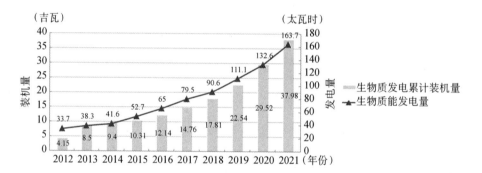

图 8 – 3　2012—2021 年中国生物质能发电累计装机量和发电量

数据来源：中国国家能源局。

生物质发电项目对政府补贴依赖较大，近几年垃圾焚烧装机增速较快，由于投资回收周期较长，中央和地方给予较多补贴资金。垃圾焚烧运营收入主要来自于上网电费（向电网收取）和垃圾处理费（向政府收取），上网电费一般占比 70%—80%，垃圾处理费一般占比 20%—30%。

生物质能发电未来还有一定的发展空间。根据中国工程院研究，预计到 2030 年，我国生物质发电总装机容量达到 52 吉瓦，提供的清洁电力超过 3,300 亿千瓦时（相当于 2021 年光伏发电量），碳减排量超过 2.3 亿吨。到

---

① 参见：环卫科技网（https://www.cn – hw.net/news/202108/12/79843.html）。

2060 年实现碳中和时，总装机容量可能达到 100 吉瓦，提供的清洁电力超过 6,600 亿千瓦时，碳减排量超过 4.6 亿吨。

21 世纪以来，在农产品进口环境相对宽松的时期，我国也发展了粮食生物质燃料，主要是种植玉米发酵制取乙醇，作为汽油添加剂使用。现在看来，不仅是出于粮食安全要求，还是节约水资源要求，乙醇汽油的发展方向都是不可取的。

（三）世界主要生物质能利用大国的状况

1. 巴西

巴西除了是世界光伏产业推广较为积极的国家，也是乙醇汽油开发最主要的国家之一，是目前世界上唯一不供应纯汽油的国家。巴西是世界上最大的乙醇生产国和消费国之一，在产量方面仅次于美国，在消费方面位仅次于美国和德国列第三。巴西 1975 年开始实施世界上最大的乙醇利用计划。根据巴西蔗糖行业协会（Unica）统计，2021 年巴西乙醇产量超过 3,200 万立方米。巴西是全球最大食糖生产、出口国，超过一半的甘蔗用于生产乙醇，另一个主要来源是玉米。

2. 美国

美国是世界第一大乙醇生产国和使用国，其酒精燃料工业是建立在从玉米中提取乙醇的基础上，产量约 5,000 万立方米，占燃料油总销售量的 10%，约有 1 亿辆机动车使用乙醇汽油[①]。美国计划在 2020 年使生物质能耗达到总能耗的 25%，到 2050 年达总能耗的 50%。

3. 欧洲国家

欧洲，特别是欧盟，生物质能利用较多。根据世界生物质能协会统计，目前生物质能已成为欧盟最重要的可再生能源之一，占欧盟终端能源需求的 12%，法国、瑞典、德国、芬兰、荷兰、丹麦等是生物质能消费量较大的国家。来自林业资源的生物质能占 70% 左右，农业资源占 18% 左右，城市废弃物资源占 12% 左右，电厂和家庭取暖、炉灶使用各占一半左右。近年来，欧盟先后出台了《2020 欧洲气候和能源一揽子计划》和《2030 欧洲气候和能源政策框架》，制定可再生能源使用比例升高、化石能源消耗量降低、温室气体排放量降低等具体目标，持续推进可再生能源应用。此外，欧洲议会和欧盟

---

① 官巧燕、廖福霖、罗栋：《国内外生物质能发展综述》，《农机化研究》2007 年第 11 期。

理事会还通过修订《可再生能源指令》和《生物能源可持续性影响评估》，进一步推进欧盟生产、利用生物质能。

第二节　氢能的开发应用

一、氢能及其特征

化学元素氢在元素周期表中位于第一位，原子序数为 1，是所有原子中最小的。氢不仅是宇宙起源的初始物质，也是现在宇宙中分布最广泛的物质，构成了宇宙质量的 75%。氢是密度最小的物质，在标准大气压下每升氢气只有 0.0899 克，是同体积空气质量的 1/29。在 −252.7℃ 时，氢的形态为液体，在数百个大气压下，液氢可变为固体氢。氢虽然是非金属元素，但具有金属元素的某些特征。

氢单质形态是氢气，氢在地球上主要以化合态的形式出现，无色无味，极易燃烧。氢具有高挥发性、高能量，是能源载体和燃料，燃烧热值 142,351 千焦/千克，是汽油的 3 倍，酒精的 3.9 倍，焦炭的 4.5 倍。氢燃烧的产物是水，是最清洁的能源。所有气体中，氢气的导热性最好，比大多数气体的导热系数高出 10 倍，因此在能源工业中氢是很好的传热载体。除了作为燃料，氢还是极其重要的化工原料，氢气与其他物质一起用来制造氨水和化肥，同时也应用到汽油精炼工艺、玻璃磨光、黄金焊接、气象气球探测及食品工业中。氢可以以气态、液态或固态的氢化物出现，能适应贮运及各种应用环境的不同要求。氢能利用形式多，既可以通过燃烧产生热能，在热力发动机中产生机械功，又可以作为能源材料用于燃料电池，或转换成固态氢用作结构材料。用氢代替煤和石油，不需对现有的技术装备作重大的改造，现有的内燃机稍加改装即可使用。

氢能产业链可以简单分为氢制取、氢储运、氢能应用三个环节。

二、氢的制取

利用氢能必须制备氢能和储运氢能。制氢技术包括化石能源制氢、工业副产氢、电解水制氢三种已经可以产业化的主要方式。

（一）化石能源制氢

化石能源制氢是指利用煤炭、石油和天然气等化石燃料，通过化学热解或者气化生成氢气。化石能源制氢技术路线成熟，成本相对低廉，是目前氢气最主要的来源方式，但在氢气生产过程中也会产生大量的二氧化碳。

1. 煤制氢

煤制氢的主要工艺是将煤与氧气或蒸汽混合，在高温下通过催化剂产生化学反应生成氢气和碳氧化物。煤制氢历史悠久，技术成熟，是目前最经济的大规模制氢技术。但过程中有大量的二氧化碳和硫化物排放，是污染最大的制氢工艺。

2. 甲醇制氢

甲醇的分子式为 CH_3OH，主要来源于煤化工。甲醇与水蒸气在一定的温度、压力条件下，通过催化剂发生甲醇裂解反应和一氧化碳的变换反应，生成氢和二氧化碳。甲醇制氢反应温度低，氢气易分离，但成本较高。

3. 甲烷制氢

甲烷在所有碳氢化合物中具有最高的氢元素占比。甲烷制氢的主要工艺是甲烷与水蒸气在高温高压下通过催化剂产生化学反应，生成氢气和碳氧化物。以天然气为原料的甲烷制氢方法具有高制氢效率、最低的碳排放量、适用于大规模工业产氢等优点。

（二）工业副产氢

氯碱工业、煤焦化工业等生产过程中都会产生大量的副产氢气，但氢气纯度不高。

1. 氯碱工业副产氢

电解饱和氯化钠溶液可以制取烧碱（NaOH）和氯气，同时得到纯度98.5%的副产品氢气，成本接近于煤炭、天然气等化石能源制氢，但二氧化碳排放较低。

2. 焦炉气副产氢

焦煤炼焦产生的焦炉气混合气体中，氢气含量约为55%—60%、甲烷含量约23%—27%，还有少量一氧化碳、二氧化碳等。炼焦厂从焦炉煤气中分离获取高纯度氢气，甲烷还可以继续应用。焦炉气直接分离氢气成本相对较低。

3. 石化副产氢

炼油、乙烯生产中得到的副产品氢气占比高、杂质含量低，成本较低。

（三）电解水制氢

电解水制氢是在直流电作用下将水进行分解进而产生氢气和氧气，电解池阴极产氢气，阳极产氧气，氢气进入氢/水分离器，氧气排入大气。电解水生成的氢纯度最高，没有污染物排放，但电力消耗最大，制氢成本也是最高的。电解水制氢的关键设备是电解槽，目前国内电解槽生产技术成熟，但规模还不大。

通过化石能源、工业副产品等生产的氢气被称为"灰氢"，制取"灰氢"有大量的二氧化碳排放。"灰氢"制氢技术简单，生产成本较低。目前，"灰氢"是最主要的氢气来源，占全球氢气产量的95%以上。"灰氢"中约70%来自于化石燃料的燃烧，剩余的30%是工业加工的副产品。"灰氢"主要应用于内部需求，即直接用于氢气生产站点。

在制取"灰氢"时，如果将二氧化碳捕获、利用和封存（CCUS），得到的氢气就被称为"蓝氢"。"蓝氢"与"灰氢"相比减少了90%的碳排放，但CCUS技术要求非常高，因此"蓝氢"的发展受到较大制约。

"绿氢"是通过使用可再生能源（如太阳能、风能、核能等）制造的氢气，即通过可再生能源发电进行电解水制氢，在生产"绿氢"的过程中基本没有碳排放，因此这种类型的氢气也被称为"零碳氢"。

虽然氢能具有较高的利用效率，使用环节无污染，但是现阶段氢的制取方式，不是碳排放和其他污染物较多，就是成本较高，这也是制约氢能像太阳能和风能一样大规模快速发展的重要因素。

三、氢储运

储运环节是高效利用氢能的关键，是影响氢能向大规模方向发展的重要环节。氢在常温常压下为气态，且是密度最轻的气体，尽管它的能量密度最高，但体积密度却相对较低，因此，氢作为能源的储运也和其他能源的储运方式很不一样。

氢的储运技术可分为物理储运和化学储运两大类别。

（一）物理储运

物理储运方式包括高压气态、低温液化、管道、物理吸附等。

高压气态储氢技术是目前我国最常用的储氢技术，是一种最简单、直接的储存方式，通过高压将氢气压缩到耐高压的容器中。该方式存储能耗低、充放氢速度快、技术相对成熟、可以常温操作，且成本较低，是较为成熟的储氢方案。但因为高压而存在安全性问题，高压瓶体积庞大，而且容器要耐高压就必须做得非常厚重，这些因素都导致氢储运成本远高于其他传统能源，应用场景主要是制氢厂、加氢站或化工厂等地，以及不超过 500 千米的短距离、用量不大、用户分散的氢气需求地。长管拖车输氢是当前较为成熟的高压气态氢运输方式。国际上已有厂商采用 45 兆帕—55 兆帕的氢气瓶组进行氢气运输。国内目前只有 20 兆帕钢制高压长管拖车和瓶组，储氢密度低，未来将以 30 兆帕及以上的高压力等级为主。开发耐高压、质量轻、成本低的储氢罐材料是高压储氢发展的关键。

低温液化储氢是指在低温高压条件下，先将氢气液化，然后储存在低温绝热真空容器中。氢的体积能量很高，液氢密度为 70.78 千克/立方米，是标准大气压下氢气密度的近 850 倍。低温液化储氢具有质量密度高、储存容器体积小等优点，适合远距离、大容量输送，可以采用液氢罐车或者专用液氢驳船运输，采用液氢输运可以提高加氢站单站供应能力。目前，国内液氢技术主要应用在航天领域，民用领域尚处于起步阶段，氢液化系统的核心设备仍然依赖于进口。日本、美国已经将液氢罐车作为加氢站运氢的重要方式之一。液化氢气需要消耗较大的冷却能量，从而提高了储氢与放氢的成本。另外，液态储氢需要储存容器能耐低温且具有良好的绝热性能，以避免氢气的挥发。故降低液化与放氢的成本、研制耐低温且高度绝热的容器是低温液态储氢待解决的问题。

管道储运氢气可以分为纯氢管道运输和利用现有天然气管道掺氢运输两种模式。低压纯氢管道适合大规模、长距离的运氢方式。将氢气掺混入天然气管道网络也被视为可行的氢气运输解决方案。输氢管道在全球已建成约 5,000 千米，其中约 85% 分布在美国和欧洲。我国输氢管道总长约 400 千米，分布在环渤海湾、长三角、中原等地，输氢管道较短、设计压力较低，未来需要发展高压的长输管道，以实现大规模输氢[①]。

物理吸附储氢主要是利用多孔材料储存氢气。物理吸附储氢材料主要包

---

① 邹才能：《氢能工业现状、技术进展、挑战及前景》，《天然气工业》2022 年第 4 期。

括碳基储氢材料、无机多孔材料、金属有机骨架（MOF）材料、共价有机化合物（COF）材料等，氢分子一般会吸附在多孔材料的孔道表面，材料的比表面积越大，其储氢量也越大。目前，根据物理吸附作用而研制的材料有碳基材料、沸石分子筛、金属有机框架材料以及高分子聚合物等多孔材料。物理吸附储氢方式的优点是吸氢和放氢速率较快、物理吸附活化能较小、氢气吸附量仅受储氢材料物理结构的影响；缺点是储氢量极低，且吸附材料制备成本高，氢气很容易逃离储氢材料而造成储氢量降低。

（二）化学储运

化学储氢的原理是氢原子与储氢材料发生化学反应而形成稳定氢化物来实现氢气的存储。化学储氢包括固态金属氢化物储氢和非金属氢化物储氢。前者是使氢气与能够氢化的金属或合金相化合，以固体金属氢化物的形式储存起来，如镍基、铁基和镁基等合金，是可逆储存；后者是将氢储存在有较高储氢能力的化合物中，如甲烷、氨或不饱和烃等，以备分解使用，是不可逆储存。

1. 固态金属氢化物储氢

固态金属氢化物储运氢是利用储氢合金在一定温度和压力条件下的可逆吸/放氢反应来实现氢气储运。储氢合金有镁系储氢合金、铁系储氢合金、镧镍稀土系储氢合金、钛系储氢合金、锆系储氢合金等。氢气先在其表面催化分解为氢原子，氢原子再扩散进入材料晶格内部空隙中，以原子状态储存于金属结晶点内，形成金属氢化物，该反应过程可逆，从而实现了氢气的吸、放。单位体积的金属可以储存常温常压下近千体积的氢气，体积密度甚至优于液氢，因此金属储氢成为热门发展趋势。金属氢化物具有储氢体积密度大、安全、氢气纯度高、操作容易、运输方便、成本较低等优势。国内金属氢化物储氢应用较少，主要应用在潜艇、核电站、发电站、加氢站、便携式测试设备等领域。未来的产业化重点是提高金属氢化物的储氢量，降低材料成本，提高金属氢化物的可循环性。

2. 非金属氢化物储氢

（1）液氨储运氢。氨作为全球大量生产的基础化工产品，非常适合作为氢气的载体。氢与氮气在催化剂作用下合成液氨，液氨在常压、约400℃下分解并释放氢。液氨的氢体积密度是液化氢本身的 1.5 倍，因此较之于液氢，同等体积的氨可以输送更多的氢。相比于低温液态储氢技术要求的极低氢液化温度－253℃，氨在一个大气压下的液化温度为－33℃，"氢—氨—氢"方式耗能、实现难度及运输难度相对更低。在常规的氨运输中，通常选择冷却和加压存储的组合。液氨储氢技术在长距离氢能储运中有一定优势。澳大利亚利用光伏和天然气资源，将电解水制取的"绿氢"和天然气制取的"蓝氢"液化成氨，运输到日本、韩国。但是液氨具有较强的腐蚀性与毒性，储运过程中对设备、人体、环境均有潜在风险。合成氨工艺虽然十分成熟，但氨用作氢载体时，其总转化效率比其他技术路线要低，因为氢必须首先经化学反应转换为氨，并在使用地点重新转化为氢，两次转化过程的总体效率约为35%，与液化氢30%—33%的转化效率基本接近①。

（2）有机储氢。有机储氢材料通常为液态，也被称为液态有机储氢载体，常用的有机材料包括甲苯、乙基咔唑、二苄基甲苯等。有机液态储氢是通过加氢反应将氢气与芳香族有机化合物固定，形成分子内结合有氢的饱和环状化合物，从而可在常温和常压下，以液态形式进行储存和运输，在使用地点在催化剂作用下通过脱氢反应提取氢气。有机储氢利用有机化合物可逆的加氢与脱氢反应来实现氢气的存储与释放，储氢密度达到 50 克/升，这种方式的优点是可在常温常压下以液态输运，储运过程安全、高效，可使用储罐、槽车、管道等已有的油品储运设施，同时还具有可多次循环使用等优点，适合大规模储能、长距离运输氢，但目前还存在着脱氢能耗大、脱氢技术复杂、高效低成本脱氢催化剂技术水平低等瓶颈有待于突破。

氢气的储运成本是制约氢能利用的重要因素之一，随着运输距离的增加，成本也必然随之增加。目前，氢气主要是自产自用，如在靠近炼油厂、化肥厂等用氢的地方生产氢气。未来以可再生能源为基础的氢能产业将依赖于大规模的氢储运技术。高压气态运输氢气是成本最高的运输方式，而管道长距离大输量运输氢气则是成本最低的运输方式。液态有机化合物储氢载体和管道、液氨与液氢储氢成本均相当，但液态有机储氢载体和液氨在终端转化为气态氢也还需要一定的成本。未来，随着氢气需求量的增加、技术的突破和基础设施的完善，氢气的储运成本才有可能进一步降低。

四、氢能的应用

氢能的开发利用是更快实现碳中和目标、保障国家能源安全、实现低

---

① 邹才能：《氢能工业现状、技术进展、挑战及前景》，《天然气工业》2022 年第 4 期。

碳转型的重要途径之一。氢能目前主要应用在能源、钢铁冶金、石油化工等领域，随着顶层政策设计和氢能产业技术的快速发展，氢能的应用领域将呈现多元化拓展，在储能、燃料、化工、钢铁冶金等领域的应用必将越来越广泛。

（一）氢储能

化石能源和电能都能转化为氢能储存起来再利用，但化石能源转化为氢能并不降低碳排放，因而不是氢储能的有效途径。只有可再生能源产生的电能转化为氢能，才是真正的绿色能源。从氢储能与其他储能的比较上来看，电化学储能的容量是兆瓦级，储能时间是 1 天以内；抽水蓄能容量是吉瓦级，储能时间是 1 周至 1 个月；氢储能的容量是太瓦级，时间可以达到 1 年以上。氢储能可以做到跨区域长距离储能，而且从能量转换上看，氢能不仅可以转换为电能，还可以转换为热能、化学能等多种形式的能源。氢能兼具安全性、灵活性和规模性特质，无论是从能量维度、时间维度还是从空间维度看，氢储能都是潜力最大的储能方式。

从长期来看，受电价成本下降影响，高效、清洁地利用可再生能源发电的电解水制氢技术有望成为未来供氢的主流路线。风电和光电随机性、波动性大，难以大规模地为负载提供持续稳定的电力供应，利用其电解水制氢是较为理想的储能方式。利用电解水制氢，将间歇波动、富余电能转化为氢能储存起来，供给燃料电池使用，或通过发电装置发电，为电网系统提供稳定的电源。电解水制氢技术成熟，工艺简单，清洁环保，制取的氢气和氧气纯度高，而且设备单机容量大，市场成熟产品可做到 5 兆瓦/台，制氢量 1000 标准立方米/小时，可大规模使用。

我国可再生能源资源丰富，应大力开发风能、光伏发电，实现可再生能源到氢能的转化。氢储能系统的加入可以提高可再生能源发电的安全性和稳定性。利用风电和光伏发电制取"绿氢"，不仅可以有效解决弃风、弃光问题，而且还可以降低制氢成本，既提高了电网灵活性，又促进了可再生能源消纳。

（二）冶金工业还原剂

钢铁、铝和铜是冶金工业中碳排放的三大主要来源，特别是钢铁行业的碳排放，据中国钢铁工业协会统计约占我国碳排放总量的 15%，是仅次于电力的单一产品排放。2020 年，我国煤炭消费 40.5 亿吨，其中 5.55 亿吨用于炼焦，除少量出口外，大部分焦炭被用于冶金。铁矿石的主要成分是氧化铁（Fe_2O_3），理论上，冶炼 1 吨铁水需要消耗 414 千克炭，而事实上，由于工业条件的限制以及冶炼过程中的原燃料与电力消耗，即便扣除循环回收的二次能源消耗，冶炼每吨铁的炭消耗也在 695 千克左右，相当于排放 1.58 吨二氧化碳[①]。氢冶金技术就是利用氢代替焦炭作为还原剂，通过氢氧化反应把矿石中的氧与氢结合生成水，把金属单质还原出来。减少焦炭的使用，就是减少二氧化碳排放。

由于煤炭成本低而氢成本高，为了控制生产成本，冶金工业一直使用焦煤炼焦、烧结、炼铁的方式生产钢铁，而根据国家统计局有关数据计算，2021 年我国粗钢产量全球占比 53%，电解铝产量全球占比 57%，电解铜产量全球占比超过 42%。炼铁利用煤炭进行氧化还原反应，而铝和铜冶炼采用电解法，消耗的是电力。2019 年，德国蒂森克虏伯钢厂某高炉采用了氢气炼铁工艺，为全球首次。当前，制约氢能炼钢的主要因素是制氢成本，氢能炼钢会使成本提高 20%—30%。随着绿色电力成本的下降和氢生产工艺水平的提高，绿电制氢的成本也会下降，这有助于冶金行业的脱碳。

（三）氢燃料电池

氢燃料电池的基本原理是电解水的逆反应。把氢和氧分别供给阳极和阴极，氢通过阳极向外扩散和电解质发生反应后，放出电子通过外部的负载到达阴极。

氢燃料电池具有能量密度高、能量转化效率高、零碳排放等优点，主要包括质子交换膜燃料电池和固体氧化物燃料电池两大类，车用氢燃料电池主要指前者，后者主要适用于大型商用分布式、固定式发电和热电联产等领域。质子交换膜燃料电池的工作原理（见图 8-4）是，将氢气送到燃料电池的阳极板（负极），经过催化剂（铂）的作用，氢原子中的一个电子被分离出来，失去电子的氢离子（质子）穿过质子交换膜，到达燃料电池阴极板（正极），而电子是不能通过质子交换膜的，这个电子，只能经过外部电路，到达燃料电池阴极板，从而在外电路中产生电流。电子到达阴极板后，与氧原子和氢离子重新结合为水。由于供应给阴极板的氧可以从空气中获得，因此，只要不断地给阴极板供应空气，并及时把水（蒸汽）带

---

① 潘聪超、庞建明：《氢冶金技术的发展溯源与应用前景》，《中国冶金》2021 年第 31 期。

走，就可以不断地提供电能。燃料电池发出的电，经逆变器、控制器等装置，给电动机供电，再经传动系统、驱动桥等带动车轮转动行驶。与传统汽车相比，燃料电池车能量转化效率高达 60%—80%，为内燃机的 2 倍至 3 倍。氢燃料电池的燃料是氢和氧，生成物是清洁的水，工作过程实现了真正的零排放和零污染。

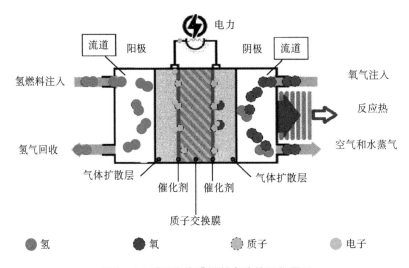

图 8-4 质子交换膜燃料电池的工作原理

（四）氢能发电

氢能发电指利用氢气和氧气燃烧，组成氢氧发电机组发电，它不需要复杂的蒸汽锅炉系统，因此制造简单，维修方便，启动迅速。较之于燃煤发电机组，燃气轮机具有发电效率高、污染物排放量低、建造周期短、占地面积小、耗水量少和运行调节灵活等优点。纯氢发电还处于试验阶段，目前氢能发电主要是在天然气中掺氢发电，我国已经成功实现了掺氢 30% 的正常运行，跟上了国外技术的发展。

根据中国氢能联盟与石油和化学工业规划院统计，2021 年，我国氢气产能约 4,100 万吨，产量约 3,300 万吨。其中，可再生能源电解水制取氢气（绿氢）约占 1%。目前，我国制氢以化石燃料制氢为主，约占我国制氢产能的 96%。生物制氢和太阳能光催化分解水制氢等技术仍处于开发阶段，我国制氢技术尚存在较大提升空间。

第三节　光热能、海洋能、地热能的开发应用

一、光热能

太阳光除了能通过光伏发电的形式被利用，还能通过光热发电的形式被利用。光伏发电是使光能直接转化为电能，而光热发电是利用光的热量转化为热能，再驱动发电机将热能转化为机械能和电能。光热发电就是利用太阳光的热量来发电，又叫太阳能聚热发电，是通过大规模阵列式的平面反光镜、抛物面反射镜或碟形反射镜，将太阳热能反射到既定的小区域收集起来，再通过热交换装置提供蒸汽，驱动蒸汽轮机发电。

与光伏发电相比，光热发电不需要硅电池，成本大大降低。而且，光热发电自身就具有储能功能，光热项目配套储能系统白天可以将一部分热能储存起来，晚上需要时释放，可以 24 小时连续稳定发电。

光热发电形式有槽式、碟式、菲涅尔式、塔式等四种。

槽式太阳能光热发电系统（见图 8 – 5）全称为槽式抛物面反射镜太阳能光热发电系统，是将多个串、并联槽型抛物面反射镜把阳光聚集到集热器，加热集热器中的工质，然后在换热器使工质加热水而产生蒸汽，推动汽轮发电机发电。

图 8 – 5　槽式光热发电

太阳能碟式发电也称盘式系统（见图 8 – 6）。采用盘状抛物面聚光集热器，其结构从外形上看类似于大型抛物面雷达天线。由于盘状抛物面镜是一

种点聚焦集热器，其聚光比可以高达数百到数千倍，因而可产生非常高的温度。碟式系统可以独立运行，作为无电边远地区的小型电源，一般功率为 10 千瓦—25 千瓦，聚光镜直径约 10 米—15 米，较大的用电户可以把数台至数十台装置并联起来组成小型太阳能光热发电站。

图 8 - 6　内蒙古通辽市科尔沁区国内首个碟式光热集中供暖供热系统

该供暖系统共由 6 个碟式系统组成，每个系统集热功率约 74 千瓦，采用两种介质运行，冬天供暖季为冷却液，其他非供暖季节为水，并配有地下储热水池进行跨季节储热，能够满足 3,000 平方米建筑面积全天 20 小时连续供暖的要求。

菲涅尔式（见图 8 - 7）与槽式的不同之处在于其使用平面反射镜，同时其集热管是固定式的，成本相对低廉，但效率也相应降低。此类系统由于聚光倍数只有数十倍，因此加热的水蒸气质量不高，整个系统的年发电效率仅能达到 10% 左右，但由于系统结构简单、直接使用导热介质产生蒸汽等特点，其建设和维护成本也相对较低。

塔式光热发电系统又称集中式系统。它是在很大面积的场地上装有许多台大型太阳能反射镜，也称定日镜（见图 8 - 8），每台都各自配有跟踪装置，能够准确地将太阳光反射集中到一个高塔顶部的接收器上，接收器上的聚光倍率可超过 1,000 倍。聚光塔接收器把吸收的太阳光能转化成热能，再将热能传给工质，经过蓄热环节，再输入热动力机膨胀做工，驱动发电机发电。塔式太阳光热发电系统主要由聚光子系统（见图 8 - 9）、集热子系统、蓄热子系统、发电子系统等部分组成。

图 8 – 7　菲涅尔式光热装置

图 8 – 8　定日镜正面细节

图 8 – 9　塔式光热发电聚光子系统细节

　　敦煌 100 兆瓦熔盐塔式光热发电装置（见图 8 – 10）2018 年 12 月底并网发电，成为中国首个百兆瓦级国家太阳能光热发电示范电站，也是目前全球最高、聚光面积最大的熔盐塔式光热电站。

图 8 – 10　敦煌 100 兆瓦熔盐塔式光热发电装置

二、海洋能

（一）海洋能的分类

地球表面海洋面积占到71%，海水储量占到地球水资源储量的96.53%。巨大的面积和储量，在太阳照射、大气和天体运动、海水盐分的作用之下，使海洋蕴藏了取之不尽、用之不竭的可再生能量。

海洋能指蕴藏于海水中的各种可再生能源，包括潮汐能、波浪能、海流能、温差能、盐差能等，是太阳能、天体引力能和化学能的表现形式，都具有可再生性和不污染环境等优点。

潮汐能是由月球引力的变化引起海水平面周期性升降，因海水涨落及潮水流动所产生的能量。波浪能是海洋表面在风的作用下产生波浪，以势能和动能的形式由短周期波储存的机械能。海流也称洋流，海洋中由于海水温度、盐度分布的不均匀而产生海水密度和压力梯度差，在海风的作用下，海水朝着一个方向不断地稳定地流动，称为海流。海流所具有的动能称为海流能。海流的能量与流速的平方和流量成正比。温差能是指海洋表层海水和深层海水之间水温差的热能，海洋表面海水吸收太阳的辐射能，把大部分太阳能转化为海水的热能储存在海洋的上层，在热带或亚热带海域终年形成20℃以上的垂直海水温差，热量会从高温处向低温处传递。盐差能是指海水和淡水之间或两种含盐浓度不同的海水之间的化学电位差能，是以化学能形态出现的海洋能，主要存在于河海交接处。

（二）海洋能的特点

海洋能能量密度低，高度分散。其中，温差能、盐差能和海流能较为稳定，潮汐能和潮流能变化有规律但不稳定，而波浪能既不规律又不稳定。与开发其他能源相比，利用海洋能的投资成本大而经济性较差。

（三）海洋能的利用

1. 潮汐能发电

在潮差大的海湾入口或河口筑堤构成水库，在坝内或坝侧安装水轮发电机组，当涨潮时海水涌入水库，以势能的形式保存，而落潮时放出海水，利用高、低潮位之间的落差，驱动水轮发电机组发电，这种电站仅在落潮时发电，称为单库单向电站。如果在潮水涌入水库时也利用其潮汐能发电，就称为单库双向电站，可以提高潮汐能的利用率。如果建两个相邻的水库，一个

水库在涨潮时进水，另一个水库在落潮时放水，前一个水库的水位始终高于
后一个水库的水位，水轮发电机组安置在两个水库之间的隔坝内，就可以持
续稳定发电，这种电站称为双库双向电站。

　　我国最大的潮汐电站是位于浙江省温岭市乐清湾北端江厦港的江厦潮汐
试验电站（见图 8 - 11），是世界第四大潮汐能发电站，也是我国第一座双向
潮汐电站，电站设计安装 6 台 500 千瓦双向灯泡贯流式水轮发电机组，总装
机容量 3.2 兆瓦，可昼夜发电 14 小时至 15 小时，每年可向电网提供 1,000 多
万千瓦时的电能。

图 8 - 11　浙江温岭江厦双向潮汐电站

　　2. 波浪能发电

　　海面波浪的垂直运动、水平运动和海浪中
水的压力变化产生的能量可以发电。其原理与
风箱相同，利用波浪的推动力压缩空气驱动发
电机发电。波浪上升时，空气室中的空气被顶
上去，气流推动空气涡轮机叶片旋转而带动发
电机发电；波浪落下时，空气室内形成负压，
大气中的空气被吸入气缸并驱动发电机发电。
波浪发电装置的原理、结构均较简单。波浪发
电作为海上航标灯、观测浮标及灯塔的电源被
广泛应用。国内已有单机 500 千瓦的机组（见
图 8 - 12），兆瓦级机组也已经开工建造。

图 8 - 12　"长山号"500
千瓦波浪能发电机组

　　3. 海流能发电

　　海流发电装置主要有轮叶式、降落伞式和磁流式三种。轮叶式海流发电

装置利用海流推动轮叶，轮叶带动发电机发出电流。轮叶可以是螺旋桨式的，也可以是转轮式的。降落伞式海流发电装置由几十个串联在环形铰链绳上的"降落伞"组成。顺海流方向的"降落伞"靠海流的力量撑开，逆海流方向的降落伞靠海流的力量收拢，"降落伞"顺序张合，往复运动，带动铰链绳继而带动船上的绞盘转动，绞盘带动发电机发电。磁流式海流发电装置以海水作为工作介质，让有大量离子的海水垂直通过强大磁场，获得电流。海流能发电的开发史还不长，发电装置还处在原理性研究和小型试验阶段。

4. 温差能发电

深层低温海水由冷水泵通过冷水管抽入冷水工作管道，表层温水由温水泵通过温水管抽入温水工作管道。温水通过管道流经充满氨水的蒸发器将氨水加热为氨气，氨气通过工作管道被输送到涡轮机并带动涡轮机运转，涡轮机带动发电机发电。从涡轮机出来的氨气沿工作管道被输送到冷凝器，深层冷海水流经冷凝器将氨气转换为氨水。氨水由工作流体泵被继续输送到蒸发器，冷水与温水被排水管排回海洋。我国是国际公认的最有开发海洋温差发电潜力的地区之一，但目前尚未开发建设这类电站。

5. 盐差能发电

用渗透膜隔开两种不同浓度的盐溶液，低浓度的溶液就会向高浓度的溶液渗透，这一过程将会持续到渗透膜两侧盐浓度相等为止。根据这一原理，可以把淡水导入到海面下几十米与海水混合，在混合处将产生相当大的渗透压力差，该压力差就能带动水轮机发电。海水浓度越大，渗透压力差距越大。在海水含盐浓度为 3.5% 时，所产生的渗透压力差相当于 25 个标准大气压。盐差能发电是将电位差能转换成水的势能驱动水轮机发电，发电系统主要由水压塔、半透膜、海水泵等组成，其中水压塔与淡水间用半透膜隔开，水压塔与海水之间用海水泵连通。系统工作过程中，海水泵向水压塔内充入海水，由于渗透压力的作用，淡水从半透膜向水压塔内渗透，使水压塔内水位升高。当水位上升到一定高度后，便从塔顶的水槽溢出，冲击水轮机旋转，带动发电机组发电。为使水压塔内的海水保持一定的盐度，必须用海水泵不断向塔内充入海水，以保持系统连续工作。扣除海水泵等的动力消耗，系统的总效率约为 20%。目前，对盐差能发电还处于实验室研究阶段。除了海水盐差能发电，工业含盐废水也可以利用。

三、地热能

地球内部热源中约 20% 是来自行星形成时吸积的余热，大部分来自放射性同位素衰变释放的热能，其余少部分来自压力、潮汐摩擦、化学反应等。地球内部的温度高达 7,000℃，熔岩活动和地下水的流动会把这些热量带到距离地面 1 至 5 千米的地壳，地面向下每 100 米温度上升 3℃。离地球表面 5,000 米深、15℃ 以上的岩石和液体的总含热量约为 14.5×10^{25} 焦耳，约相当于 4,948 万亿吨标准煤的热量。按照地热来源的储存形式，地热资源可分为蒸汽型、热水型、地压型、干热岩型和熔岩型五大类。

地热能被认为是可再生能源，具有低排放、能够稳定利用的优点，理论上地热资源足以满足人类的能源需求，但只有极小一部分可以被利用，主要局限于构造板块边界附近。这是因为钻探和勘探深层资源成本极高。

按照可利用地热的储存深度，地热资源可以分为浅层地热能、水热型地热能和增强型地热系统。浅层地热能是指地表以下一定深度范围内（一般在地下 200 米内），温度低于 25℃，在当前技术及经济条件下，具备开发利用价值的地球内部热能资源。这部分主要被开采用于家庭和农业取暖。水热型地热资源的存在形式主要为天然出露的温泉、气泉，以及埋藏在地下 4,000 米深度范围内的流体。水热型地热可分为传导型和对流型两种。传导型地热能的成因为构造坳陷，包括断陷盆地型、坳陷盆地型地热系统。对流型地热能的成因为构造隆起，包括火山型、非火山型地热系统。按照地热水的温度，可分为高温地热能、中温地热能和低温地热能。高温地热埋深一般大于 4,000 米，温度大于 200℃。我国一般把高于 150℃ 的称为高温地热，主要用于发电；低于此温度的叫中低温地热，通常直接用于采暖、工农业加温、水产养殖及医疗和洗浴等。目前，我国开发利用的地热能资源以埋深在 200 米—4,000 米的中低温地热能资源为主，其中传导型地热能资源主要分布在中东部沉积盆地，分布面积广，温度随深度逐渐增加；对流型地热能资源主要分布在云南、四川、广东、福建、山东及辽东半岛等地，主要沿断裂构造呈带状分布。增强型地热是指通过钻井建立地下人工热交换系统获取地热能，主要分布在西南和东南沿海等地区。

地热的工业化、规模化利用形式主要是地热发电。我国高温浅层地热资源较少，大部分是中低温资源，发电效率较低。我国地热发电的发展方向是高温深层地热资源。深层地热资源的热岩体是干热岩，没有水作为载热体，需要把热岩体进行爆破，形成"人工热储"，由地面打下注入井，通过注入泵把冷水注入，冷水被热岩体加热后，再由另一口生产井把具有一定压力的高温热水或汽—水混合物（湿蒸汽）送到地面，然后用于发电。我国最大的地热电厂是 20 世纪在西藏自治区当雄县境内建设的羊八井地热电站（见图 8 - 13），由 8 台 3,000 千瓦机组组成，总装机 2.5 万千瓦。这里的地热蒸汽温度高达 172℃，属于水热型高温地热。

图 8 - 13　西藏羊八井地热电站

第九章　世界能源的消费、生产和贸易

第一节　工业化、现代化与能源消费的总量和结构

一、工业化进程与一次能源消费

能源是工业化、现代化的基础。工业化对能源的消费，也推动了社会现代化，并且因为现代化而增加了能源消费，如家电、汽车和其他交通运输工具对能源的消费。因此，能源是驱动工业化和现代化的基础性动力，能源的消费总量和结构变化也显著地反映了工业化和现代化的阶段，对应关系十分清晰。

18 世纪 60 年代起于英格兰中部地区的欧洲工业革命是驱动全球能源消费和结构发生革命性变化的核心因素。根据"以数据看世界"有关统计数据进行分析，1800 年以来的 200 多年，伴随着工业化和现代化进程的全面展开，全球能源消费总量和结构变化经历了五个阶段，大致每 50 年左右有一次显著变化。

第一阶段，1800 年到 1850 年，煤炭消费导入，开始打破传统生物质能的统治。能源消费总量从 5,653 太瓦时提高到 7,791 太瓦时，增长了 38%，其中传统生物质能从 5,556 太瓦时提高到 7,222 太瓦时，增长占 30%；煤炭从 97 太瓦时提高到 569 太瓦时，是 1800 年的 5 倍。传统生物质能源扮演了绝对的主力，但占比从 98% 下降到 93%，煤炭则从 2% 上升到 7%。这是煤炭消费的导入期，也是欧美近代工业化的开始，此时欧美国家的农业还占主要地位，

农业和生活对能源的消费还是主要的。这一时期，煤炭主要是作为冶金工业的能源在使用，因为世界工业的总体规模还不大，因此，煤炭和能源消费总量的增长是有限的。

第二阶段，1850 年到 1900 年，煤炭消费出现爆发性增长，到 19 世纪末，化石能源消费已经接近传统生物质能消费。1900 年能源消费总量提高到 12,101 太瓦时，比 1850 年增长 55%。传统生物质能消费的绝对值和占比稳定下降，从 7,222 太瓦时下降到 6,111 太瓦时，下降 15%。煤炭消费量和占比快速上升，煤炭消费量提高到 5,728 太瓦时，是 1850 年的 10 倍。石油、天然气和水能开始导入消费，化石能源达到和传统生物质能平分秋色的状态。到 1900 年，传统生物质能约占 50.5%，煤炭约占 47.3%，石油约占 1.5%，天然气约占 0.5%，水能约占 0.1%。这一阶段，欧美近代工业化开始向现代工业化阶段加速过渡，人类开始迈进电力时代，电力开始成为能源消费的一部分。

第三阶段，1900 年到 1950 年，能源消费总量快速增长，煤炭消费量继续稳定增长，石油和天然气消费爆发性增长。1950 年能源消费总量提高到 27,972 太瓦时，是 1900 年的 2.3 倍。传统生物质能消费稳定缓慢地上升到 7,500 太瓦时，增长 23%，回到 1850 年之上。煤炭消费较为稳定地提高到 12,603 太瓦时，是 1900 年的 2.2 倍。石油和天然气消费提高到 5,444 太瓦时和 2,092 太瓦时，分别为 1900 年的 30 倍和 33 倍。到 1950 年，传统生物质能消费占比下降到 26.8%，煤炭占比略有下降到 45.1%，石油和天然气占比大幅度上升到 19.5% 和 7.5%，水能占比 1.2%。这一阶段，欧美基本实现了工业化和电气化。

第四阶段，1950 年到 2000 年，能源消费总量稳定增长，石油超过煤炭成为第一大能源，煤炭退居第二位，天然气消费增速超过石油消费增速，消费量位列第三，水能也有较大增长，现代生物质能、核能、风能、太阳能开始导入。2000 年，能源消费总量达到 112,373 太瓦时，是 1950 年的 4 倍。石油消费达到 42,881 太瓦时，是 1950 年的 7.9 倍；天然气消费达到 23,994 太瓦时，是 1950 年的 11.4 倍；水能消费达到 2,647 太瓦时，是 1950 年的 7.9 倍；煤炭消费 27,427 太瓦时，是 1950 年的 2.2 倍；传统生物质能消费 12,500 太瓦时，是 1950 年的 1.7 倍。2000 年，各种能源的占比是，石油 38.2%、煤炭 24.4%、天然气 21.4%、传统生物质能 11.1%、核能 2.3%、水能 2.4%。化石能源占比达到 84%，核能和可再生能源（不含传统生物质能）占比 4.9%。这一阶段，欧美转向后工业化时代，服务业成为第一大产业，石油和天然气成为能源的主力，煤炭消费占比大幅度下降；发展中国家开启工业化进程，煤炭需求开始快速增长。

第五阶段，2000 年到 2021 年，能源消费总量增长放缓，石油和核能消费缓慢增长，天然气、水能、煤炭消费增幅较大，太阳能、风能、现代生物质能爆发性增长，传统生物能消费量下降。2021 年，能源消费总量 159,000 太瓦时，增长 41%；石油消费 51,170 太瓦时，增长 19.3%；核能消费 2,800 太瓦时，增长 8.5%；天然气消费 40,374 太瓦时，增长 68%；水能消费 4,274 太瓦时，增长 61.5%；煤炭消费 4,4473 太瓦时，增长 62%；太阳能消费 1,032 太瓦时，是 2020 年的 975 倍；风能消费 1,862 太瓦时，是 2020 年的 59 倍；现代生物质能消费 1,140 太瓦时，是 2020 年的 9.1 倍。传统生物质能消费约为 11,111 太瓦时，主要分布在非洲、中南美洲的山地和亚太欠发达地区。

根据"以数据看世界"和英国石油公司统计，2021 年，各种能源消费的占比是，石油 32.2%，天然气 25.4%，煤炭 28%，传统生物质能 7%，水电 2.7%，核电 1.8%，风能、太阳能和现代生物质能合计 2.5%。包括水能在内的可再生能源（不含传统生物质能）占比 5.2%，尚不及传统生物质能的份额。化石能源占比 85.6%，比 2000 年高 1.6 个百分点。这一阶段，欧美工业向发展中国家转移，能源消费增长开始出现停滞；中国、印度、巴西、印度尼西亚等发展中人口大国开始加速工业化，以煤炭为主、水电为辅的优势能源消费快速增长，刚刚开始工业化的非洲等地区的传统生物质能源消费开始下降。尽管可再生能源飞速发展，但占比仍然极低。1800—2021 年全球一次能源消费量如图 9 - 1 所示。

二、传统工业化国家、新兴工业化国家和非洲的能源结构

当今，不同的国家处于不同的发展阶段，大致可以分为传统工业化国家、新兴工业化国家和正在步入工业化的国家，其代表分别为七国集团（美国、日本、德国、英国、法国、意大利、加拿大）及澳大利亚和俄罗斯；中国、印度、印度尼西亚、韩国、沙特阿拉伯、土耳其、巴西、阿根廷、墨西哥、南非等新兴工业化国家；非洲地区。传统工业化国家在 1950 年之前实现了工

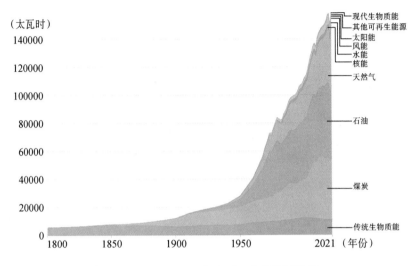

图 9 - 1　1800—2021 年全球一次能源消费量

数据来源："以数据看世界"（Our World in Data）。

业化和现代化，2000 年之前进入了后工业化时代；新兴工业化国家在 1950 年至 2000 年之间基本实现了工业化和现代化，目前处在工业化中后期，正在向后工业化时代过渡；非洲地区和其他一些国家正在进行工业化，处于工业化早、中期。

不同发展阶段的国家，其能源结构有着显著的差异。

（一）传统工业化国家

传统工业化国家的能源以石油和天然气为主，煤炭和核能次之。

根据"以数据看世界"数据，美国、日本、德国、英国、法国、意大利、加拿大、澳大利亚和俄罗斯九国，1965 年化石能源消费占比为 97.8%，2000 年和 2021 年分别为 93.8% 和 91.4%，非化石能源（核能及可再生能源）的比重不过从 1965 年的 2.2% 上升到 2021 年的 8.6%。虽然煤炭占比大幅度下降，但基本上是被天然气取代。2021 年，石油、天然气和煤炭的占比分别为 38.9%、38.7% 和 13.8%（见图 9 - 2）。传统工业化国家的能源结构特点是，化石能源仍然是绝对的主力，其中清洁低碳的天然气和较清洁高碳的石油占比较大，不清洁且高碳的煤炭占比较小。这种能源结构的形成，除了出于对能源清洁化的追求之外，还有一个原因，是它们作为一个整体，尽管多数国家煤、油、气资源短缺，但它们（除了俄罗斯）联合控制了中东地区丰富的油气资源。

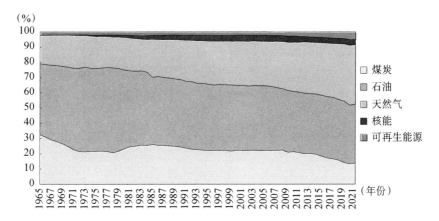

图 9 - 2　七国集团、澳大利亚和俄罗斯等 G20 九国能源消费结构的变化

数据来源："以数据看世界"（Our World in Data）。

（二）新兴工业化国家

新兴工业化国家以煤炭消费为主，石油消费为辅，天然气次之。

根据"以数据看世界"数据，G20 其余十国，包括中国、印度、印度尼西亚、韩国、沙特阿拉伯、土耳其、南非、巴西、阿根廷、墨西哥是新兴的工业化国家，化石能源消费的比重从 1965 年的 97.7% 下降到 2000 年的 96.3%；2021 年为 93.3%，其中煤炭占 51.1%，石油占 28.4%，天然气占 13.8%（见图 9 - 3）。这些国家中，中国、印度、印度尼西亚、南非煤炭资源丰富，人口基数较大，因而在其工业化、现代化的过程中煤炭是能源消费的主力。土耳其背靠中东，工业化以来一直是以石油消费为主，现在的格局是石油、天然气和煤炭消费份额较为接近，它的变化过程更类似于传统工业化国家。沙特和墨西哥是主要产油国，以石油消费为主。韩国缺少能源，以石油和煤炭消费为主。巴西石油资源丰富，主要能源是石油和水能，其中水能长期占到 30% 以上的比例，这一比例在各国中是最高的之一。

（三）以非洲为代表的正在进行工业化的国家

这些国家在能源方面有以下特点：

（1）由于经济欠发达，投资环境受到限制，能源资源的探明储量并不准确，现有的探明储量未必可以反映真实情况。

（2）工业化和现代化程度较低，工业不发达，能源生产和消费量较低，在能源结构上没有中国和印度等新兴工业化国家那样具有明显的优先使用低成本能源的特征。根据"以数据看世界"数据，2021 年，非洲地区的能源结

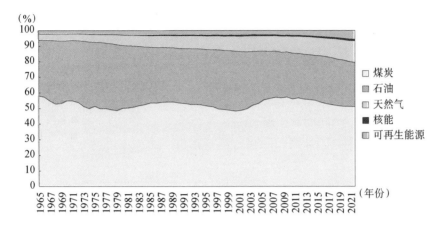

图 9 - 3 1965—2021 年 G20 其余十国能源消费结构的变化

数据来源："以数据看世界"（Our World in Data）。

构是，煤炭占 22.4%、石油占 41.9%、天然气占 31.6%。这反映了多数国家没有大规模使用现代能源，而少数国家使用了较多的现代能源，特别是储量较多的石油和天然气，如埃及、阿尔及利亚、利比亚、尼日利亚等，因而看起来它们的能源结构更近似传统工业化国家而不是新兴工业化国家。1965—2021 年非洲地区能源消费结构的变化如图 9 - 4 所示。

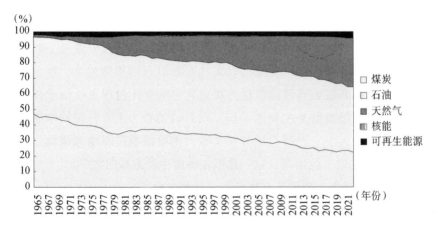

图 9 - 4 1965—2021 年非洲地区能源消费结构的变化

数据来源："以数据看世界"（Our World in Data）。

（3）非洲等欠发达地区还在广泛使用传统的生物质能，即薪柴。这一点我们也可以从人均能源消费方面得到佐证。

三、能源的人均消费量

化石能源消费的地区和国别非常不均衡。如果考虑到人均量，这种不均衡就更大了。根据英国石油公司（BP）《世界能源统计年鉴2021》数据，人均消费量最大的北美洲是人均消费量最小的非洲的15.6倍。资源丰富而人口稀少的独联体和中东的人均消费量分列第二和第三位。经济活跃的欧洲和亚太地区分别是北美洲的52.4%和27.5%。图9-5、图9-6分别为2020年各地区一次能源消费量占比和人均消费量。

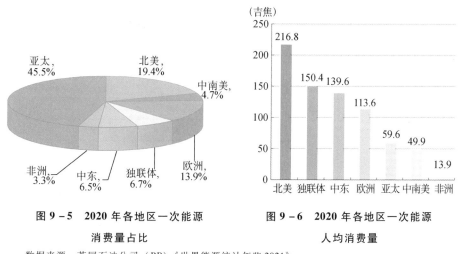

图9-5　2020年各地区一次能源
消费量占比

图9-6　2020年各地区一次能源
人均消费量

数据来源：英国石油公司（BP）《世界能源统计年鉴2021》。

根据英国石油公司的统计，除北非的埃及、阿尔及利亚、摩洛哥以及南非之外，2020年非洲其他国家的人均现代能源（商业化燃料）消费量仅为6.2吉焦，为全球平均水平71.4吉焦的8.7%，是英国石油公司和"以数据看世界"（Our World in Data）能够清楚列举的国家和地区中最低的孟加拉国（9.7吉焦）的64%。这个地区几乎完全依赖传统生物质能生产和生活。据国际能源署的估计，全球约有7亿人口没有使用电力，绝大部分生活在撒哈拉以南的非洲大陆。

人均能源消费水平居前的主要是能源资源丰富的国家，如油气生产大国中的卡塔尔、阿联酋、科威特、挪威、加拿大、沙特阿拉伯、阿曼、美国、土库曼斯坦、澳大利亚、俄罗斯，以及发达的小型经济体如冰岛、新加坡、比利时、卢森堡、瑞典、中国台湾和芬兰。2021年人均能源消费水平如

表 9 – 1 所示。

表 9 – 1   2021 年人均能源消费水平   单位：千瓦时

	人均能源消费最高的经济体	消费量	人均能源消费最低的经济体	消费量	分组与主要大经济体	消费量
1	卡塔尔	182,674	孟加拉国	2,762	高收入国家和地区	55,945
2	冰岛	170,040	巴基斯坦	4,757	中上收入国家和地区	26,750
3	新加坡	162,837	菲律宾	4,907	中低收入国家和地区	6,637
4	阿联酋	125,902	斯里兰卡	4,941	欧盟	37,497
5	特立尼达和多巴哥	121,646	印度	7,062		
6	科威特	111,591	摩洛哥	7,107		
7	挪威	103,944	印度尼西亚	8,352		
8	加拿大	101,691	秘鲁	9,989	德国	41,854
9	沙特阿拉伯	85,078	埃及	10,109	法国	39,935
10	阿曼	79,731	哥伦比亚	10,422	日本	39,094
11	美国	77,574	厄瓜多尔	11,836	西班牙	33,228
12	土库曼斯坦	72,870	越南	12,223	意大利	29,243
13	韩国	68,087	北马其顿	13,951	英国	29,239
14	卢森堡	66,299	伊拉克	14,321		
15	比利时	65,099	墨西哥	14,477		
16	瑞典	62,441	阿尔及利亚	15,344	伊朗	39,824
17	澳大利亚	61,613	乌兹别克斯坦	16,113	中国	30,321
18	俄罗斯	59,581	巴西	16,311	土耳其	22,300
19	芬兰	58,011	阿塞拜疆	17,924		
20	中国台湾	57,966	委内瑞拉	19,659		

数据来源："以数据看世界"（Our World in Data）。

除撒哈拉以南非洲外，人均能源消费水平落后的经济体主要分布在南亚、东南亚、中南美洲的安第斯山脉地区，以及中亚地区。

能源资源不太丰富的主要发达经济体如德国、法国、日本、西班牙、意大利、英国等处于中间水平。

经济发展水平与能源消费是密切关联的。按照经济发展水平来分，高收入组的人均能源消费是中上收入组的 2 倍多，是低收入组的 8 倍多。

第二节　化石能源分布、生产和贸易

一、化石能源分布

化石能源在地球上不同区域的分布十分不均衡。不同的化石能源在地区之间的分布也非常不均衡（见图9-7）。

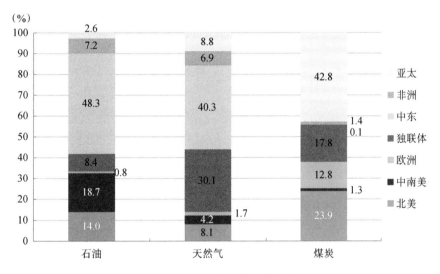

图9-7　化石能源的区域分布

数据来源：英国石油公司《世界能源统计年鉴2021》。

地球上有两大主要煤炭蕴藏带，即亚欧大陆和北美洲的中部。根据英国石油公司的统计，截至2020年底，全球已探明储量1.07万亿吨，分布于近80个国家（见表9-2）。全世界各大洲，各大洋都有石油的分布，其中，中东波斯湾沿岸是世界上石油最丰富的地区，占比48.3%，号称"世界油库"。天然气主要分布于俄罗斯、中亚和中东地区，合计占比达到70%。经济活动活跃的欧洲、美洲和亚太地区，煤炭储量占比较大，合计达到79.5%；石油作为工业的血液，合计占比仅有17.6%；清洁能源天然气的合计占比18.6%。而石油和天然气蕴藏量极为丰富的中东，占比分别达到48.3%和40.3%。非洲大陆的煤炭、石油和天然气的已探明储量占比分别为0.1%、

7.2%和6.9%。

表 9 – 2 　　　　　　　　2020 年底全球化石能源探明储量国别分布

	石油			天然气			煤炭		
	国家和地区	储量（亿吨）	占比（%）	国家和地区	储量（万亿立方米）	占比（%）	国家和地区	储量（亿吨）	占比（%）
1	委内瑞拉	480	17.5	俄罗斯	37.4	19.9	美国	2,489	23.2
2	沙特阿拉伯	409	17.2	伊朗	32.1	17.1	俄罗斯	1,622	15.1
3	加拿大	271	9.7	卡塔尔	24.7	13.1	澳大利亚	1,502	14.0
4	伊朗	217	9.1	土库曼斯坦	13.6	7.2	中国	1,432	13.3
5	伊拉克	196	8.4	美国	12.6	6.7	印度	1,111	10.3
6	俄罗斯	148	6.6	中国	8.4	4.5	德国	359	3.3
7	科威特	140	5.9	委内瑞拉	6.3	3.3	乌克兰	344	3.2
8	阿联酋	130	5.6	沙特阿拉伯	6.0	3.2	印度尼西亚	349	3.2
9	美国	82	4.0	阿联酋	5.9	3.2	波兰	284	2.6
10	利比亚	63	2.8	尼日利亚	5.5	2.9	哈萨克斯坦	256	2.4
11	尼日利亚	50	2.1	伊拉克	3.5	1.9	土耳其	115	1.1
12	哈萨克斯坦	39	1.7	阿塞拜疆	2.5	1.3	南非	99	0.9
13	中国	35	1.5	加拿大	2.4	1.3	新西兰	73	0.7
14	卡塔尔	26	1.5	澳大利亚	2.4	1.3	塞尔维亚	75	0.7
15	巴西	17	0.7	阿尔及利亚	2.3	1.2	巴西	66	0.6
16	挪威	11	0.5	哈萨克斯坦	2.3	1.2	加拿大	66	0.6
17	安哥拉	10	0.4	埃及	2.1	1.1	哥伦比亚	46	0.4
18	阿塞拜疆	10	0.4	科威特	1.7	0.9	捷克	36	0.3
19	墨西哥	9	0.4	利比亚	1.6	0.8	越南	34	0.3
20	印度	6	0.3	挪威	1.4	0.8	巴基斯坦	31	0.3
21	其他	95	4.1	其他	13.4	7.1	其他	354	3.5
	合计	2,444	100.0	合计	188.1	100.0	合计	10,741	100.0

数据来源：英国石油公司《世界能源统计年鉴 2021》。

二、化石能源的生产和贸易

（一）化石能源的生产

化石能源的储量和产量并不完全匹配，这里不仅受到地缘政治的影响，也受到开采条件方面的影响。有些储量大国得到西方的支持，产量份额可以大于储量份额，而有些国家受到西方国家的制裁，产量份额低于储量份额。有的国家化石能源开采条件好，开采成本低，产量份额就大于储量份额，有的国家则相反。

化石能源的开采需要大量的专用装备。石油和天然气开采装备的材料和技术专业化程度高，而煤炭则较低。随着海上石油开发的规模加大，装备技术显得更加重要，这些技术长期以来都掌握在西方发达国家的能源跨国公司手中，中国也是近十多年才取得了重大的进展，摆脱了对西方的依赖。而像俄罗斯、委内瑞拉、中亚等国家由于能源装备制造业不强，油气开采设备主要依赖于西方国家的供应，这成为它们能源产业发展的一个瓶颈因素。

如果把经济规模不大而能源产量较大的国家如沙特阿拉伯、伊拉克、伊朗等中东国家、哈萨克斯坦和土库曼斯坦等中亚国家称为能源生产国，其余经济规模较大且能源产量也较大的国家包括美国、俄罗斯、加拿大、中国、澳大利亚、印度尼西亚等。而德国、日本、韩国、印度就是典型的经济规模大而能源产量小的国家。

全球能源生产和需求的国别分布极不均衡。在能源消费量前15位的国家中，中国、印度、日本、德国、巴西、韩国、法国和英国等8国供给小于需求，而除英国之外，其中7个国家都是制造业大国。美国、俄罗斯、加拿大、伊朗、沙特阿拉伯、印度尼西亚和墨西哥等7个国家能源生产大于需求。2020年前15位国家的化石能源产量份额与能源消费份额如表9-3所示。

表 9 – 3　　　　　　　2020 年化石能源产量份额与能源消费份额

国家	石油产量份额（%）	国家	天然气产量份额（%）	国家	煤炭产量份额（%）	国家	能源消费份额（%）
美国	17.1	美国	23.7	中国	50.4	中国	26.1
俄罗斯	12.6	俄罗斯	16.6	印度	9.8	美国	15.8
沙特阿拉伯	12.5	伊朗	6.5	印度尼西亚	7.3	印度	5.7
加拿大	6.1	中国	5.0	美国	6.3	俄罗斯	5.1
伊拉克	4.9	卡塔尔	4.4	澳大利亚	6.2	日本	3.1
中国	4.7	加拿大	4.3	俄罗斯	5.2	加拿大	2.4
阿联酋	4.0	澳大利亚	3.7	南非	3.2	德国	2.2

续表

国家	石油产量份额（%）	国家	天然气产量份额（%）	国家	煤炭产量份额（%）	国家	能源消费份额（%）
巴西	3.8	沙特阿拉伯	2.9	哈萨克斯坦	1.5	伊朗	2.2
伊朗	3.4	挪威	2.9	德国	1.4	巴西	2.2
科威特	3.1	阿尔及利亚	2.1	波兰	1.3	韩国	2.1
墨西哥	2.3	马来西亚	1.9	土耳其	0.9	沙特阿拉伯	1.9
挪威	2.2	印度尼西亚	1.6	哥伦比亚	0.7	法国	1.6
尼日利亚	2.1	土库曼斯坦	1.5	越南	0.6	印度尼西亚	1.5
哈萨克斯坦	2.1	埃及	1.5	蒙古	0.6	英国	1.2
卡塔尔	1.8	阿联酋	1.4	塞尔维亚	0.5	墨西哥	1.2

数据来源：英国石油公司。

（二）化石能源贸易

化石能源是全球大宗商品，其中石油和天然气受到西方金融市场和金融政策的影响比较大。西方金融市场掌握了能源市场的定价权，通过其大型能源公司的活动，对化石能源贸易产生了较大影响。从贸易流向看，三大油气产区——中东、墨西哥湾和俄罗斯—中亚是主要的能源流出地区，而东亚、欧洲是主要的流入地区，这里集中了全球最大规模的制造业大国。

中国是第一能源需求大国，煤炭产量较大而油气产量不足，对外依存度很高。因为现代化的生活需求，中国必须大量进口清洁的天然气供国内居民消费之用，进口大量的石油供运输工具使用，而煤炭则主要用于发电和化学工业，换言之，中国工业化的能源基础是煤炭，而现代化的能源基础是石油和天然气。中国的主要能源进口方向是中东、俄罗斯、澳大利亚、南美洲和美国。现代化的生活方式决定了中国对天然气的需求有增无减，也决定了家庭用电仍然要继续增长。如果中国的工业品规模继续扩张，汽车动力从汽油、柴油转向电力，则很难不继续增加煤炭的使用，除非绿色电力得到较大的发展。

美国的能源储量居于世界前列，能源供给高于其能源需求。虽然在价值上美国的工业规模仅次于中国，但与中国的产出结构相比差异很大，美国生产的工业品主要是资本品和高附加值、低能耗的工业品，而中国生产的工业品主要是能源消耗量比较大的产品。因此，与中国相比，美国的生产性能耗要比中国低得多，而人均生活性能耗远远大于中国。美国能源消费量虽然低于中国，但石油和天然气产量排名世界第一，并且是最大的能源出口国之一。

印度的工业化进程滞后于中国，人口基数与中国齐平。与中国较为类似，印度煤炭资源相对丰富，但储量和产量远低于中国，而油气资源极为缺乏。印度的工业化和现代化过程中需要大量的能源作为支撑条件，但以印度的资源总量和结构来说，难以满足其需求，注定了印度不得不大量使用自身产出的煤炭，并从邻近的波斯湾地区进口油气，从澳大利亚寻求煤炭进口。对印度来说，油气资源的运输距离比中国近得多，运输条件也极为有利。

工业大国中，日本、韩国和德国几乎没有多少能源储藏量，能源几乎全部依赖进口。得益于工业品出口的附加价值较高，实际上所受到的能源供给压力相对较低。

日本的能源主要来源于中东，少部分来源于俄罗斯和东南亚地区以及美洲。俄乌冲突对日本的能源影响较小。日本能源消费量近年来已经下降，能源需求压力得到释放，但核电关闭的影响较大，日本经济将受到一定程度的影响。

俄乌冲突爆发之前，德国对俄罗斯能源较为依赖，如果要转向中东和其他地区，能源成本的上升将影响其制造业竞争力，并可能导致德国的化学和冶金等优势产业出走，给德国经济造成较为严重的负面影响。

在能源贸易中，由于非欧佩克国家产量的大幅度增长，欧佩克和非欧佩克主要能源生产国集团，特别是俄罗斯和美国等国的市场份额已经大致相等。因此，能源贸易的格局已经不是欧佩克所能控制。

化石能源区域分布不均，同时又受到非经济因素的严重干扰，经济欠发达的亚太地区和非洲地区要促进经济发展，在现有的化石能源不能自给的情况下，必须寻求能源的多样化来源，否则就要经常面对能源供给不足的风险。除了化石能源开发之外，还应当考虑大力开发取之不尽、用之不竭的可再生能源，特别是风能和太阳能。以中国为例，除了煤炭之外，石油和天然气都存在较大的供求缺口，而地缘政治环境时刻威胁着中国的能源进口通道。中国要提高能源自给率，保障能源安全，满足经济发展对能源的需求，要立足于开发国内的可再生能源。这意味着中国能源的供给必须再次朝自力更生这个方向努力。

第十章　新能源与传统能源的关系

第一节　生产成本、环境成本与价格的竞争

一、成本的相对概念和动态概念

成本是一个相对的概念和动态的概念。为经济发展和民众生活提供负担得起的能源，是能源产业追求的第一目标。以中国近代以来能源的利用历程为例，洋务运动所开启的近代工业化，是以煤矿和铁矿的开采为起点的，这和英国工业革命是类似的。煤相对于薪柴、木炭而言，使用成本无疑是高的。但在大规模开采和大规模利用的条件下，初期较高的成本随着开发、运输、利用技术的提高，以及机械化程度和劳动力技能的提高而快速地降低。即使是在这种趋势之下，绝对的单位成本可能仍然高于薪柴、木炭。但是，工业化对能源的需求是巨大的，而能源只是工业品生产成本的一部分，而不是全部。工业化利用这些新开发出来的能源的规模远超过去的能源，因而可以通过工业品的大规模生产、销售而获利，即使是暂时的使用成本比较高，也可以承受。而如果继续使用之前有限规模的能源，工业品的生产规模无法扩大，单位工业品成本也就居高不下。在对新的能源需求的刺激之下，能源投资的规模和生产规模不断扩大，遵循工业发展的规律，它的成本也不断降低，最终能够满足"可负担"这个要求。

石油和天然气在中国的开发利用也是如此。在中国自己没有大规模开发利用石油之前，主要通过进口成品油来满足国内市场的需求，这个成本是很

高的。中国在 20 世纪 50 年代开始自行开采和炼制石油，并向国际市场出口石油，这个过程一直延续到 90 年代末。低廉的石油成本支撑了中国 20 世纪后半期的工业化。由于国内国际市场的割裂，加之 70 年代后国际市场石油价格的大幅度上涨，中国出口原油还短暂性获得了可观的利润，并为积累工业化所需的资金做出了一定的贡献。由于发达国家经济发展进入调整转型期，石油价格在 80 年代中期到 21 世纪初期处于低谷，而这又是中国工业化再次提速的时期，特别是中国启动了自身真正的重化工业化，低廉的石油和煤炭价格为我们创造了一个良好的环境。在 2001 年中国加入世界贸易组织以后，工业化开始飞速发展，这时候国际石油价格也迅速提高，中国很快从原油净出口国变成净进口国，并在不长的时间内成为世界上最大的石油净进口国。原油价格的上涨，伴随国内经济的发展，其成本上升并没有影响到我国的工业化进程。这是因为，工业化在很大程度上提高了生产效率，生产过程中部分消化了原油成本的上涨；大量的石油制品作为工业原料，成为化工产品的一部分，出口的大量增加，转嫁了部分成本；石油制品中约一半的比例成为交通工具的燃料，因为居民收入的提高，也消化了这些上涨的成本。作为清洁能源的天然气，中国一直将其主要作为工业原料和燃料来使用，居民生活和商业上所使用的燃气则以煤气为绝对主力。而在 2010 年前后，随着使用煤炭、煤气、汽油造成的空气污染日益加剧，大城市率先以价格较高的天然气代替煤气，并逐步普及到中小城市和东部发达地区的城镇。天然气的生产价格高于煤气，政府和企业承担了一部分的成本上升因素，同时天然气的使用成本也较高，因此销售终端的价格也高于煤气，当时的宣传是天然气热值高于煤气，收入的持续增加使居民最终平稳接受了这一清洁能源，尽管与热值相比这一价格还是略高于煤气。在工业使用方面，也因为与煤炭和石油同样的原因，企业先行消化了这些成本，并最终转嫁给国内外市场。

　　新能源的成本在开发初期是极高的，这从风电和光伏产业上可以看得到。最初的极小范围的应用是不计成本的。等到产品可以小规模生产进入民用领域的时候，其成本在 5 元之上。而在 21 世纪初期这些新能源进入商业化生产的时候，其成本也有 2 元多。这时候新能源发出的电力因为总量十分有限，政府要求电力企业收购并自行消化成本，不能转嫁给下游用户。在 2010 年以后，在政策扶持下的新能源产业出现爆发性成长，技术的进步和规模化生产使成本快速下降，这又刺激了市场需求的成长。2020 年前后，以风电和光伏为代表的主力新能源在成本上和化石能源历史性地站在同一起跑线上，并且部分已经取得成本优势地位。

回顾化石能源和新能源的成本动态演变，我们对于一种新能源能够逐步在成本上取得对旧能源的优势应该是没有怀疑的。也许现在人们还在怀疑，尽管新能源在直接生产成本上可以很快取得全面优势，但在使用上仍然有很长的路要走。这里指的是，因为新能源相对于传统能源的不稳定性而需要进行储能调节，储能的成本尚未全面纳入新能源的使用成本。加上储能成本，新能源的使用成本目前仍然高于传统能源。但是，随着新能源生产成本的进一步降低和储能技术的开发，新能源使用成本的优势将较快显现出来，化石能源在使用成本上将处于全面劣势，这将带来一个新的问题，即化石能源的需求减少，价格降低，其使用成本也将降低，由此而与新能源之间出现长期的成本竞争，不会因为新能源使用成本的降低而很快被取代。这对中国来说，是极为有利的。

二、环境成本

以上我们只考虑了新、旧能源的经济成本竞争问题，这只是硬币的一面。新能源的开发，起初是出于两个主要目的，一个是对化石能源枯竭的危机感，要求开发取之不尽、用之不竭的能源，在化石能源用尽之后，人类不至于没有替代性能源；另一个目的是用清洁的能源替代污染性的化石能源，这里的污染，既包括对大气、土壤和水源形成污染的硫化物、氮化物以及其他污染物，也包括二氧化碳这个广义的污染物。

当然，有人认为，绿色能源的生产设备也存在污染，如光伏产品中的重金属和有毒、有害成分（铅、镉、砷等）对环境具有长期影响。开发和使用绿色能源还要消耗大量的稀贵金属如锂、银、铟、镓、钴等元素。这些元素在地球上含量不够丰富，开发和提炼过程会产生一定程度的污染。现阶段，这样的情况确实是存在的，但科技总是在不断进步，替代性原料会不断出现，总的趋势是用丰富的元素替代稀缺的元素，用低污染的元素替代高污染的元素。而且，我们也不能回避一个事实，就是化石能源尤其是煤炭中同样存在一定量的这类污染物质。新能源开发利用中的污染问题不必忽略，也不必过分放大。

迄今为止，化石能源对环境的污染成本有一部分已经计入了它的总成本，这主要是通过增加脱硫、脱硝、脱氮等设备和工序，提高了化石能源发电的成本。二氧化碳排放的成本正在逐步通过碳排放许可和交易进入化石能源的成本，目前还没有完全纳入总成本。

新能源的绿色性在环境成本被全面纳入能源生产成本后将更加显著。在一些发达国家和地区，绿色能源的环境积极意义已经转化为经济价值，碳市场的建立为绿色能源生产企业提供了发电之外的收入来源。

三、价格竞争

在除水电以外的风电、光伏发电和生物质发电三种主流电力中，前两者在 2020 年前后已经可以实现平价上网。陆上风电和光伏发电已经可以做到低于煤电价格，海上风电也将较快实现平价上网。目前，生物质能发电成本还较高，仍需财政提供补贴支持运行。在这些可再生能源电力价格继续下降并以更大的幅度低于煤电价格之后，煤电将彻底失去竞争力，最终仅作为调峰电源、备用电源而参与电力市场运行。

第二节　化石能源主要用途的转变

一、化石能源的非能源用途

根据英国石油公司的统计，2021 年，全球煤炭消费量约 82 亿吨，其中中国约占 50%，达到 41 亿吨。全球发电供热用煤约 55 亿吨，占比约 67%。中国电厂、供热用煤 21 亿吨，占比 51%。除了直接作为燃料使用，煤炭还有另外一个主要用途——炼制焦炭，根据《中国能源统计年鉴 2021》，中国炼焦用煤的比例达到 13.5%，用于金属冶炼的直接用煤达到 11%，而用于非金属化工业的占比仅有 11.7%。也就是说，中国超过四分之三的煤炭被烧掉，只有 11.7% 用在了煤化工领域。这是对煤炭极大的浪费。煤炭化工产品结构如图 10 - 1 所示。

石油也是重要的化工原料，是现代化学工业的基础。根据《中国能源统计年鉴 2021》，中国 2020 年消费原油 6.9 亿吨，其中 93.5% 被炼油厂用于提炼为汽油、柴油、燃料油和基础化工原料，用于交通运输的原油超过 50%。石油化工产品结构如图 10 - 2 所示。

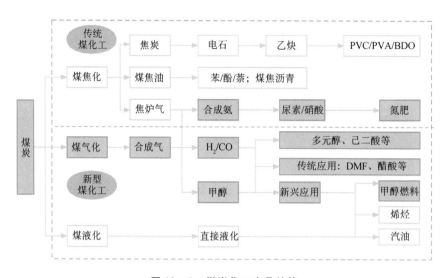

图 10 - 1　煤炭化工产品结构

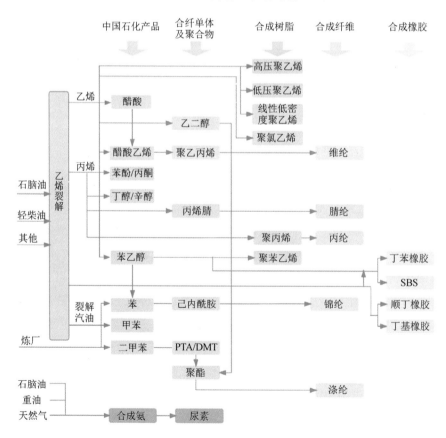

图 10 - 2　石油化工产品结构

天然气化工是化学工业分支之一。以天然气为原料生产的化工产品包括合成氨、甲醇及其加工产品（甲醛、醋酸等）、乙烯、乙炔、二氯甲烷、四氯化碳、二硫化碳、硝基甲烷等。根据《中国能源统计年鉴2021》，从消费结构看，2020年，中国天然气消费用于工业燃料和城镇燃气用气占比基本持平，均在37%—38%，发电用气占比16%，化工用气仅占比9%。2021年，全球天然气发电量占比达到23%，而中国仅为3%。

二、化石能源主要用途的转变

如果新能源发电能取代化石能源发电成为主力电源，并且通过新能源制氢成为冶金工业的主要还原剂，化石能源中的绝大部分将转向化工原料。这将导致化石能源价格的显著降低。这对世界各个发展中国家尤其是尚未完全实现工业化和现代化的国家而言，其工业化和现代化的成本将大大降低，也十分有利于中国这个以制造业立国的工业大国。随着化石能源价格的下降，长期以来困扰化石能源主产区的外来干涉将会减少，世界和平进程处于更有利的地位。中国也将摆脱石油和天然气供给受制于人的局面。

第三节　新能源开发使用的意义

一、降低能源成本

如前文所述，煤炭、石油和天然气等化石能源既是能源，也是极为重要的化工原料，世界化工业绝大部分原料来自它们，把它们作为能源来燃烧是对它们最大的浪费。

煤炭、石油和天然气主要被用作燃料来发挥其最大的价值，而不是作为化工原料，根本原因在于，与可再生能源相比，其成本较低。但这只是历史的状况，2021年是一个分水岭。随着新能源技术的不断进步，风电和光伏发电的成本有望总体上和化石能源发电持平，甚至低于化石能源成本。国际可再生能源理事会数据显示，从2010年到2020年，光伏发电成本下降幅度达到85%。如果把时间拉长10年，2000年以来，光伏发电的成本下降了95%，并且还有很大的下降空间。到2021年，我国的地面光伏电站在大部分地区实现与煤电基准价同价，并且新的装机不再提供财政补贴。据中国财政部的统计数据，中国风电的成本在近 10 年下降了 30%。

全球用于发电用途的能源结构占比中，可再生能源发电未来具有较大增长空间，而太阳能和风能有着成本低廉、用之不竭、环保经济等竞争优势，已经成为最具有代表性的可再生能源。

未来可再生能源的成本还有较大的下降空间，全面低于化石能源的成本为期不远。如果能加快解决稳定性、储能等技术难题，可再生能源取代大部分化石能源将成为现实。这不仅会减少二氧化碳排放，也将降低全世界的能源成本，改变工业的成本结构和人民的生活方式。未来居民对能源的使用可能类似于人们目前对信息流量（包月、包年）的使用一样，不再成为一个约束。

二、获得可持续的能源供应

化石能源供应的不可持续性表现在两个方面：化石能源不可再生性约束下可开采量的限制和碳排放约束下对化石能源消费量的限制。

一方面，化石能源的理论储量、探明储量和可开采量是递减的关系，决定于技术和经济性。即使全球可开采量总体上能够满足人类需求，但由于地区分布不均，储量丰富的国家出于政治、安全、环保和竞争原因，不一定愿意向需求方提供，有些国家则因为被制裁的原因导致石油开采、运输设施不足、结算受限而难以提高产量和出口量，有些国家因为国内动乱，甚至被境外霸权控制而无法提高产量和出口量。这对那些对能源需求持续增长而自己开采能力不足的国家而言，化石能源的供给就显得很不稳定。

另一方面，二氧化碳与气候变暖之间的联系已经是不争的事实。在道德和舆论层面，每个国家都难以置身事外，加快脱碳是无法避免的。对于中国这样的人口大国和排放大国来说，要尽快实现碳达峰和碳中和，就不能不进行能源结构的清洁化。在经济层面上，实现了碳达峰的发达国家，已经蠢蠢欲动了多年，企图通过征收碳税来维护其领先地位。中国在过去十年里不遗余力地发展可再生能源，在水电、风电和光伏发电的技术、产业领域立于世界能源革命的潮头，并且在核聚变领域取得了较大的进步，储备了下一代的乃至于是终极性的清洁能源技术。假如国内外仍然有人认为"二氧化碳排放导致全球气温变暖"是个谎言，"碳约束是西方发达国家用来控制发展中国家的壁垒"，那么在今天来看，西方国家是明显地搬起石头砸了自己的脚。中国在绿色发展和减碳方面，尽管因为人口基数的原因和工业化起步较晚，尚未实现碳达峰，但过去被认为是遥不可及的目标，至少在今天是实现在望了，而且，中国通过自己的艰苦努力，在绿色发展技术和绿色产业领域，已经实现了巨大的飞跃，成了这个领域的领头雁。

中国的可再生能源潜力到底有多大？我们以中国的电力消费为例。根据中国国家能源局公布的数据，2021 年，中国全社会用电量是 8.31 万亿千瓦时，其中可再生能源发电量 2.48 亿，占比 29.8%。

2021 年，全国可再生能源发电量达 2.48 万亿千瓦时，占全社会用电量的 29.8%。其中，水电 13,401 亿千瓦时，同比下降 1.1%；风电 6,526 亿千瓦时，同比增长 40.5%；光伏发电 3,259 亿千瓦时，同比增长 25.1%；生物质发电 1,637 亿千瓦时，同比增长 23.6%。水电、风电、光伏发电和生物质发电量分别占全社会用电量的 16.1%、7.9%、3.9% 和 2%。

2021 年，中国可再生能源新增装机 1.34 亿千瓦，占全国新增发电装机的 76.1%。其中，水电新增 2,349 万千瓦、风电新增 4,757 万千瓦、光伏发电新增 5,488 万千瓦、生物质发电新增 808 万千瓦，分别占全国新增装机的 13.3%、27%、31.1% 和 4.6%。

2021 年，可再生能源装机规模突破 10 亿千瓦，风电、光伏发电装机均突破 3 亿千瓦，海上风电装机跃居世界第一。截至 2021 年底，中国可再生能源发电装机达到 10.63 亿千瓦，占总发电装机容量的 44.8%。其中，水电装机 3.91 亿千瓦（其中抽水蓄能 0.36 亿千瓦）、风电装机 3.28 亿千瓦、光伏发电装机 3.06 亿千瓦、生物质发电装机 3,798 万千瓦，分别占全国总发电装机容量的 16.5%、13.8%、12.9% 和 1.6%。

根据"以数据看世界"统计，截至 2021 年底，全球累计光伏装机 942 吉瓦。2013 年，中国光伏新增装机量世界第一，并连续保持第一；2015 年，累计装机量世界第一，并连续保持第一。截至 2021 年底，累计装机量 306 吉瓦，占全球 32%；当年发电量占比超过全球平均水平。根据中国风能协会和"以数据看世界"统计数据，截至 2021 年底，全球风电装机总量 837 吉瓦，中国装机总量达 328 吉瓦，位居第一，占全球总装机容量的 40.40%，当年发电量占比超过全球平均水平。美国风电装机总量为 134.40 吉瓦，占比为 16.05%，仅次于中国，中美合计累计装机量占世界总装机量的比例超过 50%。

根据《中共中央 国务院关于完整准确全面贯彻新发展理念做好碳达峰碳中和工作的意见》，2030 年风电、太阳能发电总装机容量要达到 12 亿千瓦以上，2060 年非化石能源消费比重达 80% 以上。

仅从光伏来看，我国建筑物屋顶有 200 亿平方米，可安装 50 亿平方米电池板，即 1,250 吉瓦。我国还有大量的荒漠、戈壁和沙漠，可以安装巨量的光伏电池板。因此，国家正在力推在西、北部荒漠、戈壁和沙漠地区建设大型风光电基地，是十分正确的决策。今后最大的问题，并非是有没有足够的资源发展可再生能源，而在于能否不断提高技术水平，提升发电效率，降低发电成本，实现储能和输送的技术突破，实现清洁、可再生能源的可持续获得。

三、实现碳达峰与碳中和

英国石油公司发布的《世界能源统计年鉴 2022》（Statistical Review of World Energy 2022）显示，截至 2021 年，化石燃料占一次能源使用的 82%，水力发电占 6.8%，可再生能源占 6.7%，核能占 4.2%。当年可再生能源发电占总发电量的 13%，其中风能和太阳能占 10.2%。中国仍然是太阳能和风能增长的主要驱动力，分别占全球产能增加量的 36% 和 40%。

与此同时，化石能源仍然扮演主要角色，据 "以数据看世界" 网站汇总数据，2021 年全球电力结构是：煤炭 36.49%、天然气 22.16%、水电 15.28%、核电 9.94%、风能 6.59%、太阳能 3.72%、石油 3.10%、其他可再生能源 2.73%。2021 年，风力和太阳能发电占比合计首次超过核能。具体如图 10 - 3 所示。

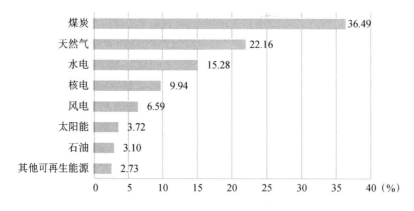

图 10 - 3　2021 年全球电力生产结构

数据来源："以数据看世界"。

　　20 世纪 80 年代，风能和太阳能发电从零起步以来，取得了长足的进展。它们加入后的全球电力结构发生的变化是，弥补了石油占比的下降，同时，天然气的占比上升覆盖了核电和水电下降的比例，其他可再生能源的比例上升覆盖了煤炭比例的下降。1985—2021 年全球电力结构的演变如图 10 - 4 所示。

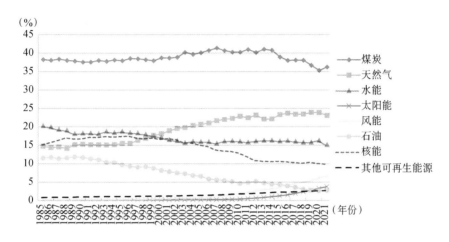

图 10 - 4　1985—2021 年全球电力结构的演变

数据来源："以数据看世界"。

　　从图 10 - 4 我们可以看到，化石能源发电中，只有石油的消费是逐年稳步下降的，而天然气基本上是逐年稳步上升的，煤炭只是近十年来才从高位平台上开始下降。随着东南亚和非洲地区煤电厂的开工投产，部分国家削减的煤电，可能被另外部分国家的增加所抵销，煤电消费的占比和绝对量下降都会很缓慢。在清洁能源中，水电、核电呈现的是比例下降趋势，只有可再生能源中的风电、太阳能发电的比例提高较快，其他可再生能源的占比增长平稳。

　　世界为气候变化每年都召开会议商讨对策，然而不争的事实是，碳排放几乎每年都在增长。尽管如此，根据世界资源研究所（WRI）的统计数据，全球已经有 54 个国家的碳排放实现达峰。在 2020 年排名前 15 位的碳排放国家中，美国、俄罗斯、日本、巴西、印度尼西亚、德国、加拿大、韩国、英国和法国已经实现碳达峰，欧盟 27 国作为整体早已实现碳达峰。中国、墨西哥和新加坡等国家承诺在 2030 年以前实现碳达峰。其中，绝大部分发达国家比如欧美日韩等，都已经承诺在 2050 年之前达到碳中和。欧盟委员会 2019

年 12 月公布 "绿色协议"，努力实现整个欧盟 2050 年净零排放目标。美国颁
布的《2022 年通胀削减法案》，该法案将带来 3,690 亿美元用于美国的能源安
全和气候投资，以鼓励业界和消费者从化石能源转向更清洁的新能源，帮助
美国在 2030 年前将温室气体排放量在 2005 年的水平上减少 40%。为加快碳达
峰和碳中和进程，各国把发展光伏和风电作为重要手段，都在加快建设步伐。
2021 年末，各国光伏、风电累计装机及全球占比如图 10 - 5、图 10 - 6 所示。

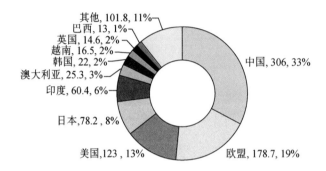

图 10 - 5　2021 年末各国光伏累计装机量及全球占比（单位：吉瓦）

数据来源：国际能源署（IEA）。

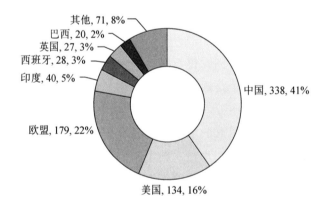

图 10 - 6　2021 年末各国风电累计装机及全球占比（单位：吉瓦）

数据来源：国际能源署（IEA）。

　　2021 年和 2022 年，中国启动了两批北方和西部地区沙漠、戈壁、荒漠地
区大型风电光伏基地建设，加快能源结构转型。

　　很明显，全球要实现碳达峰和碳中和，注意力都集中在了风电和太阳能
发电上面。对于中国来说，由于水力资源丰富，水电目前还是可再生能源的
主力，并且中国还在大力开发水电项目。但中国国土面积广袤，适合建设风

电场和光伏电站的非耕土地、海洋、水面、屋顶还有大量资源储备，风电和光伏发电将成为今后较长时期的可再生能源建设主战场。

西方工业化国家在 20 世纪 80 年代之前已经实现了工业化，其人口增长率不断下降，并最终停止增长而逐步缓慢下降。尽管其人均能源消耗相对于当时的全球平均消耗水平来说较高，但人口总量占比不大，因而其能源结构的转型较为顺利。同时，一个不能忽视的主要因素是，西方工业化国家在完成工业化以后，受新自由主义经济学的影响，全球化浪潮迅速兴起，产业升级和转移在自由贸易的旗帜下加速发展。它们在大力发展服务业的同时，保留了研究开发和高端装备制造、材料制造产业，而把中低端的原材料制造、组装以及生活用品的制造向发展中国家转移，重组了国际产业链。与此同时，它们又率先开发新能源，使新能源的消费比例不断提高，从而率先实现了碳达峰，并努力向碳中和目标迈进。

世界的发展是不均衡的。在西方国家进入经济和人口缓慢增长期的同时，发展中国家的人口和经济在同步快速增长。能源的消费成本和环境成本成为支持经济发展的重要比较优势。煤炭储量丰富的中国、印度和印度尼西亚等，作为人口大国，都把煤炭作为主要能源加以利用。而人口增长较快的伊斯兰国家则大力开发和使用丰富的石油、天然气资源。新兴工业化国家在发展本国经济的同时，也向发达国家输出中低端工业品。这样，它们一方面为了提高本国人民的生活水平、为了满足人口的不断增长而增加能源，尤其是高碳能源的使用量；一方面又承担起发达国家的转移碳排放，从而使它们成为重要的碳排放主体。与此同时，囿于新能源技术主要掌握在发达国家手中，新兴工业化国家除了大力开发水电这种低碳、清洁、绿色、可再生能源之外，并没有更好的办法来降低经济的碳排放强度。而就在水电开发成为它们开发非化石能源的主要方向时，发达工业化国家又开始发出水电对生态和地质存在负面影响的声音，一度导致水电开发出现了停滞。直到今天，西方国家一方面希望发展中国家实现工业化以间接促进它们的经济发展，一方面又指责新兴工业化国家的碳排放对全球气候变化产生影响。以至于近来还出现了一种新的论调，认为尚未实现工业化的国家，特别是撒哈拉以南的非洲地区不一定要走工业化的道路，建议它们通过农业现代化换取工业化国家的碳排放补贴，并认为这样也能实现富裕的目标。新兴工业化国家陷入了无所适从的困惑之中。

在全球仍然需要不断努力提高民众生活水平的前提下，在仍然有大量人口没有实现工业化并摆脱贫困的前提下，在全球总人口仍然在增长的情况下，全球能源消费的总量并不因为部分发达国家的能源消费量已经开始降低而减少。据国际能源署估计，全球到 2022 年仍然有大约 7 亿人口没有用上电。一个被发达国家忽略的因素是，正是因为不发达，那些尚未实现工业化的地区人口还在快速增长，它们的能源消费现在看来是微不足道的，但这种欠账终归需要得到补偿。发达国家不愿意也不太可能在短期内降低人均能源消费，而发展中国家还得不断提高民众生活水平，因此全球的能源消费在短期内无法总体上实现下降。碳排放对全球气候的威胁已经达成广泛共识，这就要求我们在不能降低能源消费总量的条件下改变能源结构，从而减少碳排放。然而，这不仅需要技术支持，也需要资金投入，甚至在短期内还要面临成本的压力。经历了 50 年的争论，直到 2022 年联合国气候变化大会第 27 次缔约方会议，全球才勉强达成气候损失和损害赔偿的原则，要把这一原则转变为机制落到实处，实际上并不乐观。毕竟，西方发达国家的经济环境和社会环境自 20 世纪 80 年代以来已经发生了巨大变化，社会福利体系面临很大的挑战，要让这些对历史排放负有很大责任的碳排放国拿出资金和技术来赔偿那些话语权不高的发展中国家，难度极大。因此，发展中国家必须立足于自力更生开发新能源，以满足自身发展的需要。

有学者指出，全球开发消费的低碳新能源，只不过是覆盖了能源消费的增量，并没有减少传统能源的存量消费部分，碳排放并没有因为新能源的消费而降低绝对值，这是真实的情况。尽管如此，如果没有新能源的开发利用，碳排放的水平还要高得多。

四、中国实现碳达峰、碳中和目标有赖于新能源开发

在不降低能源消费水平，甚至能源消费水平还要不断提高的前提下，为了自身的清洁发展，也为了更好地改善和保护自身的自然环境，我们必须通过大规模开发和利用低碳新能源，降低高碳化石能源的消费比例和绝对量，降低总体碳排放。

中国政府已经宣布了 2030 年碳达峰、2060 年碳中和的目标，尽管碳中和的目标期限比大部分发达国家宣布的要晚 10 年，但这已经是中国所能做到的最大努力。实现这一目标需要完成的任务十分艰巨，但也充满了希望。十多

年来，中国不仅是新能源新增装机规模最大的国家，也是新能源装机总量最大的国家。我们掌握了当前最主流的新能源——风能和光能的技术，并把它们发展成为我们的优势产业，使其为我们带来了经济增长和出口收入，也为其他国家能源转型和减碳做出了巨大的贡献。通过发展离网型风电和光伏，我们为大量的边远地区人口和游牧人口解决了电力需求，使他们摆脱了落后的生活方式，迈入了现代生活，能够与外界同步分享信息。同时，我们也在终极能源——核聚变的技术开发领域实现了与世界最领先水平的并跑，部分甚至实现了领跑。构建新能源开发利用的梯度体系，将有力地支持我们按期实现碳达峰和碳中和。

根据中国国家能源局和中国电力企业联合会统计数据，2011—2021 年，中国可再生能源年度发电量从 7,429 亿千瓦时提高到 24,864 亿千瓦时，占比从 15.7% 提高到 29.8%，接近翻番。中国可再生能源发电量累计达到173,265 亿千瓦时，累计量占比 25%，如果按煤电发电排放标准计算，累计减少二氧化碳排放量达到了 136.92 亿吨。2021 年，可再生能源发电减排二氧化碳达到 19.1 亿吨。

十年间，不包括水能发电，根据中国国家能源局和中国电力企业联合会统计数据，风电、光伏和生物质发电占发电总量的比例从 1.6% 提高到13.7%，占可再生能源发电量的比例从 10% 提高到 46%，即将与水电平分秋色。累计发电量达到 51,388 亿千瓦时，占发电总量的 7.4%，占可再生能源累计发电总量的 29.7%。如果按煤电发电排放标准计算，累计减排二氧化碳量达到了 40.6 亿吨。2021 年，风电、光伏和生物质发电合计 11,463 亿千瓦时，当年减排二氧化碳排放量 8.8 亿吨，约占 2021 年我国二氧化碳排放总量的 9%。2011—2021 年我国主要可再生能源发电量、减排二氧化碳排放数量如表 10-1 所示。

表 10-1　2011—2021 年我国主要可再生能源发电量、减排二氧化碳排放数量

项目 年份	水电 （亿千 瓦时）	风能 （亿千 瓦时）	太阳能 （亿千 瓦时）	生物质 （亿千 瓦时）	可再生能源 发电总量 （亿千瓦时）	发电总量 （亿千瓦时）	可再生能 源发电量 占比（%）	减排量 （tCO$_2$）
2011	6,681	741	7	—	7,429	47,306	15.7	6.21
2012	8,556	1,030	36	—	9,622	49,865	19.3	7.94

续表

项目 年份	水电 （亿千瓦时）	风能 （亿千瓦时）	太阳能 （亿千瓦时）	生物质 （亿千瓦时）	可再生能源 发电总量 （亿千瓦时）	发电总量 （亿千瓦时）	可再生能 源发电量 占比（%）	减排量 （tCO$_2$）
2013	8,921	1,383	84	383	10,771	53,721	20.0	8.78
2014	1,0601	1,598	235	461	12,895	56,045	23.0	10.45
2015	11,127	1,856	395	539	13,917	57,399	24.2	11.13
2016	11,748	2,409	665	653	15,475	60,228	25.7	12.26
2017	11,947	3,046	1,178	813	16,984	64,529	26.3	13.35
2018	12,321	3,658	1,769	936	18,684	69,947	26.7	14.60
2019	13,021	4,053	2,240	1,126	20,440	73,269	27.9	15.91
2020	13,553	4,665	2,611	1,355	22,184	76,264	29.1	17.18
2021	13,401	6,556	3,270	1,637	24,864	83,959	29.8	19.10
合计	121,877	30,995	12,490	7,903	173,265	692,532	25.0	136.92

数据来源：发电量来源于国家能源局和中国电力企业联合会（中电联）。火电厂供电标准煤耗来源于中电联。标准煤发电的二氧化碳排放因子为2.54。

尽管我国二氧化碳排放量仍然在缓慢增加，但因为我国能源消耗增速已经在下降，可再生能源特别是以水电、风电、光伏和生物质为主的可再生能源发电所产生的减排作用已经开始逐渐覆盖新增排放。随着它们装机量的继续大幅度提高，我国2030年碳达峰的目标完全能够实现。

实现碳中和的目标则要艰巨得多。

即使电力生产能够全部实现零排放，仍然有部分产业环节无法使用电力作为能源而产生排放，例如，航空可能还要继续使用部分化石能源作为燃料；一些工业产品也仍然需要使用化石能源进行生产，如化肥。农业、养殖业领域产生的碳排放也不可能降到零。生物碳汇可以部分吸收这些难以消除的碳排放，但可能不能全部吸收。我们只能在尽可能消费更高比例的零碳电力的同时，加大生物碳汇的力度，其余的碳排放，只能依靠未来的碳捕集和封存技术，直接从空气中捕集二氧化碳并将其安全可靠地封存起来，即所谓的"负碳技术"。这类技术的应用，本身可能也产生碳排放。因此，碳捕集的效率，要看两者的对比。

负碳技术通常指捕集、贮存和利用二氧化碳的技术。

实现碳中和目标，需要应用负排放技术从大气中移除二氧化碳并将其储存起来，以抵消那些难减排的碳排放。碳移除可分为两类：一是基于自然的方法，即利用生物过程增加碳移除，并在森林、土壤或湿地中储存起来；二是通过技术手段，即直接从空气中移除碳或抑制天然的碳移除过程以加速碳储存。

负碳技术主要包括加强二氧化碳地质利用，二氧化碳高效转化燃料化学品，直接空气二氧化碳捕集，生物炭土壤改良，森林、草原、湿地、海洋、土壤、冻土等生态系统碳汇的固碳等。

负碳技术的开发有助于清除大气中历史形成的二氧化碳，降低大气中二氧化碳的浓度，但这不能取代新能源的发展。负碳技术只是在解决二氧化碳排放问题，并不能解决清洁能源的供给问题。人类社会要获得可持续的清洁能源，还得依靠新能源对化石能源的代替，也就是说，我们在相当长的时期内，都不得不持之以恒地开发现有的主要新能源形式，直到终结能源——核聚变技术的商业化使用。

在碳中和情境下，我们仍然要使用化石能源去满足 20% 电力需求，化石能源仍然可能是 2060 年以后的备用能源。化工领域消费的化石能源产生的碳排放，可能由森林碳汇、碳捕集和封存等技术所解决。随着重化工业化进程的结束，来自化工领域的碳排放压力将会大大减轻。冶金业的规模大大缩小，电炉（废金属再生）大量取代高炉（矿石冶炼），氢代替焦炭成为主要的还原剂。农业和畜牧业的碳排放可能成为关注的焦点。

大规模开发和利用新能源，是减排二氧化碳和逆转全球变暖的关键，是实现碳达峰和碳中和的关键，是能源匮乏国家实现能源自给和能源安全的关键，是为保障经济社会可持续发展提供可持续的能源供给的关键，也是降低能源成本的关键。

第十一章 碳税、碳市场、碳足迹和碳边境税

第一节 碳税

一、碳税的起源与动机

出于对环境问题引起的公共卫生和社会问题的重视，发达国家早已对能源进行征税。而发展中国家为了推动经济发展，必须对能源进行大量投资，比如中国改革开放以来实施的"交通先行""能源先行"政策，奠定了中国优越的经济发展基础设施条件，这是中国经济一直保持较好发展速度、投资环境具有竞争力的关键因素之一。为了筹集能源建设资金，对于能源的生产者，中国政府曾经长时间征收"能源建设基金"（与"交通建设基金"合称"能交基金"），实际上就是一种能源税，通过征收的基金投入新的能源基础设施建设，不断扩大能源供给能力。

碳税的概念起源于对温室气体排放的重视。对能源征税实际并不区分能源的碳含量，这虽然有助于抑制能源的消费需求总量，但对于优化能源结构以促进减排二氧化碳意义较小。碳税要求按碳排放量对不同的能源征税，一个结果是可再生、绿色能源的生产和消费比例会提高，碳排放值较低的天然气和石油的消费会部分取代碳排放值较高的煤炭。最受打击的自然是煤炭消费，其次则是石油，对天然气的影响相对中性，而对绿色能源有较大的促进作用。从国别上看，煤炭消费占比较大的发展中国家特别是中国和印度受到的影响是最大的。与此同时，对于煤炭出口量较大的国家如澳大利亚、印度

尼西亚、俄罗斯等国影响也较大。而对于煤炭消费比例较低的发达国家，受到的影响要显著小于发展中国家。

碳税理论提出者和实践推动者都是西方发达国家，尤其是欧洲。推出碳税除了确实有抑制排放的主要目的之外，还有两个隐含目的。一是提高发展中国家的能源成本，从而降低其经济发展速度，促使发展中国家与发达国家之间的差距得以保持。在一边向发展中国家转移产业的同时，一边要求发展中国家承担碳排放成本的做法十分明显地带有目的。二是提出碳税的时候，发达国家在新能源技术和产业领域还处于优势地位，通过碳税来刺激全球新能源发展对发达国家而言是有利的。

二、推行碳税的难点和结果

碳税在理论上的可行，在征收上的简便，并没有最终在实践上取得很大的进展。全球范围内还没有一个国家或地区普遍实施碳税征收。碳税对生产和消费有明显的长短期抑制作用，在碳税试图推出的时代，新能源技术还刚刚开始商业化进程，推出碳税只能增加生产和消费成本，而不太会真正中性。民众对于政府提出征税建议时所谓的把征得的税用于推进绿色能源发展的论调总是保持警惕。在碳税提出后不久，全球经济连续遭遇危机，经济增长和人民生活受到很大影响，对于碳税的推行也产生了阻碍。

碳税是一种普遍性的税收，相当于对所有民众的消费进行征税，对于普通民众的影响远大于对富裕阶层的影响，遭到工薪阶层的强烈抵制。

对于绝大多数生产者即厂商企业来说，碳税会降低其利润，影响其利益。能源生产大集团和能源消费较多的企业并无意愿接受碳税，尽管它们的社会责任报告总是不厌其烦地数说其减排的成绩。它们有足够的动力和资源去阻挠碳税的征收。如果碳税水平较低，企业减排的动力就很小，减排效果不明显。而如果碳税过高，它们将把产能转移到其他低碳税地区，这对高碳税国家来说会造成经济损失。

而要在国际上推行碳税就更不可行。大多数发展中国家还处于高排放化石能源消费的增长期，征收碳税无疑会延缓它们的发展进程。能源消费是工业化和现代化的基础条件，让处于不同发展阶段、拥有不同能源资源和不同能源结构的国家，按照相对统一的模式和标准对消费征收碳税，对经济发展增加障碍，无疑不可能得到真正的支持。

提出对二氧化碳排放征税以抑制温室效应的扩张，对人类社会来讲确实有一定的进步意义，但这一政策激发的矛盾远非理论所描述的那样轻。发达国家有内在动力推动碳减排，它们采用的不过是技术、质量、环境阶段式保持优势地位的手段，即在第一阶段保持与发展中国家的技术优势，"你无我有"，利用发展中国家的发展机会扩大市场，向其输出它们不生产的商品，谋求自身的发展；第二阶段保持与发展中国家的质量优势，在发展中国家的商品已经丰富并对发达国家产生一定竞争的时候，"你有我优"，仍然能够占据高端商品市场，获取利益；第三阶段保持与发展中国家的环境优势，在发展中国家已经能够生产与发达国家竞争的商品特别是装备产品时，提出环境标准，以人类的名义、道德的名义和社会责任的名义，打着环境保护的旗号，通过环境壁垒抑制不断扩张的发展中国家的生产能力。对于本国企业、本国居民和环境脆弱国家来说，这是很有吸引力的。但对于广大发展中国家，尤其是发展中制造业大国，特别是中国和印度等以煤炭为主要能源的发展中制造业大国来说，这显然是一个严峻的挑战。但是，正因为其所谓的"正当性"和"正义性"，发展中国家无法拒绝二氧化碳减排，同时发展中国家对化石能源特别是高碳化石能源的使用也确实给自身带来了严重的环境问题，高强度连续利用高碳化石能源显然也是不可持续的发展模式，因此，发展中国家拒绝的不是碳排放，而是不公平的碳排放政策。这就是《京都议定书》提到的"共同但有区别的责任"原则。

于是，一厢情愿地提出的征收碳税政策最终不了了之，发达国家和发展中国家一起押后了碳税政策，取而代之的是转向了以免费配额为基础的碳交易和碳市场建设，以此作为主要的减排政策工具。碳交易的实施以配额为基础，但配额到目前都是免费的，这对减排有一定的作用，但基本上没有影响各国经济发展基本面，因此被广泛接受了，即使是发展中国家，也不明确反对，像中国这样的发展中国家还参与了进来，组建了自己的碳交易市场。由于碳交易仍然不足以有效抑制二氧化碳排放，处于环境保护领先地位的欧盟又改头换面地推出了欧盟碳关税。

第二节 碳市场

一、碳市场的概念与参与方

碳排放是一个全球性问题，没有国界的限制。而在全球的市场经济体制下，解决碳排放问题不能只依靠政府的约束力，必须利用市场机制来实现，于是就产生了碳资产和碳交易、碳市场的概念。

1997 年签署的《京都议定书》列举了六种被要求排减的温室气体，二氧化碳是最主要的温室气体，《京都议定书》把市场机制作为解决二氧化碳为代表的温室气体减排问题的重要路径，把二氧化碳排放权作为一种商品，认为包括二氧化碳在内的温室气体的排放行为要受到限制，由此导致碳的排放权和减排量额度（信用）开始稀缺，并成为一种有价产品，称为碳资产。碳资产以每吨二氧化碳当量为计算单位，从而形成了二氧化碳排放权的交易，即碳交易，其交易市场则被称为碳市场。

《京都议定书》规定了发达国家与发展中国家共同但有区别的责任，发达国家有减排责任，而发展中国家没有，因此产生了碳资产成本在世界各国的不同水平。发达国家的能源利用效率高，能源结构优化，新的能源技术被大量采用，因此本国进一步减排的成本极高，难度较大。而发展中国家能源利用效率低，减排空间大，成本也低。这导致了同一减排单位在不同国家之间存在着不同的成本，形成了高价差。发达国家需求很大，发展中国家供应能力也很大，碳交易市场由此产生。这种逐渐稀缺的碳资产就出现了流动的可能。

碳市场的供给方包括项目开发商、减排成本较低的排放实体、国际金融组织、碳基金、银行和其他金融机构、咨询机构、技术开发转让商等。需求方有履约买家，包括减排成本较高的排放实体；自愿买家，包括出于企业社会责任或准备履约进行碳交易的企业、政府、非政府组织、个人。金融机构，包括经纪商、交易所和交易平台、银行、保险公司、对冲基金等，进入碳市场后也充当了中介的角色。

二、碳市场的交易机制和主要碳市场

碳市场可分为强制交易市场和自愿交易市场。

基于配额的强制交易市场。如果一个国家或地区政府法律明确规定温室气体排放总量，向参与者制定、分配排放配额，确定纳入减排计划中各企业的具体排放量，为了避免超额排放带来的经济处罚，那些排放配额不足的企业就需要向那些拥有多余配额的企业购买排放权，这种为了达到法律强制减排要求而产生的市场就称为强制交易市场。

基于项目的自愿交易市场。企业出于社会责任、品牌形象等考虑，互相之间签订协议，相互约定温室气体排放量，通过项目合作，买方向卖方提供资金支持，获得温室气体减排额度，在这种交易基础上建立的碳市场称为自愿交易市场。这类市场可以从国内扩展到国际，发达国家的企业要在本国减排所花费的成本很高，而发展中国家企业平均减排成本低，发达国家提供资金、技术及设备帮助发展中国家或经济转型国家的企业减排，产生的减排额度必须卖给帮助者。这些额度还可以在市场上进一步交易。

截至 2021 年底，全球正在运行的碳市场共 25 个，位于 33 个司法管辖区，包括 1 个超国家机构、8 个国家、19 个省和州以及 6 个城市，并有 22 个碳市场正在建设或考虑中，主要分布在南美洲和东南亚。目前，碳市场已覆盖全球 17% 的温室气体排放，全球将近三分之一的人口生活在有碳市场的地区，参与碳排放交易的国家和地区的 GDP 占全球总 GDP 的 55%[①]。

全球现有五个较为成熟的碳市场。

欧盟碳排放权交易体系（EUETS）于 2005 年正式启动，是目前全球规模最大、启动最早且最成熟的碳市场。欧盟碳排放权交易体系覆盖了 30 多个国家，历年成交量和市场价值均占到全球碳市场总量 70% 以上。该交易体系于 2005 年 4 月推出碳排放权期货、期权交易，碳交易被演绎为金融衍生品。

新西兰碳市场（NZETS）于 2008 年启动，是大洋洲唯一正在运行的碳市场，其以农业为主的产业结构导致 NZETS 是目前唯一覆盖林业部门的碳市场，并计划最早于 2023 年将农业排放纳入 NZETS。

美国目前仅在州一级建立了区域性的碳市场，包括区域温室气体减排行

---

① 参见：华中科技大学中欧绿色能源金融研究所（http://cegef.icare.hust.edu.cn/）。

动（RGGI）（2010 年）、加利福尼亚总量管制与排放交易机制（2012 年）、马萨诸塞州对发电排放的限制（2018 年）以及俄勒冈州总量控制与交易体系（2022 年）。RGGI 是美国第一个强制性温室气体排放体系，覆盖美国东北地区 11 个州的电力部门排放。

日本于 2010 年启动东京碳市场，且于 2011 年启动埼玉县碳市场，两个城市级别的碳交易体系之间可连接。

韩国碳市场（KETS）于 2015 年开始启动，发展较为成熟，是东亚第一个全国统一的强制性排放交易体系，也是目前全球第三大碳市场。

碳金融产品是指建立在碳排放权交易的基础上，服务于减少温室气体排放或者增加碳汇能力的商业活动，以碳配额和碳信用等碳排放权益为媒介或标的的资金融通活动载体。通过丰富碳金融产品体系，有助于发挥其价格发现、规避风险、套期保值等功能，提高碳市场的流动性和市场化程度，促使碳交易机制更加透明。国际碳市场较早开始探索创新碳市场交易工具。依托传统金融市场的优势，欧盟碳排放权交易体系在建立伊始就引入了碳金融衍生品，是目前全球规模最大、覆盖面最广、最有代表性的碳金融市场。

国际货币基金组织总裁格奥尔基耶娃在联合国气候变化大会第 27 次缔约方会议上表示，要想实现全球气候目标，到 2030 年，全球碳价格至少要达到每吨 75 美元。从目前情况看，只有欧洲的碳价超过这个水平，新西兰碳价接近这一水平，美国、韩国、日本的碳价远低于这一水平。

三、中国的碳市场

根据中国证监会发布的《碳金融产品》标准，碳金融产品包括碳市场融资工具、碳市场交易工具、碳市场支持工具。

2011 年，按照"十二五"规划纲要关于"逐步建立碳排放交易市场"的要求，中国在北京、天津、上海、重庆、湖北、广东及深圳 7 个省市启动了碳排放权交易试点工作。2013 年起，7 个地方试点碳市场陆续开始上线交易。2016 年，福建省也加入了试点。试点碳市场共覆盖电力、钢铁、水泥等 20 余个行业近 3,000 家重点排放单位，截至 2021 年 6 月底，试点省市碳市场累计配额成交量 4.8 亿吨，成交额约 114 亿元①。

---

① 参见：上海能源环境交易所（https://www.cneeex.com/）。

2020 年底，生态环境部出台《碳排放权交易管理办法（试行）》，印发《2019—2020 年全国碳排放权交易配额总量设定与分配实施方案（发电行业）》，正式启动全国碳市场第一个履约周期。2021 年 7 月 16 日，全国碳排放权交易市场启动上线交易，交易中心设在上海，登记中心设在武汉。发电行业成为首个纳入全国碳市场的行业，纳入发电行业重点排放单位 2,162 家，覆盖约 45 亿吨二氧化碳排放量。初始阶段碳配额为 100% 免费发放，之后将逐步提升有偿分配占比。到 2022 年 1 月，全国碳排放权交易市场第一个履约周期顺利结束。2022 年 7 月，全国碳市场正式运行一年，累计参与交易的企业数量超过重点排放单位总数的一半，市场配额履约率达 99.5% 以上。截至 2022 年 12 月 31 日，全国碳市场碳排放配额累计成交量 2.3 亿吨，累计成交额 101 亿元，成为全球覆盖温室气体排放量规模最大的市场①。生态环境部将陆续把石化、化工、建材、钢铁、有色、造纸、航空等行业纳入碳排放交易范围，全国碳市场的配额总量将从目前的 45 亿吨扩容至 70 亿吨，覆盖我国二氧化碳排放总量的 60% 左右。上海环境能源交易所全国碳排放权交易开始以来的走势如图 11 - 1 所示。

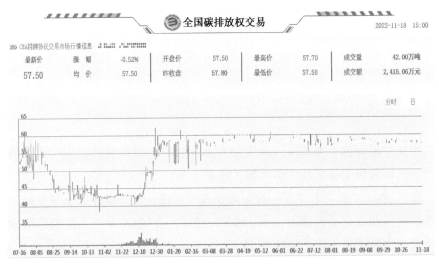

图 11 - 1　上海环境能源交易所全国碳排放权交易开始以来的走势

除了地方碳市场和上海的全国碳市场，香港也积极推动国际碳市场建设。

---

① 《低碳发展蓝皮书：中国碳排放权交易市场报告（2021 - 2022）》。

2022 年 10 月 28 日，港交所宣布推出国际碳市场"核心气候"（Core Climate）。Core Climate 支持市场进行高效和透明的碳信用产品和工具的交易，协助推动全球净零转型。Core Climate 平台参与者可透过平台获取产品信息、持有、交易、交收及注销自愿碳信用产品。

四、碳市场与碳税的差异及碳市场存在的缺陷

碳市场的机制是通过市场对二氧化碳排放进行定价，碳税的机制是政府对二氧化碳排放直接定价，这是它们的根本性差异。碳市场对于参与主体来说，相当于一个封闭的金融市场，如果不考虑交易成本的影响，其交易结果是零和。而碳税对于政府和参与主体来说是零和，被征税的参与主体都是利益净损失者。

碳税具有规范的税收体制和完善的法律规定，因而政府的管理成本更低，在进出口的国际税收协调方面难度也更低。对政府来说，更倾向于征收碳税以增加收入来源。至于凭空增加的碳税收入如何才能有效地分配到支出领域，一种说法是在其他领域减税，另一种说法是对绿色能源进行补贴。但这两种说法都存在不合理支出的问题，而且征税和税收的使用都需要额外支付成本。

碳排放权交易体系采取总量控制原则，把二氧化碳排放权作为一种商品进行交易，主要适用于高排放、高污染、高耗能的大型企业。它采用配额分配方法管理，如依据排放和生产情况设定各地区、各企业的配额，以及企业排放量的监测、核算等。碳排放权交易设置注册登记管理系统、排放交易平台等交易保障条件，增强了对企业的行为规范约束，包括对于企业减排责任的法律规定，对未能完成排放检测、报告和扰乱市场行为的罚则制定等。

碳市场比较适合排放量较大的大型企业，减排机制能够有效控制排放总量。碳税可以很好地覆盖那些排放量较小的小微企业，但难以对减排效果进行精准的预测，减排总量具有不确定性。碳市场和碳税二者之间具有明显的互补关系。在加拿大阿尔伯塔省实施的碳定价政策中，针对大型的排放企业采取碳市场机制，针对排放分散或者排放较小的小型企业则采取征收碳税的方式。

碳市场的一个重要缺点也就是碳税的优点，那就是碳税可以低成本全覆盖二氧化碳排放，碳市场则存在"碳泄漏"问题，有些未参与碳交易的行业和企业的碳排放量反而增加了，这实际上削弱了碳市场的减排效果。

即使通过碳市场和开征碳税双管齐下控制碳排放，还存在另外一种碳泄漏。有些碳排放大的企业把生产转移到碳市场价格较低甚至没有碳市场的和碳税较低甚至没有碳税的地区生产。因为大部分地区并没有碳市场，而除了欧洲和新西兰，其他地区的几个碳市场价格很低，可以说是聊胜于无。这样，高碳价地区的减排努力，势必会在低碳价地区被抵销，造成碳泄漏，大大降低所谓有效碳市场和碳税的减排价值。碳泄漏不仅破坏了减排的共同努力，使全球二氧化碳浓度不降反升，还会引发经济问题，为了追求更低的减排成本，企业、工厂外迁而造成本国产业受损。

因此，为防止碳泄漏，并且留住本国企业，欧盟最初为 63 个有碳泄漏风险的行业发放免费配额。但免费配额的发放使工业部门缺乏减排动力，使碳市场的减排成效难以达到理论预期。迄今为止，欧盟的碳市场所交易的主要还是免费的碳配额，这有助于缓解碳价对经济的冲击力，也在一定程度上实现了碳减排并向其他国家施加了减排压力，同时也对欧洲环保主义者有一个交代。2022 年 6 月，欧洲议会通过决定，从 2027 年开始，欧盟碳排放权交易体系（EUETS）下针对欧盟碳边境调节机制（CBAM，即碳边境税）覆盖行业的免费配额分配比例将从此前的 100% 降低至 93%，2028 年降至 84%，2029 年降至 69%，2030 年降至 50%，2031 年降至 25%，并最终在 2032 年完全取消免费配额。相比于欧委会提出的从 2026 年逐年减少 10% 免费配额的方案，欧洲议会的方案中免费配额比例的下降速度更快，提前 3 年实现免费配额的归零。

碳税也好，碳市场也好，都不会如理论上所描述的那样有效降低碳排放而不给经济活动带来抑制，即使它们结合起来，也不可能达到理想的境界。于是，欧盟继续寻求减排的道路，又转向了碳足迹和碳边境税。

第三节　碳足迹

一、碳足迹的概念

碳足迹（Carbon Footprint）的概念源自于"生态足迹"，是指由个体、组织、事件或产品直接或间接产生的温室气体总排放量，用以衡量人类活动对环境的影响。当前碳足迹主要以二氧化碳排放当量表示人类的生产和消费活动过程中排放的温室气体总排放量。目前，碳足迹可以按照其应用层面分成"国家碳足迹""城市碳足迹""组织碳足迹""企业碳足迹""产品碳足迹""家庭碳足迹"以及"个人碳足迹"。

国际标准组织 2018 年 8 月发布了《ISO14067：2018 温室气体产品碳足迹量化要求和指南》，提出了基于产品生命周期量化产品碳足迹的原则、要求和指南。该标准适用于评估所有商品及服务活动生命周期内的温室气体排放，开展此类活动的组织皆可依据该标准进行碳足迹评估。产品碳足迹是指某一产品在其生命周期过程（原料、制造、储运、销售、使用、废弃、回收全过程）中所导致的直接和间接的碳排放总量。产品全过程的碳排放量不仅包括产品本身，也包括供应链等范围内的碳排放。

碳足迹的核算方法主要是生命周期评价方法（Life Cycle Assessment，LCA）。目前，比较常用的生命周期评价方法可以分为过程生命周期评价（Process – based PLCA）、投入产出生命周期评价（Input – output LCA，I – OLCA）、混合生命周期评价（Hybrid – LCA，HLCA）三种。

二、欧盟的碳足迹评价体系和规则

欧盟在碳足迹理论的基础上进一步提出了产品环境足迹（PEF），用于取代产品碳足迹、产品水足迹等单项评价指标，这是基于产品生命周期评价的方法，由欧盟建立统一的绿色产品评价标准、审核与标识体系，包含了碳足迹核算与碳标签认证体系。PEF 指南由欧盟研究总署和欧盟环境总署联合制定，并组织多个行业制定了几十类产品的碳足迹细则。PEF 本质上是为各类产品制定专用的评价规范 PEFCR（Product Environmental Footprint Category Rules），企业按照 PEFCR 编制产品的 PEF 报告，经过欧盟认可的审核机构评审，具有效力，可以对外发布。

PEF 信息以减少供应链中产品或服务对环境的影响为总体目的（从原材料的提取，到生产和使用，再到废弃品管理），通过生命周期模拟相关材料和能源在供应链中对环境的影响和废弃物排放的流程。评价范围涵盖从资源开采、初级原料和能源生产，以及产品生产、使用到废弃再生的产品生命周期全过程，评价指标包括 16 种资源环境影响类型。从方法体系看，PEF 是全球目前最系统化、最详尽的碳足迹/LCA 方法体系，PEF 的要求远高于全球其他碳足迹/LCA 标准和认证体系要求。

欧盟委员会于 2013 年 4 月 9 日发布了一份提案，提案由《建立绿色产品单一市场》公告和《更好促进产品和组织环境绩效信息》建议案组成，计划运用全生命周期评估的方法建立绿色产品的统一市场。同时发布了评估产品环境足迹（PEF）评价方法和组织环境足迹（OEF）评价方法，提议共同使用产品环境足迹和组织环境足迹的方法来评价产品对环境的影响。

2013 年 5 月 30 日，欧盟启动了为期 3 年的产品环境足迹试点工作。到 2016 年，共有 280 多家公司和组织自愿参与。2020 年 3 月 11 日，欧盟委员会发布《循环经济行动计划》，为建立可持续产品政策框架，欧盟委员会建议企业使用 PEF 和 OEF 方法来证明其对环境的影响。

三、碳足迹的影响

美世咨询（MERCER）《2020—2021 年全球人才趋势报告》通过调查认为，消费者对道德产品的需求推动企业和机构更有道德的商业行为。组织对环境、社会、治理（ESG）负责的行为和碳足迹的概念已经融入业务结构中。2021 年，这一议程在欧洲受到企业最大关注（占 71%），其次是亚太地区（占 67%）和北美（占 61%）。

气候变化已经成为全球商业可持续发展的重要议题，碳足迹让企业能够评估对环境造成的影响，也能帮助企业了解自己在哪些地方排放了温室气体。这对于在未来减少排放极为重要。碳足迹也为评估未来的减排状况设定了一个基线，也是确定未来可在哪些地方采用何种方式减少排放的一个重要工具。

大企业正在积极参与碳足迹活动。

苹果公司在过去十余年对每一款产品做供应链碳排放调查，并发布产品碳足迹结果，自 2015 年碳排放量达到峰值以来，整体碳足迹已有近 35% 的降幅。在《环境责任报告》中，苹果公司计划在 2030 年前减少 75% 碳排放量，同时为剩余 25% 的碳排放量开发创新性碳清除解决方案，并承诺将在 2030 年实现供应链与产品 100% 碳中和。

2020 年 7 月，韩国乐金（LG）化学宣布"2050 年实现碳中和增长"的战略，提出在全球所有工厂推进 100% 使用可再生能源。同年 12 月，乐金化学位于江苏无锡的正极材料工厂——乐友新能源材料（无锡）有限公司与当地风能、太阳能发电企业签署购电协议，自 2021 年起，乐金化学无锡正极材料工厂将仅使用可再生能源，乐金化学在中国的电池材料工厂将实现90%以上的碳中和。

越来越多企业在未来发展规划中对碳足迹做出了明确的目标规定，并要求其供应商提供产品碳足迹报告，制定碳减排、碳中和目标，开展碳减排行动，使用100%清洁能源。中国的华为、中兴、比亚迪、TCL等企业已收到国际采购商的碳足迹报告要求。华为于2022年5月召开供应商减排大会，要求前100名的供应商开展碳足迹评价。中铝等企业已经在寻找可再生铝资源供应商，以降低输欧产品的碳足迹。

2020年以来，中国新能源汽车和电池对欧盟出口剧增，而欧盟自身的新能源汽车在与中国企业的竞争中处于不利地位，欧盟祭出了碳足迹武器。2022年3月，欧盟通过了《欧盟电池与废电池法规》草案，提出了三项强制性要求及实施时间，从2024年7月起，只有按照欧盟PEF指南要求提交碳足迹报告的可充电工业和电动汽车电池才能进入欧盟市场。这项法规涉及便携式电池、汽车电池、电动车电池、工业电池等。到2025年，每一辆出口欧盟的汽车需核算发布其生命周期二氧化碳排放。这是全球首次将产品碳足迹认证作为产品强制性要求，并且PEF成为欧盟政府唯一采用的产品碳足迹核算标准与认证体系。不满足相关要求的电池产品，将被禁止进入欧盟市场。

在供应链的选择上，欧洲车企已经针对电池全生命周期碳足迹提出要求。戴姆勒已将碳排放指标作为选择供应商的一个重要标准，并表示下一代某些动力电池仅可使用可再生能源生产。沃尔沃要求2025年所有一级供应商使用100%可再生能源的"绿电"，计划到2025年将全球供应链相关的碳排放减少25%，同时表示原料环保可回收是进入沃尔沃采购名单的重要依据，每辆车的碳足迹减少40%，将逐步淘汰其全球产品组合中所有内燃机汽车。2021年3月，宝马集团宣布在丁格芬和慕尼黑的工厂将100%使用当地的绿色水电为新型电动车BMWiX和BMWi4的生产提供动力，宝马也与供应商达成协议，必须使用绿色电力生产电芯。保时捷号召1,300家零部件供应商采用可再生能源，并宣称旗下旗舰电动汽车Taycan Cross Turismo将成为全球首款全生命周期碳中和的汽车（包括生产制造、使用过程）。从2022年7月开始，新的供应商都要满足保时捷的清洁能源计划要求，否则保时捷将不再与之签订采购合同。《欧盟电池与废电池法规》极有可能让本来在全球动力电池领域处于优势地位的亚洲电池企业，特别是中国电池制造商，面临难以进入欧洲市场的困境。

2022 年 9 月，中国的吉利汽车完成了 Smart 电动车动力电池碳足迹报告，这是国内第一个按照欧盟 PEF 要求完成的产品碳足迹报告，并通过德国莱茵德国技术监督协会（TÜV）审核认证，迈出了中欧产品碳足迹互认的第一步。

不只是电池行业，光伏也处在碳足迹的威胁之下。发达国家本土光伏制造能力薄弱，只有少量多晶硅和组件产能，硅片与电池产能严重短缺，并未建立起完整的产业链，80%—90% 光伏组件都依赖于中国企业。为了保护本土产品，碳足迹就被作为门槛性工具加以利用。例如，法国能源监管委员会针对 100kWp 以上的光伏项目产品进入法国市场招标时按照碳足迹值分为不同等级，投标对应不同打分，碳排放值越低（一般要求小于 $550kgCO_2/kWp$），产品中标的可能性越高。欧盟"能源相关产品生态设计要求建立框架的指令"（ERP）对进入欧盟市场的光伏组件和逆变器建立生态设计法规，从提高能效和降低环境影响角度，提出更多的要求，其中光伏组件需要参考欧盟发布的评价规范（PEFCR）评估碳足迹。韩国则根据产品整个生命周期内的每千瓦碳排放量，将组件分成三个特定类别。只有最高类别的组件（二氧化碳排放量低于 670kg/kWp）才有资格获得政府补贴，中国制造商被列入最低类别，最高分则留给了使用韩国硅片的韩国本土制造商。其他国家包括挪威、荷兰、西班牙等，也在酝酿产品碳足迹要求。

越来越多的投资者、政府和其他利益相关者会要求企业量化其对环境的影响。此外，也有越来越多的企业将评估碳足迹作为其企业社会责任项目的一部分，目的就在于确保自己是一个负责任的、合格的企业公民。因此，由第三方提供的精确、独立的碳足迹报告能够为利益相关者提供他们所需的信息，也能够让企业承担起对利益相关者以及对社会应负的责任。

第四节　碳边境税

一、碳边境税的由来

2008 年 11 月 19 日，欧盟通过法案决定将国际航空领域纳入欧盟碳排放权交易体系，于 2012 年 1 月 1 日起实施。这意味着所有到达和飞离欧盟机场的国际航班均纳入了欧盟的碳交易排放体系，若航空公司的碳排放量超出上限，将被强制要求购买排放许可，否则每排放 1 吨二氧化碳就将面临 100 欧元的罚款。2011 年 11 月 30 日，欧盟气候谈判代表梅茨格在联合国气候变化峰会上重申，将航空业纳入碳排放交易体系的决定"不可更改"。

按照国际航空运输协会的测算，到 2020 年，各航空公司可能要因欧盟实施上述法案支付约 260 亿美元航空碳税。据欧盟数据测算，欧盟航空碳税将使中国民航业 2012 年的成本增加 7.9 亿元人民币，到 2020 年，年成本预计还将增加 37 亿元人民币，2012 年至 2020 年共将导致中国民航业成本增加 179 亿元人民币。强制征收碳税会造成航空运营成本增加，航空公司被迫转移成本给乘客，将给世界航空业带来巨大的负担。根据欧盟的指令，超过 1,000 家欧盟及其他国家的国际航空公司向欧盟有关机构提交了业务数据，仅有中国和印度的 10 家航空公司没有提交。

欧盟执意强征航空碳税，在全球范围内引起强烈质疑和反对，中国等近 50 个国家和地区航管当局明确表示予以抵制。2012 年 2 月 6 日，中国民用航空局宣布，未经政府有关部门批准，禁止中国境内各航空公司参与欧盟碳排放权交易体系，禁止各航空公司以此为由提高运价或增加收费项目。2012 年 2 月 22 日，包括中国、美国、印度、俄罗斯在内的 20 多个国家，在莫斯科签署《莫斯科会议联合宣言》，要求欧盟停止单边行动，回到多边框架下解决航空业碳税排放标准问题。2012 年 3 月 1 日，在"航空碳税"遭到抵制后，欧盟委员会又提出将在 2012 年 6 月增加"航海碳税"。最后，在多国联合抵制之下，航空和航海碳税都没有得到实施。

以上所说的航空碳税和航海碳税，与前文所说的碳税不是一个概念，而是碳关税。

碳关税最早由法国前总统希拉克提出，也称边境调节税（BTAs）。欧盟提出，碳关税是针对未遵守《京都协议书》的国家课征商品进口税，本质上是发达国家对于从发展中国家进口的排放密集型产品（如钢铁、铝、水泥以及一些化工产品）征收进口关税。这一概念最后演变为现在欧盟碳边境调节机制（CBAM）。

二、欧盟碳边境调节机制（CBAM）

为了帮助欧盟完成新气候目标中制定的排放目标，也为了保护欧盟本土企业更好地与不受气候规定束缚的外国对手竞争，2020 年 1 月欧盟通过了《欧洲绿色协议》，就更高的减排目标达成一致，共同承诺 2030 年温室气体排放要比 1990 年减少 50% 至 55%，到 2050 年实现碳中和。

2021 年 7 月，欧盟委员会正式公布《欧盟关于建立碳边境调节机制的立法提案》，并公布了 CBAM 细则，宣布将在 2022 年完成立法，2023 至 2025 年为相关过期，计划在 2026 年全面实施。

（一）范围与过渡期安排

首批征税对象是电力、水泥、钢铁、铝、化肥等产品，并考虑逐步拓展至中间产品与包括汽车在内的终端产品。2023 年至 2025 年为 3 年过渡期，在此期间，CBAM 只适用于进口商品在生产过程中的直接排放，进口商对于前述领域的商品仅需每季度提交报告，包括当季进口产品总量、每类商品直接和间接碳排放量、上述直接碳排放量在原产国应支付的碳价等信息，而不必向欧盟缴费。

（二）适用范围

CBAM 只豁免已加入欧盟排放交易体系的非欧盟国家，或者与 EUETS 挂钩的国家，而且这些国家必须对商品实际征收了碳价。CBAM 不适用于原产于冰岛、列支敦士登、挪威、瑞士以及五个欧盟海外领地的进口商品。其中，瑞士已与欧盟建立了碳市场连接，冰岛、列支敦士登和挪威也已加入 EUETS。提案并未给予发展中国家和最不发达国家特殊待遇。

（三）缴费方式

欧盟的碳边境税本质上是一种关税，在进口商品所含碳排放高于本土产品时进行征收。在碳边境税政策下，进口商需要根据进口的商品产生了多少碳排放量来购买与欧盟排放交易体系下的碳价格挂钩的相应数量的电子证书。每张电子证书的价格并不固定，主要由当周的欧盟碳交易市场价决定。如果进口方可以证明进口货物在生产所在国已经支付碳价，则相应的数额将会从碳关税中抵扣。欧盟同类商品获得的免费排放额度在电子证书数量中也可以扣除。CBAM 作为 EUETS 中的免费配额发放制度的补充，将逐渐替代免费排放配额。

欧盟实施 CBAM 试图对来自欧洲以外的一些高碳商品的进口增加成本，防止产业从高碳价格的地区如欧盟碳排放权交易体系（EUETS）规定的地区转移到那些没有碳价格或者碳价格很低的地区，以减轻碳泄漏的风险。除了欧盟，美国、加拿大等国都开始着手制定自己的碳关税。

CBAM 碳排放量的确定（及相对应的碳调节价格）是在操作层面实际确认的碳排放量。如果进口货物实际碳排放量无法获取，则默认排放量会采用出口国相应货物的平均碳排放量。如果平均碳排放量无法获取，将采用生产同类货物碳排放量最大的 10% 的欧盟企业的平均碳排放强度界定碳排放量。

三、CBAM 对中国企业的影响

根据中国国家能源局数据和"以数据看世界"数据计算，中国目前能源结构偏重于煤炭，占比为 55%，而全球煤炭消费占比 27%，约为中国的一半，欧盟仅有 11%，中国煤炭消费占比是欧盟的 5 倍，国内碳市场价格仅有欧盟的 10%—11%，CBAM 一旦全面实施，必将对中国企业出口欧盟产生很大影响，而如果发达国家纷纷效仿拿起碳关税武器，则中国企业的出口将遭受全面限制，加剧企业内卷，这将产生灾难性的后果。

中国是欧盟第一大贸易伙伴和最大商品进口来源国、欧盟进口商品隐含碳排放的最大来源国，是仅次于俄罗斯受 CBAM 影响的贸易量位居第二的经济体。清华大学能源环境经济研究所、中国碳市场研究中心主任段茂盛指出，我国出口欧盟的中间产品中 80% 的碳排放来自金属、化学品和非金属矿物，属于欧盟碳市场高泄漏风险部门，一旦纳入碳边境调节，会对出口产生巨大影响[①]。但也有学者估算了 CBAM 对中国的影响，中国对欧盟的钢铁及钢铁制品的出口将下降 14%，非金属矿物出口下降 25%，总体认为，中国对欧出口总额的 5%—7% 会受到影响，CBAM 部门对欧出口下降 11%—13%；对欧出口成本增加约 1 亿—3 亿美元/年，占 CBAM 覆盖产品对欧出口额的 1.6%—4.8%，初期影响相对有限[②]。目前，EUETS 仅包括初级的原材料制成品，还没有包括汽车这样的消费品。由于能源结构的显著差异，无论是在车辆生产环节，还是在燃料使用环节，中国生产的纯电动车产生的碳排放都比欧盟自产的纯电动车高，一旦欧盟实行碳关税，中国出口市场将会受到冲击。随着欧盟碳关税范围的扩大，最终会纳入工业消费品，这样对中国企业的冲击就非常大。

---

① 参见：搜狐网（https：//www.sohu.com/a/489968420_121134460）。
② 曾桉、谭显春、王毅、高瑾昕：《碳中和背景下欧盟碳边境调节机制对我国的影响及对策分析》，《中国环境管理》2022 年第 14 期。

第十二章　新能源对地缘政治和中国能源安全的影响

第一节　能源战争

一、煤炭战争

英国率先开始工业革命的制度基础是资本主义制度的确立，物质基础是英国丰富的煤炭资源储藏，这使英国在工业革命中领先于欧洲大陆的德国和法国，前者资本主义制度没有得到确立，而后者缺少煤炭资源。18世纪以后，法国和德国都要开启工业化进程，能源成为两个欧洲大陆大国争夺的焦点。

1635年，在与哈布斯堡王朝战争期间，法国占领了阿尔萨斯的一部分。战争结束后，法国强行购买了除斯特拉斯堡外的大部分阿尔萨斯地区。1659年，法国占领阿尔萨斯全境。

从10世纪到17世纪，洛林属于神圣罗马帝国。18世纪以前，法国已经吞并了洛林地区。在西班牙王位继承战争中，法国被彻底击败。根据战后签订的《乌得勒支条约》，法国结束了对洛林的占领。1776年，整个洛林地区再次纳入法国版图。

进入19世纪后，阿尔萨斯和洛林地区丰富的煤和铁资源，使这两个地方成为法国重要的工业基地，也使这两个地方成为法德两国争夺的焦点地区。随着德国启动统一进程，法德矛盾日益尖锐，法国极力阻挠普鲁士统一德国。普鲁士首相俾斯麦一方面完成了德国的统一，另一方面又对法国的阿尔萨斯和洛林垂涎三尺。普鲁士的目的就是要夺取这个地方，利用其丰富的煤铁资源和鲁尔区的煤炭资源来推动德国的工业革命。

1870 年普法战争爆发，法国战败。1871 年，德法签订《法兰克福条约》，法国将阿尔萨斯和洛林割让给德国，德国加紧开发阿尔萨斯和洛林地区的煤炭和铁矿资源。普法战争后，法国历届政府一直想夺回阿尔萨斯和洛林，而德国一直对法国夺回阿尔萨斯和洛林有所防备。第一次世界大战结束，德国战败，根据《凡尔赛和约》，阿尔萨斯和洛林归还给法国。1940 年，德国进攻西欧，占领阿尔萨斯和洛林并作为本国领土进行管辖。"二战"后，德国战败，将两地归还法国。

为了永久解决欧洲的和平问题，有关各国决心把对战争具有重大影响的资源——煤炭和钢铁置于共同管辖之下，以杜绝战争。根据《巴黎条约》，法国、西德、意大利、比利时、荷兰及卢森堡六国于 1951 年成立欧洲煤钢共同体（又称欧洲煤钢联营），其高级机构由九人组成，负责协调各成员国的煤钢生产，保证共同体内部的有效竞争。它拥有共同体内部的生产、投资、价格、原料分配，以至发展或关闭某些企业或某些部门的大权，并掌管共同体同第三国和有关国际组织的关系。该机构作出的决定，各成员国必须执行。此外，欧洲煤钢共同体还设有部长理事会、共同体议会和法院等机构。1965 年通过合并条约，欧洲煤钢共同体与欧洲经济共同体及欧洲原子能共同体合并，统称欧洲共同体。2002 年，欧洲共同体改称欧盟。

二、石油战争

"一战"时期，随着内燃机的应用，石油不仅成为工业的血液，也成为战场上的决定性因素，汽车取代马匹作为战场的运输工具，而战舰的燃料也从煤炭转变为燃油，坦克和飞机等武器也走上了战场，石油遂成为经济和战争的重要武器。随着战争的旷日持久，加之对运输线的封锁，双方的石油供求都变得紧张。由德国、奥匈帝国组成的同盟国所依赖的石油都是从国外进口，英国的海上封锁使石油供应严重不足，而德国所实施的潜艇战大肆攻击协约国商船，协约国的燃油也供应短缺。德国为了保证来自罗马尼亚的石油供应，出兵罗马尼亚并打败和占领了罗马尼亚，掌握了石油资源。就在罗马尼亚即将沦陷之际，英国指使罗马尼亚对油田实施大规模破坏，罗马尼亚军队被迫点燃了油井和存油。由于油田损坏严重，直到第一次世界大战结束，德国也没能恢复油田最大产量。尽管这样，这些油井对德国来说，还是解了些燃眉之急。1917 年，协约国向美国求援，美国决定大量提供石油。

1918 年，俄国爆发了"十月革命"，苏维埃政府为了退出战争，被迫与德国签订了《布列斯特和约》，苏俄把高加索地区的巴库油田移交给了德国。巴库油田是俄国最大的油田，还没来得及移交，土耳其军队就抢占了这个油田，但到 1918 年，巴库油田又落入英国手中。由于英国控制了高加索油田，红军失去了石油来源，而乌克兰的顿涅茨克煤矿又为叛军所占领，苏维埃俄国的火车无法开动，居民冻死家中。

"一战"结束后，统治中东的奥斯曼帝国在风雨飘摇中瓦解，英国、法国、美国等国遂大规模插手中东，控制了世界上石油最丰富的中东地区，从此中东地区的动荡再也没有停息。

"二战"爆发前，德国就已经控制了罗马尼亚，获得了战争所需的石油资源。出于对石油短缺的恐惧，1941 年冬，法西斯德国在东线战场的南线攻击了苏联的高加索油田并将其占领，但苏军撤退时已经破坏了这些油井。直到战争结束，德国也没有获得高加索的石油。同一时间，1941 年底日本发动太平洋战争是在美国实施石油禁运之后不久，美国的石油禁运将导致日本仅能维持 4 个月的石油库存，侵略战争将难以为继，日本遂铤而走险发动太平洋战争，夺占了东南亚石油产地。

1980 年爆发的两伊战争，1990 年伊拉克入侵科威特，1991 年以美国为首的多国发起海湾战争，2011 年美国、法国发动利比亚战争，2011 年叙利亚内战开始后美国插手其中，背后都是石油。此外，美国、西方还对与其不合作的能源生产大国发动多轮长期制裁，以此影响能源市场，如伊朗和委内瑞拉，还包括现在的俄罗斯，这实际上是另外一种形式的能源战争。在所谓的美国霸权的三大支柱中，科技、军事和美元各有侧重，而美元的背后是国际支付系统和能源，特别是石油。失去石油支撑的美元，其信用将大大削弱。

根据"以数据看世界"的数据进行计算，在美国为首的西方国家对"不合作国家"发起能源战争后，石油生产国的生产能力受到了重大影响。

石油探明储量 480 亿吨、全球占比 17.5%、位列世界第一的委内瑞拉，历史最高产量是 1968 年的 1.92 亿吨，全球占比 9.6%。1998 年产量 1.78 亿吨，全球占比 5%。1999 年查韦斯就任总统后，美委关系逐步恶化，美国长期制裁委内瑞拉，委内瑞拉石油产量持续下降，2020 年和 2021 年的产量分别为 0.327 亿吨和 0.334 亿吨，是最高峰时期产量的 17%，1998 年产量的

19%。2021 年，石油产量全球占比仅 0.8%，完全退出主要石油生产国行列。

另一个国家是伊朗。伊朗石油储量排名世界第四，仅次于委内瑞拉、沙特和加拿大，储量占比 9.1%。伊朗 1978 年爆发伊斯兰革命推翻对美友好的巴列维王朝之前的 1974 年，石油产量 3.03 亿吨，全球占比 10.5%。伊斯兰革命爆发后，美伊关系持续恶化，美国持续制裁伊朗。2020 年和 2021 年，伊朗石油产量分别为 1.432 亿吨和 1.677 亿吨，2021 年全球占比 4%。

此外，还有利比亚。利比亚石油储量全球占比 2.8%，1970 年卡扎菲上台时，利比亚石油产量 1.60 亿吨，全球占比 6.8%。此后，美利关系不断恶化，石油产量逐步走低。2011 年美、法等西方国家出动军事力量打击利比亚，卡扎菲政权垮台，国内陷入内战，利比亚石油生产能力陷入极不稳定状态。2011 年、2014 年、2015 年、2016 年、2020 年其产量都在 0.20 亿吨左右徘徊，直到 2021 年才恢复到 0.596 亿吨，全球占比仅 1.4%。

美国和西方国家利用霸权，发动石油战争，不仅是要控制石油生产国为其地缘政治利益和经济利益服务，还通过打击这些国家的石油生产能力影响世界石油市场，间接打击其他竞争对手。这种手法它们使用得越来越多，越来越"娴熟"。

三、天然气战争

自 2021 年下半年以来，俄罗斯与乌克兰的关系日渐紧张，天然气价格不断攀升。根据荷兰天然气交易中心（TTF）数据，2021 年 1 月 4 日，欧洲区域市场天然气价格标杆荷兰 TTF 开盘价为 19.20 欧元/兆瓦，12 月 21 日出现的最高价为 187.785 欧元/兆瓦时，2021 年最高价上涨了 9.78 倍；以 12 月 31 日 70.34 欧元/兆瓦时的收盘价计算，2021 年全年上涨了 3.66 倍，全年均价为 47.846 欧元/兆瓦时。

因为地域的关系，从冷战时期开始，苏联就建设了数量众多的石油和天然气管道，将自己生产的原油和天然气输送到欧洲，双方建立了非常紧密的能源联系，通过管道与欧洲形成了最典型的区域天然气市场。2021 年，俄罗斯出口的 2,017 亿立方米的管道天然气中，有 1,670 亿立方米输往欧洲，占俄罗斯管道天然气出口总量的 82.8%，占俄罗斯天然气出口总量的 69.29%[①]。

---

① 李永昌：《俄欧天然气博弈之观察》，《石油商报》2022 年 7 月 19 日。

因此，欧洲是俄罗斯天然气出口的第一大地区，俄罗斯的天然气出口对欧洲高度依赖，而根据据欧盟统计局数据，欧洲进口俄罗斯天然气占比达到20%，其中欧盟又占到30%—40%，德国则达到50%①。

2022年初，俄罗斯和乌克兰爆发严重的武装冲突，美国、英国和欧盟实施了对俄罗斯的经济、金融和能源等多方面的制裁。2022年4月8日，欧盟宣布禁止进口俄罗斯的煤炭；2022年6月3日，又宣布禁止进口俄罗斯的石油。欧盟并没有宣布禁止进口俄罗斯的天然气，但俄罗斯还是切断了中线经过乌克兰的管道天然气供应。

2022年7月，俄罗斯逐步关闭北溪－1天然气管道，至9月完全关闭。9月底，北溪－1和北溪－2天然气管道被炸，彻底失去供应能力。根据俄罗斯天然气工业公司财务报告，2022年1月至8月中旬，俄罗斯天然气工业股份公司的天然气产量为2,748亿立方米，比2021年同期减少了13.2%；天然气出口数量为785亿立方米，比2021年同期大幅下降了36.2%。而在2022年前7个月，俄罗斯通过管道向欧盟和英国出口的天然气，比2021年同期下降了近40%，比前五年（2017—2021年）平均水平下降了近50%。

与此同时，美国开始积极向欧洲出售高价液化气。根据路透社援引金融市场数据提供商"路孚特"的数据，2022年1月至6月，美国向欧洲出口了390亿立方米液化天然气，占美国出口总量的68%，半年的出口量超过了2021年全年的出口量。美国出口液化天然气7月份的价格同比增长76.5%。美国能源公司一艘液化天然气运输船可以将成本6,000万美元的天然气以2.75亿美元的价格运到欧洲卖出，除去运输等成本，每艘液化天然气（LNG）船可以赚超过1.5亿美元。

在俄乌冲突的刺激下，天然气价格创出历史记录。2022年3月7日，TTF的最高价为345欧元/兆瓦时，约为2021年底的5倍，相当于每桶原油超过600美元的价格水平。俄乌冲突对国际天然气市场的冲击，使天然气价格越来越向高波动的石油价格看齐，推动着天然气从区域市场大宗商品向全球化市场大宗商品转变。

俄乌冲突不是哪一方为了占领天然气资源，但造成了区域天然气价格的剧烈上涨和供应紧张。在这场局部危机中，欧洲承受了能源价格暴增的成本

---

① 英国石油公司：《世界能源统计年鉴2022》。

和痛苦，美国赚取了巨额利润，而欧洲和美国之间的关系变化远不止这些。欧元兑美元的汇率，在科索沃战争之后第一次跌破1∶1，而2022年又再次跌破这一比值。欧洲特别是法国和德国的制造业纷纷谋划出走美国，对欧洲"去制造业"的担忧已经充斥欧洲传统工业大国的政界和企业界。欧盟在经历了英国脱欧的艰难时刻之后，又再次遭受美国挑起的这场"天然气"战争的打击，前景相当不乐观。这场不是为了能源而发生的冲突，却对能源领域产生了如此巨大的影响，并将引起能源贫乏的能源消费大国对能源安全的高度重视。

德法两国在普法战争中对煤炭的争夺尚显得较为直接和稚嫩，到石油战争时期，其目标则略显间接和"成熟"，而到天然气战争年代，目的更加间接，手法更加"纯熟"。大国对能源的争夺，目标已不完全是占有资源，保障己方的能源安全，已经带有给竞争对手造成能源危机并限制其发展的强烈意图。

第二节　新能源崛起对地缘政治的影响

一、能源对国际地缘政治的影响

围绕传统能源的争夺贯穿了工业化以来的国际关系。

我们从历次与能源有关的战争中可以看出，对别国能源资源的占有欲望可以让一国或一个国家集团采取行动挑起战争，也可以导致国家之间围绕能源分化组合，构建新的国际关系，还可以引发盟友之间的严重矛盾。对于斯里兰卡这样经济落后的国家来说，能源短缺尚且可以引起严重的国内动乱，而对于工业大国和现代化国家来说，能源短缺是无法想象的噩梦，必须要想方设法加以避免。

化石能源在今后几十年仍然是影响国家发展的关键因素，直到终极能源可以实现商业化生产和消费。在这几十年中，围绕能源供给保障和能源价格的斗争将不会消停，但随着新能源的崛起，对化石能源的需求在达到一个顶峰后将逐步下降，斗争的烈度也将随之逐渐下降。在这场旷日持久的斗争中，国家之间的政治关系也将反反复复出现分化重组。与此同时，能源战场的争夺将逐步向碳排放战场转移。

二、对碳排放权的争夺

当今世界，气候变化问题已经不再是纯粹的环境问题，而是成为国际关系中的焦点问题。气候变化的政治化对地缘政治格局的分化和重组都产生了深刻的影响，碳排放空间的争夺、新能源技术和市场的竞争、碳关税和低碳贸易壁垒等新因素正在显著地影响着当今的地缘政治格局。

在气候变化的驱动下，地缘政治博弈的主体出现了分化和重组，地缘政治争夺的目标发生了新的变化，对碳排放权的争夺则首当其冲。

发达国家将气候变化作为地缘政治手段，扩大本国的政治经济影响力。发达国家利用在气候变化谈判中的主导地位，透过国际减排协议压缩别国碳排放空间，企图将发展中国家纳入强制减排行列，压缩发展中国家为生存和发展而需要的碳排放空间。

欧盟以推动《京都议定书》尽快落实和积极的碳减排政策和措施，扩大了在气候变化上的发言权，率先启动了利用碳边境税等低碳贸易壁垒提高本国产品竞争力，排斥发展中国家工业品的进程。

作为能源生产大国和消费大国，美国始终在控制碳排放问题上摇摆不定，而在抑制碳排放的手段上侧重于技术和市场，不愿意以行政强制力干预碳排放。迄今为止，美国的碳排放抑制政策强度远低于欧盟，态度也不及中国等大国。美国想通过另起炉灶，重构全球气候变化谈判框架，由自己主导谈判进程。此外，发达国家还共同对发展中国家阵营进行分化，试图瓦解发展中国家联盟。

三、新能源崛起对地缘政治的影响

在中国的推动下，新能源正在以前所未有的速度占领传统能源的市场。随着新能源份额的不断增加，将造成一系列的地缘政治后果。

一是能源出口国地位整体下降，特别是中东和俄罗斯。化石能源消费下降，主要能源消费国减少化石能源进口，使能源输出国的地位和影响力下降、能源运输通道（重要海峡、运河）和运输过境国的地位降低。据估算，如果到2050年将大气中的二氧化碳浓度稳定在450ppm，中东国家将减少35%的石油收入[1]。

---

[1] 王礼茂、李红强、顾梦琛：《气候变化对地缘政治格局的影响路径与效应》，《地理学报》2012年第6期。

石油产量、出口量的多少，价格的涨落，都会直接影响这些国家的经济发展和社会稳定，进而对政局产生重大影响。能源生产大国和出口大国利用能源作为工具开展外交将越来越力不从心。对化石能源产业的过度依赖，很可能造成这些国家在未来的发展中被甩出地缘政治中心。

二是化石能源生产大国之间的团结受到挑战，矛盾和斗争加剧。新能源对化石能源的持续替代将导致化石能源需求下降，如果供给能力维持不变，化石能源价格将下降；如果因为化石能源需求下降，能源生产大国为了自身利益而扩张供给能力以量补价，则化石能源价格很可能发生短暂崩盘。而就长期而言，随着可再生能源的发展，化石能源价格下降是必然，能源生产大国争夺市场的斗争加剧。

三是能源价格走低有利于制造业大国和强国以及正在工业化的国家。随着新能源成本和价格的走低，所有国家的能源成本都会下降，全球将迎来能源低成本时代。而由于化石能源价格下降，基础化学工业的成本也将下降。受益最大的是尚未实现工业化的国家，其工业化进程会加快，而已经实现工业化的制造业大国和强国竞争优势更加明显。在主要经济体中，中国、印度、日本、德国、韩国、法国、意大利、巴西、南非、阿根廷、墨西哥、印度尼西亚、土耳其将显著受益，对美国和英国影响中性，俄罗斯、沙特阿拉伯、加拿大、澳大利亚及中东油气大国、尼日利亚、委内瑞拉、中亚等油气大国利益显著受损。缺少化石能源的大量欠发达国家，特别是非洲、东南亚以及已经实现了工业化的东欧国家也是显著受益者。

四是大国的能源竞争从化石能源领域向可再生能源领域转移。欧美强国逐渐降低其对化石能源的关注度，围绕化石能源而产生的明争暗斗消退，如果可再生能源能够大幅度取代化石能源，这些大国之间的竞争将转移到可再生能源设备生产领域，由此，竞争还会延伸到生产可再生能源设备的装备生产领域，可再生能源科学和技术研发领域的竞争会白热化，中国在可再生能源领域的优势地位可能会受到较强的挑战。

五是发展中国家内部关系复杂化。缺少化石能源，但在新能源开发中领先的国家未来将率先实现能源的绝对安全和低碳排放，经济社会发展较为顺利转型；新能源开发水平较低的国家继续依赖低成本的化石能源将受到国际排斥，不利于其可持续发展；油气生产和输出大国一贯享受能源高价带来的富庶和奢侈生活，社会稳定也依赖于高价能源出口，一旦出口收入减少，内部矛盾加剧，有可能爆发国家之间和国内冲突，影响其稳定发展。这些都可能导致发展中国家内部的利益出现分化，政治关系出现分化重组。

第三节　中国能源消费结构与进口的安全性

一、中国能源消费的总量与结构演变

中国从 2009 年起超过美国，成为全球能源消费最大的国家，也是从这一年开始，中国的人均能源消费达到并超过了全球平均水平。

2001 年中国成功加入世界贸易组织是一个分水岭。2001 年之前，中国的能源消费总量增长速度比较高，但增长的绝对数值不大，根据英国石油公司数据，从 1965 年的 5.53 艾焦增长到 2000 年的 42.48 艾焦，而到 2021 年，消费量已经达到 157.65 艾焦。中国各种能源消费量如图 12 - 1 所示。

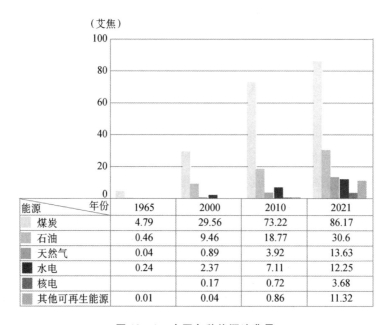

（艾焦）

能源 ＼ 年份	1965	2000	2010	2021
煤炭	4.79	29.56	73.22	86.17
石油	0.46	9.46	18.77	30.6
天然气	0.04	0.89	3.92	13.63
水电	0.24	2.37	7.11	12.25
核电		0.17	0.72	3.68
其他可再生能源	0.01	0.04	0.86	11.32

图 12 - 1　中国各种能源消费量

数据来源：英国石油公司。

根据英国石油公司数据，在 1965 年，中国能源消费总量占全球的 3.6%，

2000 年达到 10.7%。加入世界贸易组织以后，中国工业化、城市化进程加速，家电、汽车等能源消费设备迅速普及，能源消费总量快速增加。到 2021年，中国能源消费占全球的比重达到了 26.5%，超过了中国在世界上的人口占比。

从人均消费量看，1965 年为 7.6 吉焦，2000 年为 32.9 吉焦，2021 年为109.1 吉焦，分别是全球平均水平的 16%、51% 和 144.3%。中国人均能源消费在 2009 年达到 71.8 吉焦，首次超越全球平均水平。

从能源结构上看（见图 12-2），1965 年，煤炭占比 86.6%，石油占比8.3%，天然气占比 0.7%，水电占比 4.3%。2000 年，煤炭和石油的占比结构有较大变化，煤炭占比下降到 69.6%，石油占比大幅上升到 22.3%，天然气占比 2.1%，水电占比 5.6%，核电占比 0.4%。2010 年，煤炭占比70.0%，石油占比下降到 17.9%，天然气和水电占比分别上升到 3.7% 和6.8%，核电占比 0.7%，其他可再生能源占比 0.8%。2021 年，煤炭占比再次大幅度下降到 54.7%，石油占比上升到 19.4%，天然气占比大幅提高到8.6%，水电占比提高到 7.8%，核电占比 2.3%，其他可再生能源占比猛增到7.2%。2010 年是一个显著的分水岭。2000 年到 2010 年各种能源消费比例相对稳定，2010 年以后，可再生能源特别是风电和太阳能发电比例大幅度上升，与生物质发电一起，构成了新能源的主力。

从能源结构的横向对比看，2021 年，煤炭消费占比中国是全球的 2 倍，石油消费占比只有全球的 2/3，天然气仅 1/3 多，核电占比为全球的一半左右，水电和其他可再生能源占比略超全球。化石能源总体消费占比与全球相比基本相等。

从各种能源消费占全球的比重看（见图 12-3），2021 年煤炭为 53.8%，石油为 16.6%，均趋于平缓；天然气为 9.4%，还在延续快速提高的势头；水电为 30.4%，核电为 14.5%，稳步增长；其他可再生能源为 28.4%，占比正在快速提高。

客观地说，中国的能源消费结构，除了煤炭占比大大超过全球水平，石油和天然气两种化石能源的消费占比都大大低于全球平均水平。如果中国用天然气来代替一半的煤炭发电（约 10 亿吨），中国的二氧化碳排放总量将下降 13 亿吨，还是有限的。这是因为中国的人口基数较大且是全球的制造业大国，煤炭不仅是发电的原料，也是基础化工的重要原料。为此，中国控制二

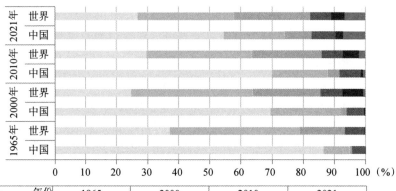

年份 能源 地区	1965		2000		2010		2021	
	中国	世界	中国	世界	中国	世界	中国	世界
煤炭	86.6	37.3	69.6	24.9	70.0	29.7	54.7	26.9
石油	8.3	41.5	22.3	38.9	17.9	33.9	19.4	31.0
天然气	0.7	14.6	2.1	21.8	3.7	22.4	8.6	24.4
水电	4.3	6.3	5.6	7.1	6.8	6.7	7.8	6.8
核电	0	0.2	0.4	6.6	0.7	5.2	2.3	4.3
其他可再生能源	0.2	0.1	0.1	0.7	0.8	2.1	7.2	6.7

图 12 - 2 中国与世界能源消费结构的对比

数据来源：英国石油公司。

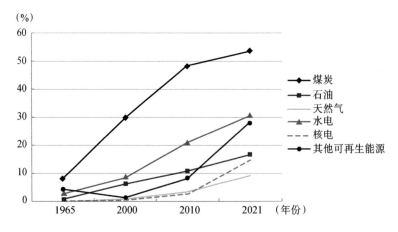

图 12 - 3 中国各种能源消费量占全球比重

数据来源：英国石油公司。

氧化碳排放量努力的焦点，并非是限制能源消费总量，也不主要是以石油和天然气代替煤炭，而是用可再生能源代替煤炭和石油消费。

二、能源进口通道的安全性

（一）中国的能源进口情况

根据英国石油公司数据，2021 年，中国进口能源折合 34.81 艾焦，占中国能源总消费量（157.65 艾焦）的 22.1%（见表 12 - 1）。

表 12 - 1　　2021 年中国化石能源进口渠道、进口量和占比　　单位：艾焦

来源地	石油	天然气	煤炭	进口合计	进口占比（%）
俄罗斯	3.39	0.50	1.46	5.35	15.4
沙特阿拉伯	3.73	0.00	—	3.73	10.7
印度尼西亚	—	0.24	3.23	3.47	10.0
西非	2.55	0.10	—	2.65	7.6
中南美洲	2.45	0.03	0.11	2.60	7.5
伊拉克	2.30	—	—	2.30	6.6
其他中东国家	2.29	—	—	2.29	6.6
澳大利亚	0.02	1.57	0.32	1.91	5.5
阿联酋	1.36	0.04	—	1.40	4.0
科威特	1.28	—	—	1.28	3.7
美国	0.49	0.45	0.30	1.24	3.6
土库曼斯坦	—	1.14	—	1.14	3.3
其他亚太国家	0.92	0.02	0.13	1.07	3.1
欧洲	0.90	0.02	0.01	0.92	2.7
加拿大	0.17	—	0.29	0.46	1.3
蒙古国	—	—	0.45	0.45	1.3
卡塔尔	—	0.44	—	0.44	1.3
马来西亚	—	0.42	—	0.42	1.2
北非	0.28	0.07	—	0.36	1.0
其他独联体国家	0.20	0.00	0.01	0.22	0.6
哈萨克斯坦	—	0.21	—	0.21	0.6
南非	—	—	0.18	0.18	0.5
巴布亚新几内亚	—	0.16	—	0.16	0.5
乌兹别克斯坦	—	0.15	—	0.15	0.4
缅甸	—	0.14	—	0.14	0.4

续表

来源地	石油	天然气	煤炭	进口合计	进口占比（%）
阿曼	—	0.08	—	0.08	0.2
其他非洲国家	—	0.05	0.03	0.08	0.2
文莱	—	0.03	—	0.03	0.1
东南非	0.03	—	—	0.03	0.1
墨西哥	0.02	—	—	0.02	0
世界其他国家	—	0.00	0.01	0.01	0
进口总量	22.41	5.86	6.54	34.81	100

数据来源：英国石油公司。

其中，进口石油 5.26 亿吨（折算为 22.41 艾焦），占中国石油消费量（7.185 亿吨）的 73.2%，占中国能源总进口量的 64.4%，占全球石油进口总量（20.59 亿吨）的 25.6%。

进口天然气 1,627 亿立方米，占中国天然气消费量（3,787 亿立方米）的 43.0%，占中国能源进口总量的 16.8%，占全球天然气进口总量（10,219 亿立方米）的 15.9%。天然气进口中，管道气进口 532 亿立方米，液化天然气进口 1,095 亿立方米。

进口煤炭 6.54 艾焦，占中国煤炭消费量（86.17 艾焦）的 7.7%，占中国能源进口总量的 18.8%，占全球煤炭进口总量（33.47 艾焦）的 19.5%。

（二）中国能源进口的方向与安全问题

就能源进口的国别结构看，排在前列的有俄罗斯、沙特阿拉伯、印度尼西亚、委内瑞拉、伊拉克、澳大利亚、阿联酋、科威特、安哥拉、尼日利亚、美国、土库曼斯坦等国。中东、俄罗斯、西非、美国、南美洲和澳大利亚是中国进口能源的主要地区。2021 年我国陆上进口油气管道设计能力及实际输送情况如表 12-2 所示。

石油进口主要来自四个方向：俄罗斯，中东的沙特阿拉伯、伊拉克、阿联酋、科威特等，南美洲的委内瑞拉，西非的尼日利亚、安哥拉。

天然气进口也主要来自四个方向：东南方向的澳大利亚、马来西亚和印度尼西亚，西北方向的土库曼斯坦、俄罗斯和哈萨克斯坦，中东的卡塔尔，美国。整体较为集中。

表 12－2　　2021 年我国陆上进口油气管道设计能力及实际输送情况

管道类型	管道名称	设计能力	实际输送量	实际输送量占设计 能力比值（％）
原油管道 （万吨）	中俄原油管道	3,000	3,000	100.00
	中哈原油管道	2,000	1,097	54.85
	中缅原油管道	2,200	1,000	45.45
	小计	7,200	5,097	70.79
天然气管道 （亿立方米）	中俄东线天然气管道	380	100	26.32
	中亚天然气管道 A/B/C	600	441	73.50
	中缅天然气管道	120	40	33.33
	小计	1,100	581	52.82

数据来源：国家能源局、中国石油天然气集团有限公司、中国石油化工集团有限公司。

煤炭的进口方向主要是东南方向的印度尼西亚和澳大利亚，西北方向的俄罗斯和蒙古，北美洲的美国和加拿大，以及南非，非常集中。

从进口的通道看，来自中东、西非、南美洲的能源通过马六甲海峡再经南海到达我国；来自东南方向的能源经过南海到达我国；来自北美洲的能源通过西太平洋经东海和黄海到达我国；来自俄罗斯和中亚方向的能源主要通过管道到达我国。马六甲和南海控扼着中国能源进口的主要通道。

在西北方向，中国与有关国家的关系近年来较为良好，特别是领土问题的顺利解决，为我们与俄罗斯和中亚国家进行能源合作铺平了道路。但如果从该地区进口能源的比例长期较大，则也存在安全隐患，包括中亚国家的政治稳定性和俄罗斯的战略意图都难以把握。在南方向，由于美国纠集少数国家搅扰南海，通过马六甲和南海的能源通道处于不太安全的状态。

第四节　新能源替代化石能源的可行性与安全性

一、新能源替代化石能源的可行性

中国的可再生能源占比领先于全球水平，并且发展潜力巨大。无论是政策还是市场，种种趋势表明，新能源和化石能源之间的角色正在逆转。

在当前阶段，我国化石能源产品作为能源产品用途的消费，约占其总产品的一半，包括发电、取暖和交通运输工具的燃料，其余一半则作为冶金工业辅料、基础化工原料在使用，包括煤化工、石油化工和天然气化工等。随着新能源发电比例的上升，以及交通工具特别是汽车的电动化，电力使用的化石能源比例将逐步降低，并可能最终大部分退出使用。

根据中国国家能源局和中国国家统计局数据，2012—2021年，中国电力消费年平均增长6.74%，经济增长率年平均为6.67%。数据表明，尽管经济增长率出现波动性平稳下降的趋势，电力消费增长率还是要高于经济增长率。这里的主要原因是电力消费对部分化石能源直接消费的代替因素，包括工业方面的代替、取暖方面的代替和运输工具方面的代替。这一趋势今后若干年可能还会持续。这也表明了中国在能源消费总量上的增长，并不意味着中国碳排放强度的提高。

中国制定的2030年实现碳达峰、2060年实现碳中和的目标，能否依靠新能源的开发顺利实现，国际和国内对此多有疑虑。我们基于以下假设进行估算：

（1）2060年之前，没有新的能源形式能够有规模地、商业化地提供能源供给；

（2）2022—2030年，年平均经济增长率5%，电力需求年平均增长率5%；

（3）2031—2060年，年平均经济增长率3%，电力需求年平均增长率2.5%（考虑主要能耗行业转向清洁能源对电力的需求和人口因素）；

（4）2022—2030年，煤电等化石能源发电量不再增长，煤电、石油和天然气发电在2060年之前成为调峰、备用和电网稳定性能源，2060年煤电和天然气发电比例1:10[1]。

（5）2022—2030年，水电以年平均2.5%速度增长[2]；2031—2060年在2030年的基础上不再增长；

（6）2022—2030年，核电的发电量年均增长4.8%，占比不变（2021年为4.8%）；2031—2060年年均增长3.0%；2060年占比5.6%。

根据上述假定，计算结果如表12-3所示。

---

① 根据《中共中央国务院关于完整准确全面贯彻新发展理念做好碳达峰碳中和工作的意见》，2060年非化石能源消费比重达80%以上。

② 2011—2021年的增长率为7.18%，而2016—2021年仅增长2.66%。

表 12 - 3　　　　　　碳达峰、碳中和目标下主要电源发电量结构　　　　单位：亿千瓦时

年份 电力消费量和发电量	2021	2030	2060	2021 年占比（%）	2030 年占比（%）	2060 年占比（%）	2021—2030 年均增长率（%）	2030—2060 年均增长率（%）
电力消费总量	83,959	128,800	270,167	—	—	—	5.0	2.5
水电发电量	13,401	16,736	16,736	16.0	13.0	6.2	2.5	0
核电发电量	4,071	6,182	15,005	4.8	4.8	5.6	4.8	3.0
化石能源发电量	55,024	55,024	27,017	65.5	42.7	10.0	0	-2.3
风电、光伏、生物质发电量	11,463	50,858	211,409	13.7	39.5	78.3	18.0	4.9

数据来源：2021 年电力消费总量和发电量来源于国家能源局、中电联。

碳达峰情境下的电力结构：

（1）如果在实现碳达峰的 2030 年之前，中国经济年均增长率保持在 5%的水平上，电力消费也实现同步增长，则 2030 年我国电力消费总量将在 2021年的基础上增长 55%，达到 128,800 亿千瓦时，增长 44,841 亿千瓦时；

（2）水电 2022—2030 年年均增长 2.5%，2030 年水电发电量 16,736 亿千瓦时，占比 13.0%；

（3）核电占比维持 2021 年的水平，2022—2030 年年均增长 4.8%，2030年发电量 6,182 亿千瓦时，占比 4.8%；

（4）化石能源（煤电）发电量 2030 年维持 2021 年水平，2030 年发电量55,024 亿千瓦时，占比 42.7%；

（5）风电、光伏和生物质能发电量年均增长 18%，2030 年发电量 50,858亿千瓦时，占比 39.5%。

2021 年，风电、光伏和生物质发电装机量分别为 328 吉瓦、306 吉瓦和38 吉瓦。2030 年，这三者合计发电量要达到 2021 年的 4.44 倍，意味着装机量要分别达到 1,456 吉瓦、1,363 吉瓦和 169 吉瓦，年均累计增长率达到18%，每年的新增装机量如表 12 - 4 所示。

从资源量、设备生产能力和发电成本三方面看，在碳达峰情境下，三种可再生能源是能够承担起电力结构调整的需要的。与此同时，这意味着煤电的比例虽然下降，但总量没有变化，仅因煤电煤耗水平的缓慢下降而导致煤

表 12 - 4 　　　　　**2021—2030 年风电、光伏和生物质发电装机量** 　　　　单位：吉瓦

能源	年份	2021	2022	2023	2024	2025	2026	2027	2028	2029	2030
风电	新增	48	59	70	82	97	114	135	159	188	223
	累计	328	387	457	539	636	750	885	1,045	1,233	1,456
光伏	新增	55	55	65	77	91	107	126	149	176	209
	累计	306	362	427	504	595	702	829	978	1,154	1,363
生物质	新增	8	7	8	10	11	13	16	18	22	26
	累计	38	45	53	62	74	87	103	121	143	169

电的二氧化碳排放量略有下降。实现这一目标后，可再生能源的发电量占比将达到 52.5%，其中，水电占比 13%，风电、光伏和生物质发电占比39.5%，煤电占比将从 2021 年的 65.5% 降到 42.7%。

除了发电之外，碳排放还体现在其他七个主要排放行业，特别是冶金和建材行业。但是，伴随着我国重化工业化和大规模基建接近尾声，这几个主要行业的能源需求和碳排放在 2030 年之前不太会有显著的增长。而这些行业如果转向使用氢能和电力，则电力的需求还将增长。以风能和光伏为主的新能源应该可以覆盖这一增长的需求。

碳中和情境下的电力结构：

（1）2031—2060 年，中国经济年均增长率 3%，电力消费年均增长率均为 2.5%（考虑主要能耗行业转向清洁能源对电力的需求和人口因素），则2060 年我国电力消费总量将在 2030 年的基础上增长 110%，达到 270,167 亿千瓦时，增长 141,367 亿千瓦时；

（2）水电发电量维持 2030 年的水平 16,736 亿千瓦时，2060 年占比 6.2%；

（3）核电年均增长 3.0%，2060 年发电量 15,005 亿千瓦时，占比 5.6%；

（4）化石能源（煤电）发电量年均下降 2.3%，2060 年发电量 27,017 亿千瓦时，占比 10.0%；

（5）风电、光伏和生物质能发电量年均增长 4.9%，2060 年发电量211,409 亿千瓦时，占比 78.3%。

这意味着三种可再生能源的累计装机量在 2030 年的基础上增长 3.16 倍，其中风电 6,155 吉瓦、光伏 5,725 吉瓦、生物质 708 吉瓦（见图 12 - 4）。

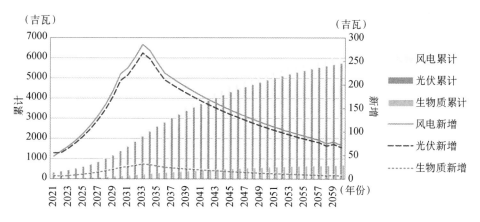

图 12 - 4　碳中和情境下 2031—2060 年风电、光伏、生物质发电的装机规模

2022 年 11 月，中国国家发展改革委、国家统计局、国家能源局联合印发《关于进一步做好新增可再生能源消费不纳入能源消费总量控制有关工作的通知》，在开展全国和地方能源消费总量考核时，以各地区 2020 年可再生能源电力消费量为基数，"十四五"期间每年较上一年新增的可再生能源电力消费量在考核时予以扣除。根据我国可再生能源发展情况，明确现阶段不纳入能源消费总量的可再生能源，主要包括风电、太阳能发电、水电、生物质发电、地热能发电等可再生能源。这一政策将极大地促进国内新能源产业的发展。而随着技术的不断进步，发电设备效率的不断提高，储能技术的开发，这个目标对于中国来说，并不难实现。

新能源取代化石能源成为能源供给的主角，在过去是不可想象的事情，如同工业革命开始时化石能源取代生物质能源一样。人类总是在不断突破禁锢自身发展的瓶颈，通过不断的技术进步来创造新的生产生活方式。

68 年光伏史上，中国光伏企业首次创造了硅电池效率的最高世界纪录。

2022 年 11 月 19 日，在第十六届中国新能源国际博览会暨高峰论坛上，隆基绿能宣布，已收到德国哈梅林太阳能研究所（ISFH）的最新认证报告，隆基绿能自主研发的硅异质结电池转换效率达 26.81%。在一个多月时间内，隆基分别以 26.74%、26.78%、26.81% 连续三次刷新硅太阳能电池效率新纪录。

这是继 2017 年以来，时隔五年诞生的最新世界纪录，也是光伏史上第一次由中国太阳能科技企业创造的硅电池效率世界纪录。

当天，"世界太阳能之父"、澳大利亚新南威尔士大学教授马丁·格林通过视频宣布，26.81%的电池效率是目前全球硅太阳能电池效率的最高纪录，并计划把这一最新成果纳入即将发布的《太阳能电池效率表》中。

二、新能源布局的安全性

我国新能源在空间分布上，目前主要集中在西部、北部和东南沿海地区，其中，西部和北部风能和光能处于并驾齐驱的状态，东南沿海主要是风能，特别是海上风能开发正在蓬勃发展。

集中于西部和北部的新能源电力要输往东部和南部需要通过特高压线路，除了电网本身的安全之外，如果线路过于集中，在特殊时期容易成为攻击目标。电站本身如果分布过于集中，也容易成为目标。在西北方向，风电和光伏的电站开发要适度分散，降低安全隐患。

海上风能的单机容量越来越大，单体价值越来越高，较低的攻击成本与较高的攻击价值之间差距非常大。东南沿海地区外部形势较为复杂，风电开发过于集中，存在安全风险。

光伏的开发，要实行集中与分散相结合的策略，特别是加大分布式光伏建设的比例。如果薄膜太阳能电池能够加快商业化，与建筑一体化光伏相结合，减少对输电网络的依赖，可以大大降低安全风险。

三、能源资源的战略价值定位

在通向碳达峰和碳中和的道路上，应当加大新能源的开发应用，增加消费比重，未来可以使可再生能源成为主力，而化石能源成为调峰、备用和稳定性能源。

水电具有长期稳定性，是重要的可再生能源。虽然中国水利资源丰富，但中国水电的开发空间越来越小，对生态的影响也会越来越大。

中国风能和太阳能资源丰富，风电和光伏应当作为新能源发电的主要力量。生物质能发电也应加大开发规模。

煤炭作为发电原料的清洁使用空间还较大，除了碳排放因素，污染因素可以逐步得到消除。煤炭应重点向化工原料方向转变。

天然气应当主要作为化学工业原料和满足居民生活需求，不应作为能源加以使用，其能源化使用的比例要严格控制。国内天然气产量不能满足需求，仍应进口并加大国内开发力度，并积极开发利用国内煤层气资源。

核电的铀原料受制于国际市场，中国的核资源储量较低，全球占比仅有4%。核电在中国能源结构中不应占有过高的比例。

第五节　中国新能源战略的进攻与防御

一、攻——新能源发电设备出口

中国在新能源发电设备制造领域已经占据决定性份额，光伏产品和风电产品产量（含零部件）的国际份额已经达到了80%以上，继续扩大的空间相对较小，但国际市场的需求仍然不断扩张。

随着新能源发电成本的下降和度电价格的不断探低，在国内外已经具有与化石能源进行竞争的能力。在这样的趋势下，发挥中国新能源设备制造业的优势，按照碳达峰和碳中和的目标要求，扩大中国新能源产品的制造能力，满足国内外市场的需求，是新能源战略的基本支点。除了继续向发达国家市场出口新能源设备，还应配合中国制造业走出去的步伐，在广大发展中国家，特别是常规能源短缺的国家，配建中国的新能源发电设备，在优先满足走出去企业自身需求的情况下，提供示范效应。在为发展中国家建设工业园区时，也可以带动我国能源企业为园区配建新能源发电站。

在新能源设备产能扩大的过程中，要处理好阶段性供求关系。全球新能源设备制造业基本上是中国的国内产业，供给主要决定于中国企业，市场则大致为国内国外比4:6。中国政府对新能源的发展政策是明确的，且大力支持，而国际市场容易受到各国政策的影响，存在一定的波动性，有可能导致新能源设备市场出现阶段性供不应求和供过于求格局，对产业链上不同环节的企业产生不同的影响，甚至出现阶段性过剩，中国新能源设备制造企业要提高对市场的研究能力和预见性，避免损失。

中国新能源制造产业链竞争强度大，这对提高新能源技术具有很大意义，但同时也会导致市场失序，造成内讧内斗，企业在对外竞争中彼此伤害对方利益，这样的情况在中国的各行各业都存在。为此，产业链上的企业之间应当进行必要的整合，可以按照不同的产品技术方向、产品市场方向垂直整合成若干个体量较大的企业集团，避免继续内耗。

产业扩散规律决定了中国新能源设备制造业一定会走向国际舞台。中国新能源设备制造业不可能一直在国内生产，走向国际领域进行布局也是大势所趋。前事不忘后事之师，中国新能源制造业领域研发能力强的企业，应尽早向装备制造领域伸展空间，这样既能保证未来的国际市场仍然在自己手中，又能为新能源设备制造企业腾出发展空间，降低竞争强度。伴随着新能源设备制造走出国门，新能源装备产品也将走向世界。

能源作为工业化、现代化、经济发展、社会发展、环境承载的约束条件，未来是全球发展的主旋律和核心问题。拥有优质新能源设备制造业和装备制造业的中国，一定要充分利用战略上的这一有利条件，将其作为采取攻势的利剑，在国际舞台上"攻城略地"，为各国人民贡献没有污染的煤矿、油井和气田。

二、守——面向发达国家的制造业出口

新能源的发展和碳排放问题紧密相连。中国集世界最大的制造业国家、最大的能源生产国家、最大的能源消费国家、最大的能源进口国家、最大的碳排放国家、最大的新能源发电国家和最大的新能源设备提供者于一身，成为矛盾的焦点。可以毫不夸张地说，中国的能源政策和新能源设备制造业技术、能力对于全球能源生产、消费、贸易起着举足轻重的作用。在这样的情势下，发达工业国，尤其是能源短缺、已经和正在实现碳达峰的大国，其所采取的碳排放政策，在很大程度上针对的是中国。另外，对于人均碳排放很高，且减排政策摇摆、减排态度不积极的美国，欧洲国家和欧盟对其也有意见。

中国在这样的国际格局下，秉持积极的减排态度，和欧洲、欧盟站在一起，对于维护中国的利益是有益的。欧洲国家在全球碳减排问题上态度比较坚决，这与美国的频繁动摇形成对比。中国既然已经掌握了新能源和碳减排的主动权，就要牢牢抓住这个主动权，与欧洲发达国家形成气候问题上的统一战线。

对于欧洲大多数发达国家，中国的战略是采取守势，利用我国朝向碳达峰和碳中和目标前进的态势，在减少二氧化碳排放这一共同目标的基础上达

成合作，在道义上与它们站在一起，化解因为碳足迹而存在的分歧，继续促进双方之间的经济合作和贸易往来。在碳交易领域，应创造条件，主动参与全球碳市场的建立，把中国的国内碳市场和欧洲的碳市场尽早融合起来，形成国际统一的碳市场。这对中国是有利的。

欧盟的碳关税政策目标虽然比较明确，但仍然给中国制造业留下了适应的空间，还是具有一定的柔性，没有要成为对中国制造业形成撒手锏的意图。在针对中国制造业的同时，这一政策也对美国和未来的制造业大国印度等也有着很大的影响。况且，中国掌握着新能源设备制造这一核心武器，针对中国的意图也一定会被破解。中国从保障国家能源安全和环境的角度出发，也会积极推动本国按期实现碳达峰和碳中和的目标。

与欧洲的气候合作，本质目标是守住中国制造业的海外市场份额，不被欧盟企业代替，同时也是防范后起的制造业大国取代中国在发达国家的市场，这是中国新能源战略的防守意图。

三、和——与"一带一路"上发展中国家能源、资源、产业和金融的友好合作

对于化石能源出口大国和"一带一路"上的发展中国家，中国应该采取的策略是团结起来共同发展，结成互相促进、互相帮助的友好合作关系。

中国推动新能源产业的发展，一方面，会减少国内的能源进口，客观上会影响化石能源出口大国的经济利益；另一方面，廉价新能源设备的大量出口，又会间接从国际的角度降低其他能源进口国对化石能源的需求，也会影响化石能源出口大国的经济利益。而在化石能源出口大国中，大部分是需要中国争取的地区力量，也是中国"一带一路"的支点。通过新能源产业和其他产业的输出，可以促进化石能源出口大国和"一带一路"上发展中国家的经济社会发展，为中国争取和平发展的环境和机会。

对于化石能源供应国和"一带一路"上的发展中国家，要从以下五个方面做好工作。

第一，利用化石能源出口大国的低成本能源布局新能源产业链环节，促进化石能源出口大国的新能源设备制造业发展。新能源虽然不是中国的原创技术，但中国是新能源产业的最大推动力。新能源设备属于资本和资源密集型产品，无论是光伏产品还是风电产品，其本质都是能源的转化，某种程度

上说，中国生产这些产品就是消费能源，消费煤炭；出口这些产品就是出口能源，出口煤炭，而且是不含二氧化碳的能源。中国要利用在可再生能源产业链上的全面优势，向化石能源资源丰富的地区转移新能源产业的某些高能耗环节，如晶硅太阳能电池的工业硅冶炼和多晶硅提纯，就地利用低成本的能源。占光伏产业能耗三分之一的铝合金边框和光伏玻璃，风电设备中的塔筒，也应考虑在光伏市场、风电市场所在的能源成本较低的地区就地建厂，并进行组装。新能源产品不具备命脉特征，无需将产业链所有的环节都留在国内。从运输的角度看，风电叶片和塔筒具有特种运输的性质，运输成本较高，国内需求国内生产、国外需求国外生产是合理的，而光伏产品的原材料和产品具有大宗产品的属性，散货和集装箱运输成本不高，产业链可以实现较大程度的国际布局。

第二，在"一带一路"各国利用国外矿产资源，布局矿产资源初加工产业。在铁矿石、有色金属、石英砂丰富的地区，国内企业要"走出去"，就地建设粗钢、电解铜铝和玻璃工厂。要鼓励我国企业，特别是民营企业在南美洲、非洲和东南亚地区进行可再生能源发电和矿产开发加工一体化布局，利用当地的矿产资源进行初加工，助力当地经济发展和环保，倒逼国内新能源产业的升级，促使新能源设备制造企业向更高端的新能源装备制造方向发展，推动我国新能源装备出口。

第三，经营东南亚市场。东南亚是我国的优先市场，天然气和矿产资源丰富，人口密集且快速增长，市场规模大，基础设施好，运输距离短，未来是我国实施国际大循环战略与和平发展战略的关键所在。除了要重点布局资源开发利用型产业外，还要促进国内资源消耗型制造业，如汽车、家电、造船等优势产业在东南亚地区有序布局，在海外形成原材料生产和终端产品生产的产业链，构建以我国为中心的区域分工体系和经济圈，促进周边大循环，带动区域经济发展，同时削弱国内产业对某些资源大国的依赖，增强我国国际话语权，让圈内各国共同分担能源、资源压力，化解区域内部矛盾，和谐周边关系，形成对区域外国家外交政策协同的经济基础。需要注意的是，东南亚不仅是我国的大市场和合作伙伴，也是未来在制造业方面的竞争对手，中国对此要遵循经济、产业发展规律，坦然应对这种即将到来的竞争关系，在竞争中共同发展，并把东南亚的发展作为推动我国两个循环和产业升级的机遇。东南亚作为人口基数较大的地区，其工业化和现代化有助于我们扩大市场。对此我们要有信心。

第四，稳定与俄罗斯的资源供应和商品贸易关系。俄罗斯是特殊的化石能源出口大国、矿产资源大国、农业资源出口大国与消费品市场，其国际地位十分重要。俄罗斯化石能源资源丰富，工业品出口数量少，不太在意碳减排和开发新能源产业。依赖自身资源的丰富，俄罗斯多年来也不重视发展消费品生产，这种趋势将在未来很长时期内难以改变。俄罗斯向中国输出化石能源、矿产资源、化肥和粮食，从中国进口日用消费品、电子产品、家电和汽车。随着东西方关系的紧张，中俄之间的这种关系只会进一步强化而不会弱化，这有利于我们构建稳定的经济互补关系。中俄在化石能源、矿产资源、农业资源和消费品制造方面要继续加强合作，形成长期稳定的经济关系，这也有助于我们建立稳定的资源供应和产品供应关系。由于俄罗斯文化的历史特殊性，中俄之间缺少像中欧之间那样较为普及的商业文化基础，这方面还需要做很多工作，特别是我们之间的合作不能过于集中在大企业之间的合作上，要全面推进大中小型企业之间的对话、对接，影响俄罗斯的商业文化。

第五，围绕能源转型，对能源金融市场的未来也应提前做好准备。中国已经初步开发了自己的一系列能源金融产品，如石油期货、天然气期货、煤炭期货、工业硅期货以及系列绿色金融产品。到目前为止，中国在化石能源金融市场上的国际影响力还非常小，远不及西方的主要金融市场。加强与化石能源生产和出口大国的密切合作，利用好大陆和香港的金融市场，推动这些化石能源大国参与我国能源金融市场的建设，一方面有利于我们吸引其化石能源金融资本，另一方面也有助于我们筹集更多的低成本资金，并通过商业性金融机构、多边合作金融机构将其转化为产业资本，再投放到这些国家，形成金融资本和产业资本的良性互动、良性循环。要推动国内绿色金融产品标准化，并通过商业金融机构和多边金融机构带到化石能源出口大国和其他"一带一路"发展中国家，使中国标准国际化。要在继续推动化石能源产业和新能源产业合作中广泛使用人民币，促进人民币的国际化。在推动新能源发展的同时，要密切注意对传统能源资产贬值造成金融资产的风险与浪费及其对有关国家的影响。

第十三章 新能源技术展望

第一节 光伏技术

一、晶硅电池

晶体硅太阳能电池的理论转换效率最高 29.43%，因为主要吸收红外光，目前晶硅光伏电池的转换效率已经越来越逼近理论极限，建立在晶硅光伏技术基础上的隧穿氧化层钝化接触（TOPCon）和异质结（HJT）等技术正在替代已经成熟的发射极钝化和背面接触（PERC）技术，转换效率还有一定的提高空间。

晶体硅电池已构建了完备的全产业链，在未来的 10 年以内，仍然是最主要的光伏电池。虽然转换效率还在不断提高，但空间越来越小，未来的发展重点应该向节约能源、降低关键辅料消耗、低成本辅料替代高成本辅料、自动化生产、减少污染物排放等方向继续发展。由于晶硅电池整个产业链的规模正在快速扩张，除了硅原料以外，重要的辅料消耗特别是贵金属消耗成倍提高，未必能满足产业链扩展的需求，辅料替代成为关键的工艺和降本措施。银浆占到电池非硅成本的 45%，N 型电池需要用低温银浆，价格更高。如果技术上实现以镀铜、银包铜代替银浆，光伏电池在性能、转换效率上还可提高 1 至 2 个百分点，成本还可以继续降低。

光伏建筑一体化（BIPV）技术是晶硅电池的重要发展方向，将光伏电池与建筑构件整合为一，可以为建筑物直接供电，减少电力消费对电网的依赖，这对能源安全来说是最佳途径之一。

二、钙钛矿电池

相对于效率成本比来说，晶硅电池已经不再具有技术的革命性。

钙钛矿材料具有比晶硅电池更良好的吸光性能，以吸收紫光与蓝光、绿光。在能量转换过程中的极低能量损失，也与其覆盖光谱范围宽的特征有关。在转换效率方面，钙钛矿电池的进展也远胜于如碲化镉、铜铟镓硒等薄膜电池。2022 年 7 月，瑞士洛桑联邦理工学院（EPFL）的钙钛矿/硅叠层电池最高转换效率达到了 31.3%，如果钙钛矿电池叠加 N 型晶体硅太阳能电池，理论转换率可以达到 49%。这将大幅降低度电成本。

在生产制造上，钙钛矿电池的工序只有简单的四步，能够快速扩张产能，并且原料丰富、价格低廉，不消耗贵金属资源。由于钙钛矿电池用料少，不仅成本低廉，环境友好，而且大大降低了支架的负荷，节约了电站的非电池投资，也因为更高的效率而节约了土地资源。根据纤纳光电、协鑫纳米、牛津光伏三家公司公布的数据，其钙钛矿电池的生产成本在 0.4 美元/瓦以下，扩大至吉瓦级产线后，成本可降至 0.1 美元/瓦或更低①。对比已经商业化的单晶硅组件来看，垂直一体化厂商的单晶硅组件最优内部生产成本目前约为 0.2 美元/瓦，按较低生产成本数据来比较，钙钛矿电池比单晶硅电池拥有成本优势。

钙钛矿电池和新技术薄膜电池是未来替代晶硅电池技术的重要发展方向，世界各国均在此方面重点投入，着力提升器件性能与稳定性，推动产业化布局，在解决大面积、稳定性等方面的问题后，钙钛矿电池将有望改变光伏应用市场的产业格局。

在原料方面，钙钛矿电池还需要解决重金属的替代问题，以降低生产制造和使用中的环境污染问题。

三、非硅薄膜电池

薄膜电池大致分为三类，第一类硅基类，由非晶硅、微晶硅、低温多晶硅组成；第二类为化合物类，由碲化镉、铜铟镓硒和钙钛矿组成；第三类为

---

① 参见：搜狐网（https://www.sohu.com/a/611422620_121294739）。

有机质类，由有机光伏电池和染料敏化类组成。除了钙钛矿电池，碲化镉和铜铟化镓电池是目前主要的发展方向，而碲化镉电池是主流趋势。

晶硅电池在 21 世纪飞速崛起之后，薄膜电池经历了 20 多年的沉寂，现在由于技术的持续进步又有了新的发展。美国公司第一太阳能（First Solar）的碲化镉电池实验室最高转换效率为 22.1%，量产大组件最高转换效率为 19.5%。日本公司太阳能前沿（Solar Frontier）铜铟镓硒电池实验室最高转换效率为 23.4%，量产小组件最高转换效率为 19.2%，已经越来越接近晶硅电池。

薄膜电池更轻薄、可塑性更高。晶硅电池组件的电池片较厚（一般为 160 微米左右），且与封装材料玻璃相对独立，柔韧性较差，难以加工成弧面形状。薄膜电池组件则是利用沉积技术将光电转换各层介质直接沉积在导电玻璃表面（一般厚度仅为 0.3 微米—2 微米），柔韧性较好，能够任意弯曲，容易加工成弯曲半径更小的弧面形状，在 BIPV 中的使用场景将更加广泛。彩色薄膜电池可利用周期性 SiO_2/Al_2O_3 和 SiO_2/TiO_2 多层结构反射特定波段的光，电池颜色可调节，温度系数低，工作电流较小，热斑效应小，具有更好的弱光性，可覆盖更多太阳光光谱，光吸收系数更高，发电时间高于晶硅电池。薄膜电池光电转换效率提升快、制造成本低、质量轻，在建筑光伏一体化中有多样化的应用形式，如黏贴在幕墙、门窗、采光天窗等建筑外部。

薄膜电池的缺点是产品稳定性目前还不足，受氧化和紫外线照射等因素影响严重，寿命相对较短，原料有毒。未来的技术发展在于解决电池产品性能的稳定性，提高产品寿命，减少和消除有毒原料的使用，普通金属代替稀贵金属使用等。

未来钙钛矿加叠瓦光伏技术应该会成为主流之一，同时，其他薄膜太阳能产品的效率还有很大的提升空间，与建筑物相结合开展分布式应用，可以不受土地资源和电网的限制，成本下降的同时应用领域也可以更加广阔。晶硅电池、钙钛矿电池和其他薄膜电池一起，将会成为三大主流产品。

第二节　海上风电与氢能技术组合

一、海上漂浮式风电

风电技术未来的趋势是，从高风速机组向低风速机组延伸，满足低风速地区的安装条件，从而尽可能充分利用风能资源；单机功率由低到高，不断突破极限，尽可能降低投资成本；由陆上向近海和远海延伸，节约土地资源。

风电已经从陆上延伸到近海，随着近海资源逐渐开发，海上风电项目在向远海延伸。随着离海岸线的距离越来越远，建造成本、维护成本和输电成本也越来越高。由于深、远海的水深增加，固定式的支撑结构难度更大，漂浮式海上风电技术被业内视为未来深远海风电开发的主要技术，已在多个国家和地区展开探索。

根据全球风能理事会统计，2021 年，全球漂浮式海上风电累计总装机规模已达 121 兆瓦。到 2022 年底，装机容量预计将达到 200 兆瓦—260 兆瓦。据欧洲风能协会预测，到 2030 年底，全球漂浮式风电装机容量将达到 15 吉瓦。

二、利用海上风电和海水直接制氢

英国、德国、荷兰、比利时等欧洲国家已经开始布局海上风电制氢。英国计划在海上建设 4 吉瓦漂浮式风电场，使用独立装置生产氢气，计划在 2023 年投运、2026 年前实现制氢。德国海上制氢项目计划在 2025 年前建立包含两台 14 吉瓦风机的试点，预计 2035 年生产 100 万吨氢气。荷兰计划在 2027 年实现首批风机并网发电并制氢，到 2040 年海上风电装机将超过 10 吉瓦。

作为全球最大的海上风电市场，中国深、远海风能资源非常丰富，漂浮式海上风电发展前景十分广阔。《"十四五"可再生能源发展规划》明确提出，力争"十四五"期间开工建设中国首个漂浮式商业化海上风电项目。一些地方政府和企业也在加快海上风电制氢项目的布局。2022 年 7 月，由三峡能源投资建设的我国首个漂浮式海上风电平台，搭载全球首台抗台风型漂浮式单机容量 5.5 兆瓦海上风电机组，组成"三峡引领号"，在广东阳江海上风电场顺利安装。2022 年 11 月底，海南东方市 CZ9 海上风电场示范项目开工，采用国内生产的 7 兆瓦级抗台风漂浮式风机，总装机容量为 1.5 吉瓦。《上海市氢能产业发展中长期规划（2022—2035 年）》提出，开展深远海风电制氢相关技术研究，结合上海深远海风电整体布局，积极开展示范工程建设。《浙江省可再生能源发展"十四五"规划》提出，将探索海上风电基地发展新模式，集约化打造"海上风电＋海洋能＋储能＋制氢＋海洋牧场＋陆上产业基地"的示范项目。另有其他省份的相关规划也提出，将加快布局海上风电制氢。

海上风电直接使用海水制氢将是未来海上风电和制氢的重要技术路径。2022 年 11 月 30 日，中国工程院院士谢和平团队在《自然》（Nature）上发表了题为《海水直接制氢》的研究成果。该研究首次从物理力学与电化学相结合的全新思路，开创了相变迁移驱动的海水无淡化原位直接电解制氢新原理与技术。该团队研制了全球首套 400 升/小时海水原位直接电解制氢技术与装备，在深圳湾海水中连续运行超 3,200 小时，从海水中实现了稳定和规模化制氢过程。

漂浮式海上风电在实现商业化应用方面仍面临高成本挑战，已经建成的漂浮式海上风电场的平均度电成本比传统固定式海上风电高 3 倍以上。目前，在漂浮式海上风电建设成本构成中，占比最高的就是设备和施工两个环节。彭博新能源财经（BNEF）预计，海上风电制氢的中位数成本将在 2025 年降至 7 美元/千克左右，到 2050 年降至 1 美元/千克以下。到 2050 年，海上风电制氢的成本将低于陆上风电制氢。

第三节　可控核聚变——能源的终极形式

一、核聚变的优势

核能的利用方式包括核裂变与核聚变发电，前者即现在的核电站，使用铀 235 作为原料。由于铀资源全球储量不大，探明储量 600 多万吨，主要分布在澳大利亚、哈萨克斯坦、加拿大、俄罗斯、南非、巴西、尼日尔、蒙古等国，中国储量仅有约 25 万吨，约占全球储量的 4%。核裂变产生强大的辐射，放射性核废料的处理也较为复杂，存在安全隐患。苏联切尔诺贝利核电站爆炸和日本福岛核电站爆炸导致的核泄漏事故使全球核电开发放慢了脚步，欧洲更是启动了废核进程。

核聚变是指由质量小的原子，在超高温和超高压条件下，发生原子核互相聚合作用，生成新的质量更重的原子核，并伴随着巨大的能量释放的一种核反应形式，号称"宇宙能量""终极能源"。

每千克铀燃料完全裂变可以放出 93.6 万亿焦的热量，相当于 3,200 吨标准煤燃烧放出热量。而每千克热核聚变燃料聚变放出的热量是核裂变所释放能量的 4 倍。自然界中最容易实现的聚变反应是氢的同位素——氘聚变成氦，50 亿年来太阳就是依靠这种聚变反应持续释放光和热。核聚变反应燃料来自于从海水中提取的氘。每 1 升海水中所蕴含的氘经提取用于聚变反应，能释放相当于 300 升汽油燃烧时释放的能量。海洋中蕴藏的氘资源可供人类使用数亿年乃至数十亿年，可以说是取之不尽、用之不竭。并且，核聚变不会产生核裂变所产生的核辐射和核废料，也不产生温室气体，对环境没有污染。

二、可控核聚变发电是地球上的终极能源

铀裂变的不可控状态是原子弹，可控发电就是现在的核电站；同理，氢核聚变的不可控状态是氢弹，可控发电就是核聚变电站。氢的可控聚变要比铀的可控裂变条件更复杂，温度更高。

目前，实现可控核聚变的方式有两种，一种是惯性约束核聚变，另一种是磁约束聚变。惯性约束核聚变的具体方式是用激光或离子束作驱动源，脉冲式地提供高强度能量，形成高温高压等离子体，达到点火条件，驱动脉冲宽度为纳秒级，在高温、高密度热核燃料来不及飞散之前，进行充分热核燃烧，放出大量聚变能，从而实现可控核聚变。

2022 年 12 月 13 日，美国能源部正式宣布了一项核聚变的历史性突破。加州劳伦斯·利弗莫尔国家实验室（LLNL）的科学家于 12 月 5 日首次成功在核聚变反应中实现"净能量增益（Net Energy Gain）"，即受控核聚变反应产生的能量超过驱动反应发生的激光能量。这一时刻也被称为"聚变点火（Fusion Ignition）"，是实现可控核聚变的关键步骤。

实验在 LLNL 的"国家点火设施（NIF）"中进行。NIF 的反应堆是一个基于激光的惯性约束核聚变装置，使用强大的激光束产生类似于恒星和巨行星的内核以及核爆炸时的温度和压力。

磁约束聚变是指用特殊形态的磁场把氘、氚等轻原子核和自由电子组成的、处于热核反应状态的超高温等离子体约束在有限的体积内，使它受控制地发生核聚变反应，释放出能量。

20 世纪 50 年代初，苏联物理学家塔姆和萨哈罗夫提出，在环形等离子体

中通过大电流感应产生的极向磁场与很强的环向磁场结合起来，便可能实现等离子体平衡位形。阿齐莫维奇领导下的莫斯科库尔恰托夫研究所开展了此项实验研究。他们将这种装置叫作托卡马克（Tokamak），这个词是由俄语"环形、真空室、磁、线圈"的词头组成。托卡马克的中央是一个环形的真空室，外面缠绕着线圈。在通电时，托卡马克的内部会产生巨大的螺旋形磁场，将其中的等离子体加热到很高的温度，以达到核聚变的目的。

1968 年，在苏联诺沃西比尔斯克召开的等离子体物理和受控核聚变研究第三届国际会议上，阿齐莫维奇发表的在托卡马克装置上取得的最新实验结果引起了轰动。于是，世界范围内便很快掀起了研究托卡马克的热潮。

1985 年，苏联领导人戈尔巴乔夫和美国总统里根在日内瓦峰会上倡议，由美国、苏联、欧盟、日本共同启动"国际热核聚变实验堆（ITER）"计划，目标是要建造一个可自持燃烧（即"点火"）的托卡马克核聚变实验堆。1998 年，美国退出 ITER 计划。2001 年，欧盟、日本、俄罗斯联合工作组完成了 ITER 装置新的工程设计及主要部件的研制。2002 年，欧盟、日本、俄罗斯三方开始协商 ITER 计划的国际协议及相应国际组织的建立，并欢迎中国与美国参加 ITER 计划。2005 年，中国、美国和韩国加入该计划，六方同意把 ITER 建在法国核技术研究中心。2006 年，印度加入协议。

三、中国可控核聚变的技术进展

中国在可控核聚变领域的研究，是从 20 世纪 50 年代与国际基本同步开始的，目前取得的成就最大，已位于世界前列。1994 年，我国第一个圆截面超导托卡马克核聚变实验装置"合肥超环"（HT-7）研制成功，使我国成为继俄罗斯、法国、日本之后第四个拥有超导托卡马克装置的国家。1998 年，国家"九五"重大科学工程"HT-7U 超导托卡马克核聚变实验装置"（简称 EAST 或"东方超环"，见图 13-1）正式立项；2000 年，EAST 正式开工建设；2006 年，成功进行了首次工程调试，同年 9 月首轮物理实验成功获得高温等离子体；2007 年，EAST 在合肥竣工，这是全球第一台"全超导托卡马克装置"，在实验中成功点燃了 100 秒，位列世界第一名；2010 年，EAST 首次成功完成了放电实验，获得电流 200 千安、时间接近 3 秒的高温等离子体放电；2017 年，在世界上首次实现了 5,000 万度等离子体持续放电 101.2 秒的高约束运行，实现了从 60 秒到百秒量级的跨越；2018 年底，又首次实现了

1 亿度等离子体放电，实现加热功率超过 10 兆瓦；2020 年 4 月，在 1 亿度超高温度下运行了近 10 秒，创造了新的纪录，而稳定可控的上亿度的高温是核聚变成功的关键之一；2021 年 5 月，EAST 再一次打破了世界纪录，成功实现了 1.2 亿度运行 101 秒，此前的世界纪录是 2020 年末韩国超导托卡马克（KSTAR）实现的 1 亿度 20 秒；2021 年 12 月 30 日，实现了 1 兆安培、1.6 亿度 1,056 秒的长脉冲高参数等离子体运行，这是目前世界上托卡马克装置高等离子体运行的最长时间。

图 13 - 1　全球第一台"全超导托卡马克装置"——东方超环（EAST）

2020 年 2 月，新一代"人造太阳"装置——中国环流器二号 M 装置（HL - 2M）在成都建成并实现首次放电，这也是全球最大的可控核聚变设施，标志着我国自主掌握了大型先进托卡马克装置的设计、建造、运行技术，为核聚变堆自主设计与建造打下坚实基础。HL - 2M 装置是我国新一代先进磁约束核聚变实验研究装置，采用更先进的结构与控制方式，等离子体体积达到国内现有装置 2 倍以上，等离子体电流能力提高到 2.5 兆安以上，等离子体离子温度可达到 1.5 亿摄氏度。2022 年 10 月 19 日，HL - 2M 等离子体电流突破 1 兆安，标志着我国核聚变研发向聚变点火迈进了重要一步。

根据国际能源署发布的数据，截至 2021 年底，全球在运营的核聚变装置有 96 座，在建核聚变装置有 9 座，计划建设的装置则有 29 座。人类正在朝向获得终极能源而奋斗。目前的估计是 2060 年至 2070 年能够实现核聚变的商业化应用，这将是一个全新的能源时代，人类将不再受到能源的困扰，电力可能可以随意使用。

第四节　储能技术

一、储能的迫切需要

电能作为当今被大量使用的一种能源，其特性在于生产、传输、使用都是在同一瞬间完成的。如果电能能够被大量储存，将给传统电网的传输、调度、定价带来很大的改变。在可再生能源中，风能、太阳能等电力的间歇性和波动性较大，冲击着电网安全，随着发电量的增长，它们对电力调度提出了更大的挑战。下一步，储能成为制约风能和光伏等新能源发展的瓶颈，迫切需要破解这一难题，否则，新能源无法承担起改变能源结构和实现碳减排、碳达峰、碳中和的目标。

根据中关村储能产业技术联盟（CNESA）统计，截至 2020 年底，中国已投运储能项目累计装机规模 35.6 吉瓦，占全球市场总规模的 18.6%。中国化学与物理电源行业协会储能应用分会发布的《2022 储能产业应用研究报告》统计数据显示，2021 年中国累计储能装机已经达到 43.44 吉瓦，当年新增储能装机为 7,397.9 兆瓦，其中抽水蓄能项目装机规模为 5,262 兆瓦，占比为 71.1%，电化学储能装机规模为 1,844.6 兆瓦，占比为 24.9%。锂离子电池储能技术装机规模为 1,830.9 兆瓦，占电化学储能装机的比例为 99.3%。目前，抽水蓄能和锂电池储能在我国储能市场占据着绝对份额。

二、储能的应用场景

根据国家能源局的定义，储能是指通过介质或设备将能量存储起来，在需要时再释放的过程。目前，储能主要是储存电能，将电能转化为其他形式的能量储存起来。储能的目的主要是实现电力在供应端、输送端以及用户端的稳定运行。

从整个电力系统的角度看，储能的应用场景可以分为发电侧储能、输配电侧储能和用户侧储能三大场景。

发电侧储能的场景类型较多，包括能量时移、容量机组、负荷跟踪、系统调频、备用容量、可再生能源并网六类场景。发电侧储能主要应用于可再生能源并网，用于平滑可再生能源输出、吸收过剩电力减少"弃风弃光"以及即时并网。在分布式及微电网方面，储能主要用于稳定系统输出、作为备用电源并提高调度的灵活性。微电网也被称为分布式能源孤岛系统，将发电机、负荷、储能装置及控制装置等系统地结合在一起，形成一个单一可控的单元，同时向用户供给电能和热能，适用于偏远地区和部分大电网覆盖不到的地方，如海岛、偏远山区等地区、海上平台、营地等。

　　海南省三沙市距离海南岛主岛较远，通过海底电缆输送电能至岛礁不现实。在小岛上建设智能微电网，充分利用光伏、风能、波浪能等能源，可最大限度减少化石能源消耗，符合三沙绿色发展理念。

　　三沙智能微电网能量管理系统是中国国家级电力技术领域的一项应用示范工程，历经三年的研究与实践。该系统主站设立在永兴岛，可实现柴油发电机、光伏系统、储能系统、主子微网及海水淡化、充电桩等各类负荷数据的采集与监控。系统自 2017 年试运行以来，供电可靠率 100%，电压合格率 100%，清洁能源消纳率 100%，一年多时间通过利用光伏等清洁能源节约柴油数百吨。

输配电侧储能主要作用是电网的削峰填谷、平滑负荷、加载以及启动和缓解输电阻塞、快速调整电网频率，延缓输电网以及配电网的升级，提高电网运行的稳定性和可靠性。

用户侧是电力使用的终端，用户是电力的消费者和使用者，发电及输配电侧的成本及收益以电价的形式表现出来，转化成用户的成本，因此电价的高低会影响用户的需求。用户侧储能主要用于工商业削峰填谷、需求侧响应以及能源成本管理。例如，新能源汽车充电站，可以降低新能源汽车大规模瞬时充电对电网的冲击，还可以使用户享受波峰波谷的电价差。此外，还有5G 基站的储能等。

　　三、主要储能方式

　　根据能源存储形式的不同，主要的储能类型包括物理储能和电化学储能。根据能量转换方式的不同可以将储能分为物理储能、电化学储能和其他储能方式。物理储能包括抽水蓄能、压缩空气储能和飞轮储能等，其中，抽水蓄能容量大、度电成本低，是目前物理储能中应用最多的方式。电化学储能是近年来发展迅速的储能类型，主要包括锂离子电池储能、铅蓄电池储能和液流电池储能，其中，锂离子电池具有循环特性好、响应速度快的特点，是目前电化学储能中主要的储能方式。其他储能方式包括超导储能和超级电容器储能等，目前因制造成本较高等原因应用较少，仅建设有示范性工程。

（一）抽水蓄能

抽水蓄能电站有上、下两个水库，在电力负荷低谷时，利用水泵抽水至上水库，将电能转化成重力势能储存起来，在电力负荷高峰期再放水至下水库，带动水轮机发电。

抽水蓄能电站主要用于电力系统的调峰填谷、调频、调相、紧急事故备用等，还可提高系统中火电站和核电站的效率，可将电网负荷低时的多余电能转变为电网高峰时期的高价值电能。抽水蓄能电站的建设受地形制约，两个水库之间的高度差一般在70米到600米之间，抽水机、发电机安装在上水库与下水库之间的山腹中。抽水蓄能的释放时间可以从几小时到几天，综合效率在70%—85%之间。但从生态角度来看，抽水蓄能电站的建设会对原始景观造成破坏。当电站距离用电区域较远时输电损耗较大。

抽水蓄能最早于19世纪90年代在意大利和瑞士得到应用，较高的储存容量和灵活的控制技术使抽水蓄能电站成为目前最常用的储能技术。图13-2是中国最早的抽水蓄能电站——浙江省安吉县天荒坪抽水蓄能电站。抽水蓄能电站的关键在于如何实现电能与高水位势能间的快速转换，所以抽水蓄能机组的设计和制造至关重要。提高机电设备可靠性和自动化水平，建立统一调度机制以推广集中监控和无人化管理，开展海水和地下式抽水蓄能电站等技术是未来的方向。

图13-2 中国最早的抽水蓄能电站——浙江省安吉县天荒坪抽水蓄能电站

（二）压缩空气储能

该储能系统是基于燃气轮机技术提出的。电网负荷低谷期将电能用于压缩空气，将空气高压密封在报废的矿井、沉降的海底储气罐、山洞、过期油气井或新建储气井中，在电网负荷高峰期释放压缩空气推动汽轮机发电的储能方式。

第一个投入商业运行的压缩空气储能机组是 1978 年建于德国亨托夫（Hundorf）的一台 290 兆瓦机组。压缩空气储能电站可以冷启动、黑启动，响应速度快。压缩空气储能电站建设投资和发电成本均低于抽水蓄能电站，但能量密度低，并受岩层等地形条件的限制，对地质结构有特殊要求。同时，由于这种系统制造结构复杂，一般需要由压缩机、储气罐、回热器、膨胀机和发电机等几部分组成，导致整体效率偏低，一般只有 30%—40%，不具备大规模推广的价值。

（三）飞轮储能

大多数飞轮储能系统是由一个圆柱形旋转质量块和通过磁悬浮轴承支撑的机构组成，飞轮蓄能利用电动机带动飞轮高速旋转，将电能转化成机械能储存起来，在需要时飞轮带动发电机发电。飞轮系统运行于真空度较高的环境中，飞轮与电动机或发电机相连，其特点是没有摩擦损耗、风阻小、寿命长、对环境没有影响，几乎不需要维护。

飞轮不适用于长期的能量存储，但对于负载均衡和负载转移应用非常有效。飞轮具有优秀的循环使用以及负荷跟踪性能，寿命长，能量密度高，维护成本低，并且可以快速响应，主要用于不间断电源/应急电源、电网调峰和频率控制，目前主要应用于为蓄电池系统作补充。

城市轨道交通车站间距短，列车频繁启动、制动，在制动过程中产生的能量具有回收利用价值。据统计，轨道交通列车制动产生的能量可达到牵引系统耗能的 20%—40% 左右。飞轮储能装置安装于轨道交通牵引变电所内，当列车进站制动时，飞轮吸收能量，将电能转换为动能，转速高达每分钟 20,000 转；当列车出站加速时，飞轮释放能量，将动能转化为电能，供列车使用。青岛地铁飞轮储能装置可实现牵引能耗节约 15%，两台飞轮储能装置投用后，年节电约 50 万度，30 年寿命周期可节电 1,500 万度①。

---

① 参见：青岛地铁网（http：//www. qd – metro. com/planning/view. php？ id = 5565）。

（四）超级电容储能

该技术与电容器储存电能的技术相同。超级电容器根据电化学双电层理论研制而成，可提供强大的脉冲功率，充电时处于理想极化状态的电极表面，电荷吸引周围电解质溶液中的异性离子，使其附于电极表面，形成双电荷层，构成双电层电容。该电容能存储大量的电荷量，是一种物理形式的储能方式。

与常规电容器相比，超级电容器具有更高的介电常数、更大的表面积或者更高的耐压能力。超级电容器价格较为昂贵，在电力系统中多用于短时间、大功率的负载平滑和电能质量高峰值功率场合，如大功率直流电机的启动支撑、动态电压恢复器等，目前最大储能量达到 30 兆焦。基于活性炭双层电极与锂离子插入式电极的第四代超级电容器正在开发中。

超级电容的效率通常在 85%—98% 之间，一般超级电容器可以实现的能量密度约为 5 瓦时/千克—10 瓦时/千克，能达到的功率约为 10 千瓦/千克[1]。

（五）超导磁储能

超导体理论电阻为零，理论电流可以无限期地流动而不发生损耗，超导磁体环流在零电阻下无能耗运行持久地储存电磁能。超导磁储能系统利用超导体制成的线圈储存磁场能量，由电网经变流器供电励磁，在线圈中产生磁场而储存能量，在需要时可将能量经逆变器送回电网。

超导磁储能的能量密度可达到 300 瓦时/千克—3,000 瓦时/千克[2]。功率输送时无须能源形式的转换，具有响应速度快（毫秒级）、转换效率高（≥96%）等优点，可以实现与电力系统的实时大容量能量交换和功率补偿。超导磁储能装置体积小，节省了常规的送变电设备和减少送变电损耗。超导磁储能系统可以充分满足输配电网电压支撑、功率补偿、频率调节、提高系统稳定性和功率输送能力的要求，不仅可以在超导体电感线圈内无损耗地储存电能，还可以通过电力电子换流器与外部系统快速交换有功和无功功率，用于提高电力系统稳定性、改善供电品质。

和其他储能技术相比，目前超导磁储能装置仍很昂贵，除了超导本身的费用外，维持低温所需要的费用也很高。目前，在世界范围内有许多超导磁储能工程正在进行或者处于研制阶段。

---

① 参见：绿色能源网（https://www.lvsenengyuan.com.cn/cn/37396.html）。
② 同上。

（六）相变储能

相变材料是指在温度不变的情况下，改变物质状态，并能提供潜热的物质。转变物理性质的过程称为相变过程，这时相变材料将吸收或释放大量的潜热，从而达到控制环境温度和利用能量的目的。相变储能是利用相变材料的这一性能进行储能。

相变材料从液态向固态转变时，要经历物理状态的变化，在这两种相变过程中，材料要从环境中吸热，反之，向环境放热。相变材料在熔化或凝固过程中虽然温度不变，但吸收或释放的潜热却相当大。以冰—水的相变过程为例，当冰融解时，吸收 335 焦/克的潜热，当水进一步加热，每升高 1℃，只吸收大约 4 焦/克的能量。因此，由冰到水的相变过程中所吸收的潜热几乎比相变温度范围外加热过程的热吸收高 80 多倍[1]。除冰—水之外，已知的天然和合成的相变材料超过 500 种。

把相变材料与普通建筑材料相结合，还可以形成一种新型的复合储能建筑材料。这种建材兼备普通建材和相变材料两者的优点。目前采用的相变材料的潜热达到 170 焦/克左右。

（七）电池储能

电池储能系统主要利用电池正负极的氧化还原反应进行充放电，主要包括铅酸电池、镍镉电池、锂离子电池、钠硫电池、全钒液流电池等。

铅酸电池是用于能量存储最早的电池技术之一。铅酸电池在电力系统正常运行时为断路器提供合闸电源，在发电厂、变电所供电中断时发挥独立电源的作用。铅酸电池目前储能容量已达 20 兆瓦。但其循环寿命较短，且在制造过程中存在一定环境污染。铅酸电池通常用于电动汽车，但现在已被寿命更长的锂离子电池所取代。

锂离子电池最初由索尼公司在 20 世纪 90 年代初商业化生产，主要用于小型消费品，如相机和手机。现在它们已被电动车辆广泛使用，并且用于更大的电池存储。目前，全球电池储能市场 90% 以上为锂电池占据，包括磷酸铁锂电池和高镍电池两种主要产品。与其他材料的电池相比，锂离子电池具有较高的能量密度，重量轻。特斯拉在南澳大利亚州霍恩斯代尔的电力储能系统采用了目前世界上最大的锂离子电池，这个 100 兆瓦的电池可为 30,000

---

[1] 尚燕、张雄：《相变储能材料应用与研究现状》，《材料导报》2005 年第 Z2 期。

多个家庭供电。由于锂电池需求激增，锂资源价格不断上涨，已经对锂电池的未来应用产生消极影响，因此更新的电池技术正在研究开发。

钠离子电池使用的电极材料主要是钠盐。钠和锂的化学性质相似，工作原理也相似。锂是最轻的金属，相同质量的锂携带的电荷比钠多。但相较于锂盐而言，钠的储量更丰富，钠资源在地壳中的储量占比高达 2.64%，而锂资源只有 0.0065%，钠是锂的 400 多倍，且提炼技术也更简单，因此钠离子电池价格更低廉。由于钠离子比锂离子更大，能量密度和循环寿命受到制约，所以当对质量和能量密度要求不高时，钠电池可以替代锂电池，特别是在储能领域。中国在钠离子研究方面与国际先进水平保持了同步，未来这一产品在储能领域有较大的应用前景。2022 年 11 月 29 日，全球首条吉瓦时级钠离子电池生产线所生产的钠电池产品已经在安徽省阜阳市成功下线。

液流电池也是锂离子电池的替代品。液流电池和锂离子电池、钠离子电池的不同在于电解质储存不同。锂离子电池的电解液储存在电池内，而液流电池的电解液储存在电池堆外部容器。充放电时，正负极电解质会分别循环泵入电池堆发生氧化反应，反应完成后，电解液被重新泵回外部容器还原成原来的状态。液流电池的能量密度相对较低，使用寿命长。根据电极活性物质的不同，液流电池可以分为全钒液流电池、锂离子液流电池和铅酸液流电池等。大连建设的 200 兆瓦液流电池系统不仅将取代霍恩斯代尔动力储能系统成为世界上最大的储能电池，而且还将是唯一由液流电池而非锂离子电池组成的大型电池。

与目前普遍使用的锂离子电池不同的是，固态电池使用固体电极和固体电解质。固态电池技术采用锂、钠制成的玻璃化合物为传导物质，取代以往锂电池的电解液，大大提升锂电池的能量密度。大多数液体电解质易燃，而固体电解质不易燃，因此固态电池火灾风险较低。固态电池采用了难以规模化的制造工艺，需要昂贵的真空沉积设备，因此成本更高。目前，固态电池已用于起搏器，射频识别技术（RFID）和可穿戴设备中。

据全国能源信息平台数据，2021 年，由于海外储能电站装机规模暴涨以及国内风光强配储能的管理政策，国内储能电池出货量 48 吉瓦时，同比增长 2.6 倍，其中，电力储能电池出货量 29 吉瓦时，同比增长 4.4 倍。2022 年，国内储能电池出货量有望突破 90 吉瓦时。储能技术的迅速发展和产能扩张将有力地推动新能源的开发。

第五节　中国保持新能源技术领先的国家政策

在全球碳减排和对能源需求增长的激励下，中国的新能源产业取得了前所未有的成果，技术上也跟上甚至超越了世界先进水平，在某些领域成为技术"领头羊"。除了政策的支持之外，企业和科研机构投入了大量的人力和资金，才有了今天中国新能源产业的国际地位。

但是，必须看到，中国在新能源技术上缺少原创性。目前，大多数产品和技术都是开发应用，在应用领域做到极限，从而使新能源产业领先全球。究其主要原因，还是在新能源基础科学方面与国外相比存在差距。

由于中国新能源已经具有产业优势，企业在技术研发方面的投入也不断增加，政府今后的支持政策应主要集中于为企业开放更多的产品应用领域。在财政资金的投入方面，技术开发支持的资金可以逐步退出，把有限的财政资金集中于基础科学研究，争取尽早缩小与发达国家在新能源科学研究方面的差距。

附录一 历次气候峰会成果

大会名称	会议地点	主要成果
COP1	德国柏林	第一届世界气候大会召开，通过了工业化国家和发展中国家《共同履行公约的决定》，要求工业化国家和发展中国家"尽可能开展最广泛的合作"
COP2	瑞士日内瓦	各国就共同履行公约内容进行讨论
COP3	日本东京	《京都协议书》作为《联合国气候变化框架公约》的补充条款在日本京都通过
COP4	阿根廷布宜诺斯艾利斯	发展中国家分化为3个集团，一是易受气候变化影响，自身排放量很小的小岛国联盟，他们自愿承担减排目标；二是期待CDM的国家，期望以此获取外汇收入；三是中国和印度，坚持目前不承诺减排义务
COP5	德国波恩	通过了《公约》附件，细化《公约》内容
COP6	荷兰海牙	谈判形成欧盟—美国—发展中大国（中国、印度）的三足鼎立之势
COP7	摩洛哥马拉喀什	通过了有关《京都议定书》履约问题的一揽子高级别政治决定，形成马拉喀什协议文件
COP8	印度新德里	会议通过的《德里宣言》强调减少温室气体的排放与可持续发展仍然是各缔约国今后履约的重要任务
COP9	意大利米兰	未取得实质性进展
COP10	阿根廷布宜诺斯艾利斯	资金机制的谈判艰难，效果甚微
COP11	加拿大蒙特利尔	《京都议定书》正式生效，"蒙特利尔路线图"生效
COP12	肯尼亚内罗毕	达成包括"内罗毕工作计划"在内的几十项决定，以帮助发展中国家提高应对气候变化的能力；在管理"适应基金"的问题上取得一致，将其用于支持发展中国家具体的适应气候变化活动

续表

大会名称	会议地点	主要成果
COP13	印尼巴厘岛	通过了"巴厘岛路线图"
COP14	波兰波兹南	八国集团领导人就温室气体长期减排目标达成一致，并声明寻求与《联合国气候变化框架公约》其他缔约国共同实现到2050年将全球温室气体排放量减少至少一半的长期目标
COP15	丹麦哥本哈根	商讨《京都议定书》一期承诺到期后的后续方案
COP16	墨西哥坎昆	未有实质性进展
COP17	南非德班	美国、日本、加拿大以及新西兰不签署《京都议定书》
COP18	卡塔尔多哈	最终就2013年起执行《京都议定书》第二承诺期及第二承诺期以8年为期限达成一致，从法律上确保了《议定书》第二承诺期在2013年实施。加拿大、日本、新西兰及俄罗斯明确不参加第二承诺期
COP19	波兰华沙	发达国家再次承诺应出资支持发展中国家应对气候变化
COP20	秘鲁利马	就2015年巴黎气候大会协议草案的要素基本达成一致
COP21	法国巴黎	《巴黎协定》签署，为2020年后全球应对气候变化行动作出安排
COP22	摩洛哥马拉喀什	通过《巴黎协定》第一次缔约方大会决定和《联合国气候变化框架公约》第22次缔约方大会决定
COP23	德国波恩	按照《巴黎协定》的要求，为2018年完成《巴黎协定》实施细则的谈判奠定基础，同时确认2018年进行的促进性对话
COP24	波兰卡托维兹	各缔约方达成了《巴黎协定》的实施细则，为落实《协定》提供了指引。名为"卡托维兹气候一揽子计划"的文件将促进应对气候变化的国际合作，也稳固了各国在国内层面开展更有力的气候行动的信心
COP25	西班牙马德里	达成了包括"智利—马德里行动时刻"及其他30多项决议，见证了全球对于提高国家自主贡献目标（NDCs）的广泛呼声
COP26	英国格拉斯哥	通过了《格拉斯哥气候公约》，各国最终同意一项要求逐步减少煤电和淘汰"低效"化石燃料补贴的规定——这两个关键问题以前从未在联合国气候谈判的决定中被明确提及。签署了《全球甲烷承诺》，旨在到2030年让甲烷排放量比2020年水平少30%
COP27	埃及沙姆沙伊赫	通过了《沙姆沙伊赫实施计划》，同意设立一个基金机制，以补偿气候脆弱国家因气候变化引发的灾害所导致的损失和损害。具体细节留待下一年大会解决

备注：第一次会议开始于1995年，以后每年召开一次，其中因为新冠疫情全球暴发，本应在2020年召开的COP26延迟到2021年召开。

附录二　光伏技术发展的历程

1839 年　法国科学家贝克勒尔发现"光生伏打效应",即"光伏效应"。

1873 年　英国工程师威勒毕·史密斯(Willoughby Smith)在测试水中电报电缆的材料时,发现了硒的光电导性。

1876 年　英国科学家威廉·格里尔斯·亚当斯(W. G. Adams)和他的学生理查德·埃文斯·戴(R. E. Day)将铂作为电极放在透明硒的两端,在光照之下,玻璃状的硒产生了电流。他们发现,晶体硒(半导体)和金属接触,在光照射下产生电流,证明了固体金属可以直接将光能转换为电能。

1883 年　美国科学家查尔斯·弗里茨(Charles Fritts)用两种不同材料的金属板压制融化的硒,硒与其中一块金属板紧密黏合在一起,并形成薄片,然后将金箔压制在硒片的另外一面,这个薄膜件约有 30 平方厘米大小,厚度 25 微米—125 微米,光照之下,金属电极之间产生电压和电流,但能量转换效率大约 1%。这是第一块光伏电池,主要用作敏感器件。

　　　　此后几十年,硒电池没有得到广泛使用。

1930 年　朗格(B. Lang)研究铜表面生长氧化亚铜层的光伏效应时,发现了铜—氧化亚铜交界处的整流效应,提出利用铜这种较为易得和成本较低的材料制作面积较大的光伏电池。

1931 年　硒电池被改进后,光电效应高于铜—氧化亚铜电池。

1932 年　奥杜博特(Audobert)和斯托拉(Stora)发现硫化镉(CdS)的光伏现象,制成第一块"硫化镉"太阳能电池。

1940 年　奥尔在硅上发现光伏效应。

1954 年　贝尔实验室首次制成实用的单晶太阳电池，转换效率为 6%。同年，威克尔首次发现了砷化镓有光伏效应，并在玻璃上沉积硫化镉薄膜，制成了第一块薄膜太阳电池。

1955 年　霍夫曼电子（Hoffman）推出效率为 2% 的商业太阳能单晶硅电池产品。

第一个光电航标灯问世。

美国无线电公司（RCA）研究砷化镓太阳电池。

1957 年　霍夫曼电子单晶硅电池效率达到 8%。

1958 年　霍夫曼电子单晶硅电池效率达到 9%。

太阳能电池首次在空间应用，装备美国先锋 1 号卫星电源，面积 100 平方厘米，0.1Wp，为 5 毫瓦话筒供电。

1959 年　霍夫曼电子单晶硅电池效率达到 10%。

第一个多晶硅电池问世，效率达 5%。

1960 年　霍夫曼电子单晶硅电池效率达到 14%。

太阳能电池第一次并网运行，标志着光伏发电正式进入电网。

1962 年　砷化镓电池效率达 13%。

1964 年　太阳能电池首次用在飞船上。

1969 年　薄膜硫化镉电池效率达 8%。

1972 年　罗非斯基研制出紫光电池，效率达 16%。

美国宇航公司背场电池问世。

1973 年　砷化镓太阳电池效率达 15%。

第一次石油危机爆发，太阳能电池开始加快向民用领域发展，最先应用于手表、计算器等产品上。

1974 年　康姆萨特（COMSAT）研究所的海诺斯（Haynos）在硅结晶面蚀刻出类似金字塔状的几何形状（当代称为制绒工艺），以降低太阳光反射，把转换效率提高到 17%。

德国马尔堡大学的沃尔瑟·福斯（Walther Fuhs）提出异质结（HJT，Hetero Junction with Intrinsic Thin – Layer）电池概念。

1975 年　非晶硅电池问世。

施瓦茨（Schwartz）和拉默特（Lammert）提出 IBC（Interdigitated Back Contact，即交指式背接触）电池概念。

1976 年　多晶硅电池效率达 10%。

　　　　澳大利亚政府决定通过光伏电站运营内陆地区的整个电信网络。光伏电站的建立和运营非常成功，提高了世界范围内对太阳能技术的信心。

1978 年　美国建成 100kWp 地面光伏电站。

1980 年　单晶硅电池效率达 20%，砷化镓电池达 22.5%，多晶硅电池达 14.5%，硫化镉电池达 9.15%。

　　　　墨西哥湾的小型无人操纵石油钻井平台开始配备太阳能电池组件，并以经济性和实用性的优势逐渐取代了以前使用的大型电池。

1983 年　美国建成 1MWp 光伏电站，美国占全球光伏市场的份额约为 21%。

　　　　美国海岸警卫队开始使用光伏为其信号灯和导航灯供电。

　　　　沃尔瑟·福斯研制出异质结（HJT）电池，其转换效率为 12.3%。

1984 年　斯坦福大学教授斯旺森（Swanson）研发出 IBC 的电池实验室效率达到 19.7%。

1986 年　皮埃尔·维林登（Pierre Verlinden）在标准光照下制备出效率 21% 的 IBC 电池。

　　　　美国建成 6.5MWp 光伏电站。

1989 年　澳大利亚新南威尔士大学的马丁·格林（Martin Green）研究组在电池片表面刻出微沟槽，制备的发射极钝化和背面接触电池（PERC，Passivated Emitter and Rear Cell）单晶硅电池实验室效率达到 22.8%。

1990 年　瑞士工程师马库斯·瑞尔（Markus Real）提出分布式光伏发电系统。

　　　　德国提出"2000 个光伏屋顶计划"，每个家庭的屋顶装 3kWp—5kWp 光伏电池，强制电力公司购买光伏电力。

1994 年　日本启动"百万屋顶"计划。

1995 年　高效聚光砷化镓电池实验室效率达 32%。

1997 年　太阳能电力公司（SunPower）和斯坦福大学开发的 IBC 电池转

换效率达到 23.2%。

美国提出"克林顿总统百万太阳能屋顶计划",在 2010 年以前为 100 万户家庭每户安装 3kWp—5kWp 光伏电池。有太阳时光伏屋顶向电网供电,电表反转;无太阳时电网向家庭供电,电表正转,家庭只需交"净电费"。

日本"新阳光计划"提出到 2010 年生产 43 亿 Wp 光伏电池。

欧盟计划到 2010 年生产 37 亿 Wp 光伏电池。

1998 年　单晶硅光伏电池实验室效率达 25%。

荷兰政府提出"荷兰百万个太阳光伏屋顶计划",到 2020 年完成。

2003 年　德国弗莱堡弗劳恩霍夫太阳能系统研究所(Fraunhofer – ISE)的激光焙烧触点(LFC)晶硅太阳能电池效率达到 20%。

日本三洋公司将异质结(HJT)电池实验室效率提升到 21.3%。

2004 年　太阳能电力公司(SunPower)菲律宾工厂规模量产 IBC 电池效率达到 21.5%。

2007 年　太阳能电力公司(SunPower)第二代 IBC 电池效率提高到 22.4%。

2009 年　日本科学家宫坂力(Tsutomu Miyasaka)用金属卤化物钙钛矿材料制作太阳能电池,光电转换效率 3.8%。

2011 年　韩国成均馆大学通过技术改进,将钙钛矿电池效率提高到 6.5%。

2012 年　牛津大学实现了钙钛矿电池的固态化,效率接近 15%。

2013 年　德国弗莱堡弗劳恩霍夫太阳能系统研究所(Fraunhofer – ISE)提出隧穿氧化层钝化接触(TOPCon, Tunnel Oxide Passivated Contact)技术太阳能电池概念。

2014 年　中国光伏企业天合光能小面积和大面积 IBC 电池效率分别达到 24.4% 和 22.9%。

太阳能电力公司(SunPower)第三代 IBC 电池的最高效率达到 25.2%。

2015 年　德国弗莱堡弗劳恩霍夫太阳能系统研究所(Fraunhofer – ISE)研发出新一代 TOPCon 电池。

2016 年　瑞士洛桑联邦理工学院用涂布工艺和简易真空工艺结合,制备出指甲盖大小的钙钛矿电池,单结转换效率 19.6%。

2017 年   美国佐治亚理工学院对 TOPCon 电池的电性能模拟研究将其效率提高到 25.7%。

韩国科学家将钙钛矿电池效率提升至 22.1%。

2018 年   中国科学院半导体研究所将钙钛矿电池效率提高到 23.7%。

2019 年   韩国化学技术研究所将钙钛矿电池效率提高到 24.2%。

天合光能在大面积单/多晶电池上都打破了 TOPCon 电池实验室纪录，转换效率分别达到了 24.58% 和 23.22%。

2021 年   中国光伏企业隆基绿能的研究团队更新异质结（HJT）电池的理论极限效率至 28.5%，并刷新纪录达到 26.3% 的实验室效率。

德国弗莱堡弗劳恩霍夫太阳能系统研究所（Fraunhofer – ISE）研究人员在单色光下使用由砷化镓制成的薄膜光伏电池获得了 68.9% 的转化效率，这是迄今为止在光能转化为电能方面获得的最高效率。

2022 年   中国发射极钝化和背面接触（PERC）电池平均量产效率达 23.3%。

中国光伏企业晶科能源将 182 N 型 TOPCon 单晶硅电池最高效率推升至 25.7%。

德国哈梅林太阳能研究所（ISFH）设计的多晶硅氧化物全背电极接触（POLO – IBC）电池进一步打破了 IBC 电池的效率极限，通过改进钝化转换效率有望提高到 29.1%。

瑞士洛桑联邦理工学院和瑞士电子和微技术中心（CSEM）使用混合蒸汽和液体溶液技术将钙钛矿沉积到有纹理的硅表面上，1 平方厘米的测试电池效率达到了 31.25%。

南京大学现代工程与应用科学学院和英国牛津大学学者运用涂布印刷、真空沉积等技术，首次实现了大面积全钙钛矿叠层光伏组件的制备，开辟了大面积钙钛矿叠层电池的量产化、商业化的全新路径。组件稳定的光电转换效率高达 21.7%，是目前已知的钙钛矿光伏组件的最高效率。

参考文献与网络资源

①江泽民：《对中国能源问题的思考》，《上海交通大学学报》2008 年第 3 期。

②张耀明：《中国太阳能光伏发电产业的现状与前景》，《能源研究与利用》2007 年第 1 期。

③国家发展和改革委员会能源局：《欧洲风电发展及经验借鉴》，《电业政策研究》2007 年第 7 期。

④王礼茂、李红强、顾梦琛：《气候变化对地缘政治格局的影响路径与效应》，《地理学报》2012 年第 6 期。

⑤邹才能：《氢能工业现状、技术进展、挑战及前景》，《天然气工业》2022 年第 4 期。

⑥匡立春、邹才能、黄维和、于建宁、黄海霞：《碳达峰碳中和愿景下中国能源需求预测与转型发展趋势》，《石油科技论坛》2022 年第 1 期。

⑦汪亚洲：《大型风电机组设计、制造及安装》，中国水利水电出版社，2022。

⑧李春来：《大规模光伏发电站建设与运行维护》，中国电力出版社，2018。

⑨李英姿：《太阳能光伏并网发电系统设计与应用》，机械工业出版社，2020。

⑩刘姝：《风电场运行与检修》，中国水利水电出版社，2021。

⑪葛铭纬：《海上风电机组技术》，电子工业出版社，2022。

⑫彭宽平：《风力发电技术原理及应用》，华中科技大学出版社，2022。

⑬王浩、汪亚洲、许波峰：《风力发电机叶片》，中国水利水电出版社，

2022。

⑭黄晓勇：《世界能源发展报告2022》，社会科学文献出版社，2022。

⑮彭才德、易跃春、赵增海：《中国可再生能源发展报告2021》，中国水利水电出版社，2022。

⑯陈小沁：《能源战争：国际能源合作与博弈》，新世界出版社，2015。

⑰中华人民共和国国家发展和改革委员会（https：//www. ndrc. gov. cn/）。

⑱中国国家统计局（http：//www. stats. gov. cn/）。

⑲中国国家能源局（http：//www. nea. gov. cn/）。

⑳中国可再生能源学会风能专业委员会（中国风能协会，CWEA，http：//www. cwea. org. cn/）。

㉑中国光伏行业协会（CPIA，http：//www. chinapv. org. cn/）。

㉒中国有色金属工业协会硅业分会（http：//www. siliconchina. org/）。

㉓中国电力企业联合会（https：//www. cec. org. cn/）。

㉔国际能源署（IEA，https：//www. iea. org/）。

㉕国际可再生能源理事会（IRENA，https：//www. irena. org/）。

㉖美国太阳能工业协会（SEIA，https：//www. seia. org/）。

㉗日本太阳能发电协会（JPEA，https：//www. jpea. gr. jp/）。

㉘欧洲光伏产业协会（SolarPower Europe，https：//www. solarpowereurope. org/）。

㉙欧洲风能协会（EWEA，http：//www. ewea. org/）。

㉚全球风能理事会（GWEC，http：//www. gwec. net/）。

㉛英国石油公司（BP，https：//www. bp. com/）。

㉜联合国政府间气候变化专门委员会（IPCC，https：//www. ipcc. ch/）。

㉝以数据看世界（Our World in Data，https：//ourworldindata. org/）。

㉞世界生物质能协会（WBA，http：//www. worldbioenergy. org/）。

㉟华经产业研究院（https：//www. huaon. com/）。

㊱未来智库（https：//www. vzkoo. com/）。

㊲北极星电力网（https：//www. bjx. com. cn/）。

㊳国际太阳能光伏网（https：//solar. in – en. com/）。

㊴雪球网（https：//xueqiu. com/）。

㊵电子发烧友（https：//www. elecfans. com/）。

㊶前瞻经济学人（https：//www. qianzhan. com /）。

㊷华夏能源网（https：//www. hxny. com/）。

㊸数字能源网（http：//de. escn. com. cn/）。